中国建筑学会室内设计分会推荐
高等院校环境艺术设计专业指导教材

室内项目设计·下·

（公共类）第二版
（含光盘）

邱晓葵　主编
吕　非　崔冬晖　杨　宇
刘彤昊　于　洋　张洋洋　参编

中国建筑工业出版社

图书在版编目(CIP)数据

室内项目设计·下·(公共类)/邱晓葵主编. —2版.
北京：中国建筑工业出版社，2013.8
中国建筑学会室内设计分会推荐. 高等院校环境艺术设计专业指导教材
ISBN 978-7-112-15558-3

Ⅰ.①室… Ⅱ.①邱… Ⅲ.①公共建筑-室内装饰设计-高等学校-教材 Ⅳ.①TU238

中国版本图书馆CIP数据核字(2013)第137656号

中国建筑学会室内设计分会推荐
高等院校环境艺术设计专业指导教材
室内项目设计·下·
(公共类) 第二版
邱晓葵 主编
吕 非 崔冬晖 杨 宇
刘彤昊 于 洋 张洋洋 参编

*

中国建筑工业出版社出版、发行(北京西郊百万庄)
各地新华书店、建筑书店经销
北京科地亚盟排版公司制版
北京云浩印刷有限责任公司印刷

*

开本：787×1092毫米 1/16 印张：16¼ 字数：400千字
2013年10月第二版 2013年10月第六次印刷
定价：**52.00**元(含光盘)
ISBN 978-7-112-15558-3
(24120)

版权所有 翻印必究
如有印装质量问题，可寄本社退换
(邮政编码 100037)

本书是高等院校环境艺术设计室内设计专业的指导教材。全书结合高等院校室内设计的教学特点，力求将专业理论知识与具体设计实践相结合，注重室内设计的基础训练，引导和培养学生的创造能力及审美意识，由浅入深、循序渐进地将有关室内设计的知识加以介绍。

室内设计是一门自成体系的学科，在其发展过程中已形成了完善的理论体系。本书编者经过多年的教学实践，结合近年来对室内设计的探索与思考，在向读者介绍有效的室内设计方法的同时，帮助读者开阔视野，把握未来设计的发展趋势。

全书分为四章，主要涉及公共建筑的室内设计教学内容。通过对室内造型设计、空间照明设计、室内色彩运用、装饰材料材质设计四个设计要素的了解，和四个设计教学课题的介绍，以使读者对室内设计的方式和方法有全面的了解。本书在对商业、办公、餐饮和酒店四类建筑空间的讲解为对象后还安排了学生作业实例分析。

作为教材本书主要以高等院校室内设计专业的学生和在职的年轻设计师们为对象，力求融理论性、前瞻性、知识性、实用性于一体，内容深入浅出，可读性与可操作性强，可作教学参考及自学之用。

责任编辑：郭洪兰
责任设计：董建平
责任校对：张　颖　关　健

再版说明（第二版）

在本书的修订期间正逢纪念毛泽东同志《在延安文艺座谈会上的讲话》发表70周年之际，在重温了《讲话》精神，对照中国室内设计教育现状存在的问题作了认真的反思之后，笔者觉得当前不仅要对专业设计基础理论作修订，而且要在设计主导方向上也作些调整。

当今世界，思想文化交流、交融、交锋日益频繁，设计领域也更加纷繁复杂，值此我们应在设计教育过程中树立正确的设计价值观，抵制肤浅、自负、奢华的做法，壮大健康向上的主流设计文化，把握以人民为中心的创作导向，坚持设计为人民服务，贴近实际、贴近百姓，真正把握人民大众的所思所盼，把个人的艺术追求融入为人民创造美好生活的实践中去，不断地深入基层，更主动承担起为改善人民生存环境的历史重任。

现在有些人对室内设计有一种普遍的误解，认为好的设计就是金钱投入得多、豪华奢侈、规模气势及体量宏大、形式炫目、时尚另类，其实所有这些都不是设计的本质，也不是艺术的本质。一般我们在对某种事物没有抓到关键点时，往往采用比较肤浅的语言去表达，这也许是设计必经的一个阶段，所以我们一定要先明确设计为谁服务，同时要做大量深入的前期调研工作，找出需要解决的关键问题，进而思考这个服务对象适用的空间形式语言是什么。

我们要尊重本专业的核心价值，尊重设计的规律，大力推进设计创新，而不能以表面形式代替根本。要不断更新设计观念、艺术形式，提倡不同形式和风格的自由发展。努力学习借鉴国外设计的有益成果，潜心创作、精益求精，不断提高设计作品的原创能力，增强作品的感染力、表现力和传播力，大力加强职业道德建设。室内设计师的责任是重大的，我们只有掌握更多的专业知识，认认真真、踏踏实实地研究这门学问，才能更好地服务社会。

本书的修订基于我们在中央美术学院建筑学院近几年教学过程中对本专业问题不断的研究和理解。本书自2006年出版距今已有七年的时间，短短的这几年中室内设计专业的教学一直在不断地发展前行，如今可以说对一些专业问题看得就更清楚，教学方法也更纯熟，尤其在一些室内设计单项专题方面，我们及时总结并出版了教材或教辅资料。比如关于材料的教材有：《建筑装饰材料 从物质到精神的蜕变》，关于每一门课程的总结有：《专卖店空间设计营造》、《餐饮空间设计营造》、《居住空间设计营造》等几本教学参考书（《酒店空间设计营造》与《室内材质设计营造》两本书正在编写之中）。回过头来再看当年编写的这本书觉得有些地方和目前的认识颇有距离，这次借助“北京高等教育精品教材建设立项项目”之契机将本书作一修订。

这次改动比较大的是将第一章进行了一些扩充，重点将室内陈设部分的内容专设一节来写。因为近年来室内陈设对室内空间的作用更为显著，专门叙述可以更加充分地将其内容突显出来。另外还增加了对设计师社会责任方面的论述，从低碳绿色设计方面、关注弱势群体方面、无障碍设计方面以及公共空间消防安全方面等予以强调。此外改动较大的是将第三章第四节的内容由“特殊空间室内设计课题”改成“酒店空间室内设计课题”。如此考虑系因对于学校教学而言，特殊空间里所涉及的医疗、剧院、交通空间并不多见，实际操作性也不强，而近几年我们在教学中多采用“酒店室内设计”作为毕业设计的选题其效果也很好，因此我们也想借此机会将这一做法介绍给全国各院校师生。另外，在第三章中的“商业空间室内设计课题”和“餐饮空间室内设计课题”的内容也做了文图的修订，反映出我们现阶段对于该课程教学的理解。

在新版教材中完全替换的是第四章的“公共空间室内设计实例分析”的内容。因为近年来又出现了许多更好的教学案例，我们在其中挑选了最新成果呈现给大家。全书的编写框架没有过多调整，仅是增加了一些内容，希望便于学生阅读和理解。另由于出版彩页成本过高，我们这次将随书附上光盘，将更多的教学成果信息提供给读者，我们挑选出一些优秀的作业演示文件，从中可以详细地了解我们授课的情况及学生的学习过程，也更利于学生读者在作业练习时参考借鉴。

本书的修订得到了中央美术学院建筑学院师生们的全力帮助。第二版保留了第一版吕非老师编写的“公共空间室内照明设计”及“办公空间室内设计课题”的相关内容；保留了崔冬晖老师编写的“公共空间室内色彩设计”部分的内容，仅作了少量图文的修订；增添了杨宇老师提供的“办公空间室内设计教学”的作业成果，从而使得本书能够全面反映中央美术学院建筑学院室内设计专业教学的情况，在此对这些老师的大力协助表示由衷的感谢！

另外还应感谢刘彤昊老师协同我一起辅导“专卖店设计”课程，感谢杨宇老师和我一起辅导“餐饮空间室内设计”及“酒店专题毕业设计”的课程，他们的许多设计智慧很多都融入在学生的作品中了。同时还应感谢参与我们课程的所有优秀的学生，是他们的刻苦研习、不断探索，才有了我们光盘中收录的那些令我们为之骄傲的设计作品。最后还要感谢中央美术学院建筑学院第六工作室往届毕业的硕士研究生：林巧琴、李嘉、李影、黄梦思、向阳、刘彦杰、李智敏、赵囡囡、陈菲、王倩、何欣、曹阳、孙祥、李进、陈欣、赵阳等同学为专业的研究所付出的努力和汗水，他们的研究成果一并收录在光盘当中；感谢在读的硕士研究生于洋、张洋洋、陈欣为全书收集图片、排版、整理资料。

中央美术学院建筑学院教授　邱晓葵

2013-4-25

出版说明

中国的室内设计教育已经走过了四十多年的历程。1957年在中国北京中央工艺美术学院（现清华大学美术学院）第一次设立室内设计专业，当时的专业名称为“室内装饰”。1958年北京兴建十大建筑，受此影响，装饰的概念向建筑拓展，至1961年专业名称改为“建筑装饰”。实行改革开放后的1984年，顺应世界专业发展的潮流又更名为“室内设计”，之后在1988年室内设计又进而拓展为“环境艺术设计”专业。据不完全统计，到2004年，全国已有600多所高等院校设立与室内设计相关的各类专业。

一方面，以装饰为主要概念的室内装修行业在我们的国家波澜壮阔般地向前推进，成为国民经济支柱性产业。而另一方面，在我们高等教育的专业目录中却始终没有出现“室内设计”的称谓。从某种意义上来讲，也许是20世纪80年代末环境艺术设计概念的提出相对于我们的国情过于超前。虽然十数年间以环境艺术设计称谓的艺术设计专业，在全国数百所各类学校中设立，但发展却极不平衡，认识也极不相同。反映为理论研究相对滞后，专业师资与教材缺乏，各校间教学体系与教学水平存在着较大的差异，造成了目前这种多元化的局面。出现这样的情况也毫不奇怪，因为我们的艺术设计教育事业始终与国家的经济建设和社会的体制改革发展同步，尚都处于转型期的调整之中。

设计教育诞生于发达国家现代设计行业建立之后，本身具有艺术与科学的双重属性，兼具文科和理科教育的特点，属于典型的边缘学科。由于我们的国情特点，设计教育基本上是脱胎于美术教育。以中央工艺美术学院（现清华大学美术学院）为例，自1956年建校之初就力戒美术教育的单一模式，但时至今日仍然难以摆脱这种模式的束缚。而具有鲜明理工特征的我国建筑类院校，在创办艺术设计类专业时又显然缺乏艺术的支撑，可以说两者都处于过渡期的阵痛中。

艺术素质不是象牙之塔的贡品，而是人人都必须具有的基本素质。艺术教育是高等教育整个系统中不可或缺的重要环节，是完善人格培养的美育的重要内容。艺术设计虽然是以艺术教育为出发点，具有人文学科的主要特点，但它是横跨艺术与科学之间的桥梁学科，也是以教授工作方法为主要内容，兼具思维开拓与技能培养的双重训练性专业。所以，只有在国家的高等学校专业目录中：将“艺术”定位于学科门类，与“文学”等同；将“艺术设计”定位于一级学科，与“美术”等同。随之，按照现有的社会相关行业分类，在艺术设计专业下设置相应的二级学科，环境艺术设计才能够得到与之相适应的社会专业定位，惟有这样才能赶上迅猛发展的时代步伐。

由于社会发展现状的制约，高等教育的艺术设计专业尚没有国家权威的管理指导机构。“中国建筑学会室内设计分会教育工作委员会”是目前中国唯一能够担负起指导环境艺术设计教育的专业机构。教育工作委员会近年来组织了一系列全国范围的专业交流活动。在活动中，各校的代表都提出了编写相对统一的专业教材的愿望。因为目前已经出版的几套教材都是以单个学校或学校集团的教学系统为蓝本，在具体的使用中缺乏普遍的指导意义，适应性较弱。为此，教育工作委员会组织全国相关院校的环境艺术设计专业教育专家，编写了这套具有指导意义的符合目前国情现状的实用型专业教材。

中国建筑学会室内设计分会教育工作委员会

前　言

艺术设计专业是横跨于艺术与科学之间的综合性、边缘性学科。艺术设计产生于工业文明高速发展的20世纪。具有独立知识产权的各类设计产品，成为艺术设计成果的象征。艺术设计的每个专业方向在国民经济中都对应着一个庞大的产业，如建筑室内装饰行业、服装行业、广告与包装行业等。每个专业方向在自己的发展过程中无不形成极强的个性，并通过这种个性的创造，以产品的形式实现其自身的社会价值。从环境生态学的认识角度出发，任何一门艺术设计专业方向的发展都需要相应的时空，需要相对丰厚的资源配置和适宜的社会政治、经济、技术条件。面对信息时代和经济全球化，世界呈现时空越来越小的趋势，人工环境无限制扩张，导致自然环境日益恶化。在这样的情况下，专业学科发展如不以环境生态意识为先导，走集约型协调综合发展的道路，势必走入死胡同。

随着20世纪后期由工业文明向生态文明的转化，可持续发展思想在世界范围内得到共识并逐渐成为各国发展决策的理论基础。环境艺术设计的概念正是在这样的历史背景下从艺术设计专业中脱颖而出的，其基本理念在于设计从单纯的商业产品意识向环境生态意识的转换，在可持续发展战略总体布局中，处于协调人工环境与自然环境关系的重要位置。环境艺术设计最终要实现的目标是人类生存状态的绿色设计，其核心概念就是创造符合生态环境良性循环规律的设计系统。

环境艺术设计所遵循的绿色设计理念成为相关行业依靠科技进步实施可持续发展战略的核心环节。

国内学术界最早在艺术设计领域提出环境艺术设计的概念是在20世纪80年代初期。在世界范围内，日本学术界在艺术设计领域的环境生态意识觉醒得较早，这与其狭小的国土、匮乏的资源、相对拥挤的人口有着直接的关系。进入80年代后期国内艺术设计界的环境意识空前高涨，于是催生了环境艺术设计专业的建立。1988年当时的国家教育委员会决定在我国高等院校设立环境艺术设计专业，1998年成为艺术设计专业下属的专业方向。据不完全统计，在短短的十数年间，全国有400余所各类高等院校建立了环境艺术设计专业方向。进入21世纪，与环境艺术设计相关的行业年产值就高达人民币数千亿元。

由于发展过快，而相应的理论研究滞后，致使社会创作实践有其名而无其实。决策层对环境艺术设计专业理论缺乏基本的了解。虽然从专业设计者到行政领导都在谈论可持续发展和绿色设计，然而在立项实施的各类与环境有关的工程项目中却完全与环境生态的绿色概念背道而驰。导致我们的城市景观、建筑与室内装饰建设背离了既定的目标。毫无疑问，迄今为止我们人工环境（包括城市、建筑、室内环境）的发展是以对自然环境的损耗作为代价的。例如：光污染的城市亮丽工程；破坏生态平衡的大树进城；耗费土地资源的小城市大广场；浪费自然资源的过度装修等。

党的十六大将“可持续性发展能力不断增强，生态环境得到改善，资源利用效率显著提高，促进人与自然的和谐，推动整个社会走上生产发展、生活富裕、生态良好的文明发展道路”作为全面建设小康社会奋斗目标的生态文明之路。环境艺术设计正是从艺术设计学科的角度，为实现宏大的战略目标而落实于具体的重要社会实践。

“环境艺术”这种人为的艺术环境创造，可以自在于自然界美的环境之外，但是它又不可能脱离自然环境本体，它必须植根于特定的环境，成为融合其中与之有机共生的艺术。可以这样说，环境艺术是人类生存环境的美的创造。

“环境设计”是建立在客观物质基础上，以现代环境科学研究成果为指导，创造理想生存空间的工作过程。人类理想的环境应该是生态系统的良性循环，社会制度的文明进步，自然资源的合理配置，生存空间的科学建设。这中间包含了自然科学和社会科学涉及的所有研究领域。

环境设计以原在的自然环境为出发点，以科学与艺术的手段协调自然、人工、社会三类环境之间的关系，使其达到一种最佳的运行状态。环境设计具有相当广的含义，它不仅包括空间实体形态的布局营造，而且更重视人在时间状态下的行为环境的调节控制。

环境设计比之环境艺术具有更为完整的意义。环境艺术应该是从属于环境设计的子系统。

环境艺术品创作有别于单纯的艺术品创作。环境艺术品的概念源于环境生态的概念，即它与环境互为依存的循环特征。几乎所有的艺术与工艺美术门类，以及它们的产品都可以列入环境艺术品的范围，但只要加上环境二字，它的创作就将受到环境的限定和制约，以达到与所处环境的和谐统一。

“环境艺术”与“环境设计”的概念体现了生态文明的原则。我们所讲的“环境艺术设计”包括了环境艺术与环境设计的全部概念。将其上升为“设计艺术的环境生态学”，才能为我们的社会发展决策奠定坚实的理论基础。

环境艺术设计立足于环境概念的艺术设计，以“环境艺术的存在，将柔化技术主宰的人间，沟通人与人、人与社会、人与自然间和谐的、欢愉的情感。这里，物（实在）的创造，以他的美的存在形式在感染人，空间（虚在）的创造，以他的亲切、柔美的气氛在慰藉人[1]。”显然，环境艺术所营造的是一种空间的氛围，将环境艺术的理念融入环境设计所形成的环境艺术设计，其主旨在于空间功能的艺术协调。“如 Gorden Cullen 在他的名著《Townscape》一书中所说，这是一种‘关系的艺术’(art of relationship)，其目的是利用一切要素创造环境：房屋、树木、大自然、水、交通、广告以及诸如此类的东西，以戏剧的表演方式将它们编织在一起[2]。”诚然，环境艺术设计并不一定要创造凌驾于环境之上的人工自然物，它的设计工作状态更像是乐团的指挥、电影的导演。选择是它设计的方法，减法是它技术的长项，协调是它工作的主题。可见这样一种艺术设计系统是符合于生态文明社会形态的需求。

目前，最能够体现环境艺术设计理念的文本，莫过于联合国教科文组织实施的《保护世界文化和自然遗产合约》。在这份文件中，文化遗产的界定在于：自然环境与人工环境、美学与科学高度融汇基础上的物质与非物质独特个性体现。文化遗产必须是“自然与人类的共同作品”。人类的社会活动及其创造物有机融入自然并成为和谐的整体，是体现其环

---

〔1〕 潘昌侯：我对“环境艺术”的理解，《环境艺术》第1期5页，北京，中国城市经济社会出版社1988年版。

〔2〕 程里尧：环境艺术是大众的艺术，《环境艺术》第1期4页，北京：中国城市经济社会出版社1988年版。

境意义的核心内容。

根据《保护世界文化和自然遗产合约》的表述：文化遗产主要体现于人工环境，以文物、建筑群和遗址为《世界遗产名录》的录入内容；自然遗产主要体现于自然环境，以美学的突出个性与科学的普遍价值所涵盖的同地质生物结构、动植物物种生态区和天然名胜为《世界遗产名录》的录入内容。两类遗产有着极为严格的收录标准。这个标准实际上成为以人为中心理想环境状态的界定。

文化遗产界定的环境意义，即：环境系统存在的多样特征；环境系统发展的动态特征；环境系统关系的协调特征；环境系统美学的个性特征。

环境系统存在的多样特征：在一个特定的环境场所，存在着物质与非物质的多样信息传递。自然与人工要素同时作用于有限的时空，实体的物象与思想的感悟在场所中交汇，从而产生物质场所的精神寄托。文化的底蕴正是通过环境场所的这种多样特征得以体现。

环境系统发展的动态特征：任何一个环境场所都不可能永远不变，变化是永恒的，不变则是暂时的，环境总是处于动态的发展之中。特定历史条件下形成的人居文化环境一旦毁坏，必定造成无法逆转的后果。如果总是追随变化的潮流，终有一天生存的空间会变成文化的沙漠。努力地维持文化遗产的本原，实质上就是为人类留下了丰富的文化源流。

环境系统关系的协调特征：环境系统的关系体现于三个层面，自然环境要素之间的关系；人工环境要素之间的关系；自然与人工的环境要素之间的关系。自然环境要素是经过优胜劣汰的天然选择而产生的，相互的关系自然是协调的；人工环境要素如果规划适度、设计得当也能够做到相互的协调；惟有自然与人工的环境要素之间要做到相互关系的协调则十分不易。所以在世界遗产名录中享有文化景观名义的双重遗产凤毛麟角。

环境系统美学的个性特征：无论是自然环境系统还是人工环境系统，如果没有个性突出的美学特征，就很难取得赏心悦目的场所感受。虽然人在视觉与情感上愉悦的美感，不能替代环境场所中行为功能的需求。然而在人为建设与环境评价的过程中，美学的因素往往处于优先考虑的位置。

在全部的世界遗产概念中，文化景观标准的理念与环境艺术设计的创作观念比较一致。如果从视觉艺术的概念出发，环境艺术设计基本上就是以文化景观的标准在进行创作。

文化景观标准所反映的观点，是在肯定了自然与文化的双重含义外，更加强调了人为有意的因素。所以说，文化景观标准与环境艺术设计的基本概念相通。

文化景观标准至少有以下三点与环境艺术设计相关的含义：

第一，环境艺术设计是人为有意的设计，完全是人类出于内在主观愿望的满足，对外在客观世界生存环境进行优化的设计。

第二，环境艺术设计的原在出发点是“艺术”，首先要满足人对环境的视觉审美，也就是说美学的标准是放在首位的，离开美的界定就不存在设计本质的内容。

第三，环境艺术设计是协调关系的设计，环境场所中的每一个单体都与其他的单体发生着关系，设计的目的就是使所有的单体都能够相互协调，并能够在任意的位置都以最佳的视觉景观示人。

以上理念基本构成了环境艺术设计理论的内涵。

鉴于中国目前的国情，要真正完成环境艺术设计从书本理论到社会实践的过渡，还是一个十分艰巨的任务。目前高等学校的环境艺术设计专业教学，基本是以“室内设计”和“景观设计”作为实施的专业方向。尽管学术界对这两个专业方向的定位和理论概念还存在着不尽统一的认识，但是迅猛发展的社会是等不及笔墨官司有了结果才前进的。高等教育的专业理念超前于社会发展也是符合逻辑的。因此，呈现在面前的这套教材，是立足于高等教育环境艺术设计专业教学的现状来编写的，基本可以满足一个阶段内专业教学的需求。

中国建筑学会室内设计分会
教育工作委员会主任：郑曙旸

目 录

四、酒店空间设计课程学生作业演示文件

五、中央美术学院建筑学院第六工作室研究生专业课题研究成果

六、中央美术学院建筑学院第六工作室设计项目介绍（生土窑洞改造设计公益活动）

七、中央美术学院建筑学院第六工作室介绍

八、中央美术学院建筑学院第六工作室导师介绍

第一章　概　　论

第一节　公共空间室内设计概论

当代社会状态下，公共空间极易受到忽视和破坏。电话、电脑引入了一种全新的生活方式，公共空间中的直接交往，现在可以为间接的远程通信所取代。然而，尽管如此公共空间仍然是绝对需要的，各种类型不同大小的空间显然都必不可少。如果没有公共空间，人们的直接接触的机会将变得越来越少，公共空间为人们提供了一种轻松自然的交流场所，提供一种积极有益的体验，与电视、录像完全被动的观察人们活动相反，在公共空间中的每一个人都身临其境地感受其中的氛围，而公共空间的准确定位和环境效果是获得这种感受的必要前提条件。能在公共空间中驻足是重要的，只有创造良好的条件，才能让人们有较长时间的逗留，良好的公共空间室内布局设计与空间形态，是形成停留的前提。（图 1-1）

图 1-1　人们在公共空间中驻足交谈

人们对交往的需求，对知识的需求，对激情释放的需求等都可以部分地在公共空间中得到满足，这些需求都属于心理需求的范畴。综合性的大规模的公共空间并不是我们研究的重点，相反，一般状况及日常所依赖的空间，则应受到相当的重视和关心，以为公共活动提供良好的物质条件。无论在任何情况下，它们都是一种有价值的工作内容。城市中的公共空间可以是富于吸引力并且易于接近的，以鼓励人们从私密走向公共环境，相反，公共空间也可以设计成生理上和心理上都难于出入其中的场所[1]，而这些都取决于对公共空间室内设计的把握。

一、公共空间室内设计的特征

公共空间室内设计的特征是具有公共性。同一空间的设置，使用人群会时常变换，服务对象涉及到不同层次、不同职业、不同民族等。它必须面对接纳多层次对象的需求，它提供了人们公共社交的空间，休息与交流的区域。这就为室内设计带来了一定的设计难度。由于要满足所有人的审美取向，设计师要权衡利弊，最大限度地满足人的不同需求并充分体现人性，应遵循以人为本的设计原则，不落俗套，方显设计之本色。

公共空间是社会化的行为场所，这些场所往往是人们川流不息，视域开阔的开放型空

---

〔1〕（丹麦）杨・盖尔《交往与空间》第四版：北京：中国建筑工业出版社，2002，第 117 页

间，有多角度视域的观赏方式及公众的介入等特征。所以公共空间的室内设计就是要形成体现这种性格指向的视觉焦点，或是具有认同感和归属感的精神性空间。

公共空间作为一种公共场合中文化艺术的空间，体现着公共领域的精神属性，有其内在的、精神上与视觉上的性格指向。“公共空间”是一种可以感知和认识的形式，它不仅可以使人感受其品质的优劣，领悟其设计者的意图，同时也可以使人与之产生精神交流。

1．“公共空间”的解析

公共空间中的“公共”（public）二字，在我们的日常汉语中，应该包含两重意思，一是“公众的、公共的”，也就是“大家的”、“共有的”，二是“公开的”，也就是“当众的”、“发表的”。“空间”（space）可以是公共的，也可以是私人的，它既可以是主导性的，也可以是服务性的。“公共”的意思是平等的共享、交流、显示。只要能实现这一目的的场所就是“公共空间”。“公共空间”本应是大众的公有场所。“公共”意味着向大众公开。在这个意义上，“公共”意味着可见的（visible）或可以观察到的（observable）；而“私人的”则是隐蔽的，是在私下或有限的人际环境中的发生的言谈或行为。20世纪最重要的政治哲学家——汉娜·阿伦特指出：“公共（Public）这个词描述两个相互关联但又不相同的现象：它首先代表所有在公共领域出现、享受最大的被看见与被听见的公开性的个人”。公共空间的特征是开放的、公开的，是公众参与和认同的空间。这种具有开放、公开特质的空间称为公共空间（public space）。

除了在自己的住所，所有室内活动所涉及的种种物质条件，就是本书的主题。这种公共空间中的活动可以分为三种类型：必要性活动、自发性活动和社会性活动。每一种类型对于物质环境的要求都大不相同[1]。

必要性活动包括了那些多少有点不自主的活动，就是人们在不同的程度上都要参与的所有活动。自发性活动只有在人们有参与的意愿，并且在时间地点可能的情况下才会产生。社会活动指的是公共空间中有赖于他人参与的各种活动。这里所指的是向公众开放的空间中的社会性活动。

自发性和社会性的活动都特别依赖于室内空间的质量。当室内条件不佳时，这些活动的魅力就会消失或平淡无奇。所以室内设计不应忽视人们对于公共空间所反映出的心理方面潜在的影响。

2．“室内设计”的解析

“室内”（interior）是指建筑的内部空间，“设计”（design）是一种构思与计划，通过一定的技术手段用视觉传达以及感受的方式表现出来。当一个空间与实际需要或现实状况发生矛盾时，设计师不得不想办法解决这个矛盾。“设计”也就由此产生了，最棘手的问题往往能产生最有价值的结果。“室内设计”的一个重要的特征便是只有最合适的设计而没有最完美的设计，一切设计都存在着缺憾，因为任何设计都是有限制的，设计就是在这种限制的条件下通过设计缩小不利条件对使用者的影响，将理想设计规划从大到小地逐步落实到实际图纸当中。

“室内设计”作为一个单独的学科，一直具有相当独立的地位，这种独立完全源自于它所具有的专业特征、造型手段和艺术表现规律，以及实现的技术条件。在中国这样一种

---

〔1〕（丹麦）杨·盖尔著《交往与空间》第四版：北京：中国建筑工业出版社，2002，第13页

设计和技术都相对落后于发达国家的现实中，有很多现实问题亟待解决。“室内设计”的实质目标，不只是以服务于个别对象或发挥设计的功能为满足，其积极的意义在于掌握时代的特征、地域的特点和技术的可行，塑造出一个合乎潮流又具有高层次文化品质的生态科技含量的生活环境。

“室内设计”是艺术与科学的结合，是功能、形式与技术的总体协调，通过物质条件的塑造与精神品质的追求，以创造人性化的环境为最高理想与最终目标。

“室内设计”是在建筑设计基础上进行的延续创作，原有的建筑空间对室内设计的创作起到了制约作用。室内设计所遵循的技术标准，大都是建筑设计的技术标准，室内设计对建筑空间的改造、创造，都必须建立在对建筑知识的了解之上。现代室内设计是一个系统工程，并不能将其理解为单纯的造型设计而是一门“设计技术”，需要各种技术手段才能完成。不必把它看得过于神秘，也不能看得过于简单。针对不同的人，不同的使用对象，相应地考虑有不同的要求。设计及实施的过程中还会涉及材料、设备、定额法规以及与施工管理的协调等诸多问题。可以认为，公共空间室内设计是一项综合性极强的系统工程。

3. 公共空间室内设计的分类

公共空间的设计范围很广，把它们进行分类的主要目的：一是更好的理解室内设计所要把握的不同分类的设计特征。明确所设计的室内空间的使用性质，其基本功能和要求，不同分类的室内空间所要表达的环境氛围是截然不同的。二是较容易分阶段掌握室内设计方法，从小到大，从易到难，从自由的空间到特殊的限定的空间等加以分别掌握。公共空间室内设计为达到上述两个目的可分为以下八类空间：

（1）商业空间：包括从大型的百货商店、综合超市、购物中心、专业店、到小型的专卖店等空间场所。

（2）办公空间：所有与工作相关的公共空间，从大公司的集团总部到小型办公室。

（3）餐饮空间：所有公共饮食场所，包括酒吧、咖啡馆、快餐等餐饮休闲场所。

（4）娱乐空间：包括夜总会、卡拉OK厅、美容院、健身中心、洗浴等俱乐部形态的空间场所。

（5）酒店空间：所有的与宾馆酒店相关的公共设施，会所、度假村等场所。

（6）展示空间：用以展示和推广产品或服务的场所。包括博物馆、画廊、样板间和公共空间里的展示陈列。

（7）学院社团：这个类别包括学校等文化场所，内部的环境为特定的目的和人群使用而非为一般普通人使用。

（8）特殊空间：包括交通、医疗、影剧院等特殊需要的公共空间，其特殊用途决定了设计的特殊性。

在实际教学中可根据课时量的不同进行课程安排，本书由于篇幅所限只着重介绍商业空间、办公空间、餐饮空间、酒店空间四个课程内容，其中酒店空间由于内容庞杂，难度较大，建议在毕业创作阶段练习。

二、公共空间室内设计的创作

公共空间室内设计创作首先应当有设计师的参与，由于设计师不同创作的效果会完全不同，所以设计师本身的设计素质和眼界会影响到创作的含金量。并且不同的设计条件与局限也会影响到室内创作的最终效果，作为未来的设计师对此都应充分了解，应及早明确设计师的责任、工作范围和工作内容，使自己尽快进入到设计师的角色。

1. 室内设计师

室内设计师在他人眼中是“空间文化的倡导者”，是空间时尚的代言人，一个优秀的室内设计师必须具备不断跟踪世界范围内装饰材料与家具陈设的设计与创新动态；必须不断地从工地与实际生活中补充实践经验与实际生活体验的不足；必须对新的生活方式、人与环境的关系具有高度的敏感心，必须及时了解这个行业的流行符号，在同一个地方，必须看到一般人看不出来的情境空间。

优劣的空间设计呈现与设计者自身修养有着很大关系，设计师之间的层次差别也会在其室内设计的空间中随处可见。如何把握一个空间环境直接或间接地传递某种气质，使使用者对环境产生归属感，便是一个专业设计师的使命。由于设计的过程中矛盾错综复杂，问题千头万绪，设计师需要清醒地认识到以人为本，为人服务，为确保人们的安全和身心健康，为满足人际活动的需要，在室内设计中必须更多地同人打交通，研究人们的心理，以及如何能使他们感到舒适、兴奋。经验证明，这比同结构、建筑体系打交道要费心得多，也要求有更加专门的训练。

设计师经常对所处的空间进行比例、尺度的比较分析，时间长了自然成了一种职业的习惯。设计意识就是在日常生活中逐步对空间、环境、形态、比例观察而产生了的一种职业习惯。

室内设计师不仅要懂市场，而且要更懂得生活。设计师应该什么样的室内空间都可以设计出来，可以变换出各种各样的造型以供业主挑选。

（1）原创的室内设计意识

贝聿铭先生说过：“设计一定要超乎你的常理、理性，做一种感性的表现，并且要颠覆原先传统上使用的，试图去突破及蜕变，换言之即是说，假如设计可以超乎常理的话，设计相对的就会很有内涵”。每一名设计师都应该有这样的一个设计意识，以简易手法表达对艺术和生命的追求，尝试引入不同文化背景和特色作崭新演绎，为每一个室内设计项目带来深度和更丰富的视觉效果。当然一切可以先从模仿中找寻自我，了解自我，才能创造出属于自我的设计风格以及自我的表现方法。初始时你完全可以挑选适合你的造型，也可以“模仿”那些已成功、成型的现成案例尝试新的感觉，只要对“模仿”有所发挥，也就是对个性的创造与张扬。

（2）设计师的审美问题

设计师的价值蕴藏在其才能之中。设计师之间的差异主要是能力、学养、品位、眼光、美感上的差异，设计师决定室内空间的成败。不同的人对同一个具体事物、具体环境会有不同的看法和观点，有人认为它很美，有人认为它不美，还有人认为它很丑。因为不同的人具有不同的认知能力和知识经验。认知能力强、知识和经验丰富的人可以迅速准确地判明一个对象具有的价值，能够一目了然一个具体事物的美丑、好坏。缺少知识经验的人很难正确判断一个对象具有的价值性质，因所从事的职业的不同，而产生的直觉也不同，是审美体验受审美主体的性格和情趣的影响而发生变化的根本原因。所以说，审美体验的直觉不是一种盲从，而是一种扎根于审美主体的自身文化、学识、教养的高级“直觉”。

审美是一个很难言传身教的，不同的人有不同的层级，与知识无关而与文化和环境相关。一个人从小到大审美也在不断地发生变化，同一年龄段的人审美也有所差别，不同阶层的人差异就更明显些。

每个人的审美大不相同，犹如社会等级一样，审美也存在着等级，只是很多人不愿承认罢了。事实上，审美的等级和文化程度也不一定成正比，例如，相当一部分的高级知识分子对美一窍不通。每个人可能都认为自己的审美是最好的，人们最相信的就是自己的眼睛，一般老百姓对自己的审美好坏也并不介意，而艺术家和设计师非常在意自己审美能力的高下，因为这将直接影响到他工作的质量和口碑，凡此种种都说明了审美等级存在的真实性。

建立和发展自己的审美观十分重要，每个人自己内心的美的标准都是不一样的，所以经常会对相同的物品有迥异的美丑判断，并且不同时期的自己对同一物品也会判定不同，过去认为美的现在有可能会否定自己当初的判断。

2. 室内设计创作的局限

局限一：客户目标

室内设计师应考虑好自己设计的作品是否能适合使用者的审美情趣。设计师的审美情趣不一定就是使用者的审美情趣，而使用者的审美情趣通常未必是高雅的。然而使用者要在此环境中长期使用，如果他感觉到不舒服、使用不方便，即使再高雅的设计作品，他都不会乐意接受。设计作品虽然优雅，然而认同、赏识它的人却有可能是寥寥无几。室内设计具有俗文化的一面，对于我们这些接触过所谓高雅文化的人而言，应该很好地研究一下所谓“俗文化”，才能更好满足公众的审美情趣和生活形态。

在设计中要考虑“俗文化”的因素，并用形式美的规律去体现它，貌似俗气，但俗得有道理，有章法。要在为他们服务的同时有责任有必要引导大多数人的审美观念，这就是室内设计师需要做的工作。在大多数室内设计作品中“雅俗共赏”者可称为上乘之作。

局限二：使用功能

使用功能反映了人们对某个特定室内环境中的功能要求。如室内环境的合理化、舒适化、科学化，妥善解决室内通风与室温，采光与照明，人流与动线，噪声与窗景，注意室内色调的总体效果等。形式是可以变化的，而功能却是相对稳定的。使用功能中的某一单项出现问题的话，即使是总体理想的室内空间效果，对使用者来说也会有痛不欲生的感觉。所以设计师要对使用功能方面有高度的责任感，努力去协调和改善此中间存在的问题。而在使用者尚不知不觉的情况下，设计师一定要加以提醒，并在设计中予以坚持。

局限三：结构局限

空间的合理化，是室内设计的基本任务，不要拘泥于旧的建筑空间形象。但不同的建筑设计条件，在某种程度上会影响室内设计创作，室内空间的创新和建筑结构类型的条件有着密切的联系，二者应取得协调统一，这就要求设计师具备必要的结构类型知识、熟悉和掌握建筑结构体系的性能、特点，有关建筑结构方面的详细内容在本书第二章第一节中加以介绍。

局限四：基本规范

根据室内的使用性质，深入调查、收集信息，掌握必要的资料和数据，从最基本的人体尺度、家具与设备等的尺寸和使用它们必须的空间等着手，并熟悉公共空间设计有关的规范和标准。例如，《建筑内部装修设计防火规范》对于所涉及的不同的设计分类应参考不同的设计规范，它一般都涵盖在建筑规范中，又如，设计商业空间时要参考《商业建筑设计规范》等等。

局限五：投资预算

室内设计有一个经济的问题。投资的控制会产生室内设计的差异。通常室内设计装修都是有预算限制的。设计估算要考虑预先测算租用建筑、购买设备、装修和置办家具所需的费用。这点是所有投资者所关心的，因为它可以显示出能多久收回自己的投资和赚取多大的利润。如果预算成本和利润的估算并不使人满意，那么投资人一般会降低装修方面的投入。

设计师大都有这样的体会，自己美好的设计初衷往往最后被有限的资金砍得七零八落，设计结果并没有被完整体现。但这时你一定要从投资人的角度去考虑，利用有限的资金做出最好的效果。

3. 室内设计方案研究和绘制

在了解并掌握了上述信息之后，才能进入方案研究阶段，即针对上述五个方面的信息，把满足业主需要的所有元素在设计方案中体现出来。

方式一：确定基调

创作时必须先立意，即深思熟虑，有了“想法”后再动笔。一项设计，没有立意就等于没有“灵魂”，设计的难度也往往在于要有一个好的构思。一个较为成熟的构思，往往需要足够的信息量，有商讨和思考的时间。

方式二：现场勘查

业主一般能够提供建筑施工平面图，但有时也会由于各种各样的原因无法找到图纸，在这种情况下就需要亲自测量了，其实对空间状况作现场勘查，也为设计师确立室内空间概念提供了条件。这样能对项目所处周边环境有大致了解，可以很直观地看到窗景如何，感受有无噪声等影响，有时光从图面上看，好的方位在实际条件中反倒也可能并不理想。同时对现场的设备、管线条件也应了解，在图中一一加以标注，在做方案时予以考虑。有时现场与图纸可能会有些出入，这些都会影响到方案进一步的实施（图 1-2、图 1-3）

图 1-2　现场勘查（一）

图 1-3　现场勘查（二）

方式三：发现问题

室内设计是一个先寻找问题再解决问题的过程。作为一名设计师必须比别人看的更细心，哪怕是一个微不足道的小地方。要考虑利用天然采光、通风、日照等自然条件，其次，室内空间使用上是否有妨碍流通的情况，怎样设计以使之避免。通过调整使矛盾减少到最小程度，使各种活动的功能发挥最大的效益。设计过程也是一个寻找各种可能性的过程，在解决设计问题与创作过程中，设计师应该对自己的设计意图采用不同方案进行比较筛选，选择出最合适的方案提供给业主。

方式四：循序渐进

设计师在面对设计中必须沟通的人与事都一般比较复杂，所以要自然形成一种循序渐进的考虑问题的方法。在不同阶段考证不同重点，一步步由简至繁、由浅入深去完成设计任务。首先平面设计图规划好后应与业主进行沟通，待确认后进行方案立面推敲和效果图制作，再与业主以较直观的形式展示设计效果，经业主认可后，进行施工图绘制工作，此时要给电气、暖通、给排水等专业提供设计条件，并协调与各专业之间的问题，完成施工图的工作，施工图经校对审核后，最终完成图纸部分的工作交与委托人。在施工过程中设计师要对现场所存在的与设计有关的问题予以协调和解决，亲临现场进行设计交底和处理问题，有时会修改原设计图纸，还需出具变更文件。

（1）草图

草图实际上是一种图示思维的设计方式，通过可视的图形将设计思维意象记录下来。在这个过程中不在乎画面效果，而在于脑、眼、手图形之间的互动。在一个设计的开始阶段，最初的设计意象是模糊的、不确定的，而通过勾画草图能将设计思考的意象记录下来，这种思维方式对方案的设计分析起关键作用。这种图示思维的方式是把设计过程中偶发的灵感及对设计条件的协调过程。针对目前设计人缺乏想象构思和表达的方法，利用这种图示思维设计方式，将有效地提高和开拓其创造性思维能力。在有设计助手配合的情况下，草图就变得不光给设计师本人看同时也是给助手提供参照的图纸。

（2）平面图

平面图是设计构思表现的重要环节，是将抽象的室内使用功能以平面图的形式表现出来。从室内设计的技术角度而言，空间布置主要是通过平面作图来实现的，所以通过一张平面图就可以看出设计是否合理，知道什么地方放置了什么，示意出效果图在平面的位置，平面图按比例画出，可以不加尺寸，可以上色，也可以配以植物点缀。（图 1-4）

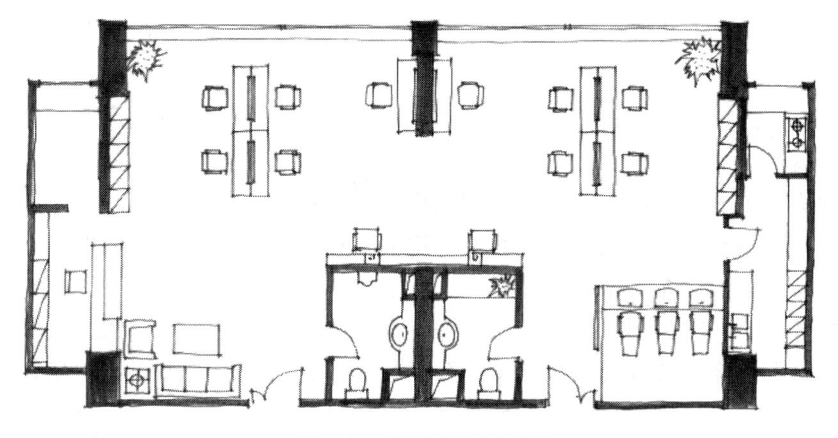

图 1-4　手绘平面布置图

（3）效果图

效果图是设计师表达设计思维的语言，是完美地把设计意图传达给业主的手段。虽然设计可以用平面图、立面图来表现，但总不及效果图直观。设计效果图是在平面设计的基础上，把装修后的结果用透视的形式表现出来。效果图能够真实、直观地表现各装饰面的色彩，所以它对选材和施工也有重要作用。在初始阶段可用快速表现方式，反映出设计师的快速反应能力和高超的绘画技巧。在确定方案以后，再以电脑效果图的方式表现，给业主以真实感。注意这时的效果图一定要和平面图对应上。但应指出的是，效果图表现装修效果，在实际工程施工中则受到材料、工艺的限制，很难完全达到。因此，实际装修效果与效果图有一定差距也是合理、正常的。

4. 室内设计装修施工图的绘制

开始进行室内设计时关键的是要拿到建筑施工图作为设计条件图，所以室内设计师必须能够看得懂建筑施工图。建筑施工图的组成包括：图纸目录，门窗表，建筑设计总说明，一层至屋顶的平面图，正立面图及其他各向立面图，剖面图（视情况可有多个），节点大样图及门窗大样图，楼梯大样图（视功能可能有多个楼梯及电梯间）。图纸目录是了解建筑设计整体情况的目录，从其中可以明了图纸数量及出图大小和工程号还有建筑单位及整个建筑物的主要功能。门窗表就是门窗编号以及门窗尺寸及做法。建筑设计总说明中会提到很多做法及许多室内设计中要使用的数据。

（1）装修施工图概述

施工图是装修得以进行的依据，据此具体指导每个工种、工序的施工。施工图把结构要求、材料构成及施工的工艺技术要求等用图纸的形式交代给施工人员，以便准确、顺利地组织和完成工程施工。

施工图在方案审定后进行这一设计阶段需要补充施工所必要的有关平面布置、室内立面和顶棚平面等图纸，还需包括构造节点详图、细部大样图以及构造、尺寸和材料的标注方面要有明确的示意，必要时还应包括水、暖、电等配套设施设计图纸，供报批施工使用。施工立面图是室内墙面与装饰物的正投影图，标明了室内的标高，吊顶装修的尺寸及造型的相互关系尺寸，墙面装饰的式样及材料、位置尺寸，墙面与门、窗、隔断的高度尺寸，墙与顶、地的衔接方式等，图中尚需标注有详细尺寸、工艺做法及施工要求。

节点图是两个以上装饰面的汇交点，按垂直或水平方向切开，以标明装饰面之间的对接方式和固定方法。节点图应详细表现出装饰面连接处的构造，注有详细的尺寸和收口、封边的施工方法。在设计施工图时，无论是立面图还是节点图，都应在立面图上标明，以便正确指导施工。

施工图除了用图形表现外，还可以用文字加以介绍，设计说明是以文字的形式把整体设计的背景、思路、处理手法、细节和所选用的材料及色彩逐一加以说明，使图面反映不出来的东西跃然纸上，充实整个设计。

（2）装修施工图的作用

理论上所有的施工内容都要按图纸进行，包括所有的板材、型材、面层涂饰等等都要按施工图标注内容进行，同样内部结构也要按施工图进行。设计人要尽可能去到工地。每次去工地随身带一个本子、一支笔、一把卷尺，对一些材料的规格进行测量，把材料用平、剖、立的画法简单地画在本子上，并且标注好测量到的相应尺寸数值。比如一些角铁的规格、铝型材的规格、不锈钢型材的规格、龙骨的规格、木龙骨的规格、工字钢的规格等等，因为这些材料一般都是常见的，经常用到的，并且在其他工程中也是经常会被采用的型号材料。

理论上一套图纸交出去，设计师不去施工现场施工人员就应该根据图纸把所有的东西全部做出来（现场实际和图纸不符的情况除外）。每一种材料都应该明确无误地进行标注；每一种型材都有具体型号或者规格；每一个不同的节点都要画出来；所有的板材都明确标识出具体的规格，施工人员和采购人员就可以按你的图纸去进行相应的工作。

（3）施工图要遵循设计规范

一份高质量、高标准的施工图必须符合设计规范和施工规范；一套不符合规范的图纸，你画的就是再丰富也没有用。设计规范和施工规范里面有明确的一些说明，我们画图纸的时候就要根据这些规范去画图，这样的图纸才是标准的图纸。特别一些强制性的规范，需要严格遵守，例如，《建筑内部装修设计防火规范》中对无自然采光的楼梯间、封闭楼梯间、防烟楼梯间及其前室的顶棚，墙面和地面规定均应采用A级防火标准的装修材料。另外，墙体需要承重的，如果原墙体是混凝土结构，可以直接用膨胀螺丝来做固定支撑点；如果墙体非混凝土结构，就需要用贯通钢筋贯穿墙体，并且墙体两面焊接200mm×200mm×8mm钢板来做固定支撑点，类似上述这些常识性的东西都应当掌握。

（4）施工图纸的编排

一个规模稍大些的工程，其图纸的管理绝对是一门大学问，如何更好地组织和管理图纸，使图纸更有条理性和更容易查找，是我们设计师需要认真学习的，如图纸的命名方式和规则、图纸的排列顺序、节点大样符号的命名规则等，你如果有机会接触到几百甚至上千张的图纸的时候，你就会发现，图纸的管理不光是一门技巧，并且是一门学问。

5. 室内设计方案的实施

（1）工程预算

当施工图绘制好后，施工方就可按施工图作预算了。其实预算本身也是一门专业，它是由预算员依照当地颁发的《建设工程概算定额》来计算的。定额中主要材料一栏中有材料代号者为定额指导价，当实际市场供应价格与定额指导价中的供应价格发生价差时，要与业主磋商取得认同。除定额规定允许调整或换算外，不得因工程的施工组织、施工方法、材料消耗等与定额规定所不同而调整。

工程费用＝主材费＋辅助材料费＋人工费＋管理费＋税金

a. 主材费：是指在装饰装修施工中按施工面积单项工程涉及的成品和半成品的材料费。如卫生洁具、地板、门、油漆涂料、灯具、墙地砖等等。这些费用透明度较高，其大约占整个工程费用的50%；

b. 辅助材料费：是指装饰装修施工中所消耗的难以明确计算的材料，如钉子、螺丝、水泥、砂子、木料以及油漆刷子、砂纸、电线、小五金等等。这些材料损耗较多，也难以具体计算，这项费用一般占到整个工程费用的10%；

c. 人工费：是指整个工程中所付出的工人工资，其中包括工人的工资、工人上交劳动市场的管理费和临时户口费、医疗费、交通费、劳保用品费以及使用工具的机械消耗费等等。这项费用一般占整个工程费用的30%左右；

d. 管理费：是指装饰装修企业在管理中所发生的费用，其中包括利润，如企业业务人员、行政管理人员的工资、企业办公费用、房租、通讯费、交通费及管理人员的社会保障费用及企业固定资产折旧费用等等；

e. 税金：是指企业在承接工程业务的经营中向国家所交纳的法定税金。

(2) 施工监理

当业主和施工方签订施工承包合同后，施工方便可以开始施工了。一般的施工工序是：进场后按图纸布线，如果是旧楼改造还需先拆旧、清理现场，然后综合布线。综合布线包括照明、电脑、音响、采暖、给水排水、消防喷淋、烟感器、气体消防等走线。施工内容要先后交叉进行，先上瓦工、木工，后上油工，先做吊顶、墙面装修，后铺地面、粉刷、油漆，最终安装相应设备进行安全调试。在整个施工中，设计师应关心工地的施工进展情况，及时选择或提供材料样板，与工长积极配合并解决施工中所遇到的各种问题（图1-5～图1-8）。

图 1-5　施工现场（一）

图 1-6　施工现场（二）

图 1-7　施工现场（三）

图 1-8　施工现场（四）

在所有装修施工结束后，应由设计师和业主共同协商配置设备、家具、灯具，挑选织物、绿化和陈设品，至此才能算真正完成了一件室内设计作品（图 1-9～图 1-12）。

图 1-9　等候区

图 1-10　前台收银部分

图 1-11　剪发区和染发区

图 1-12　贵宾圆形镜台

第二节　室内设计师的社会责任

由于社会的发展进步与环境改善的需要，当下室内设计师被人们称为“黄金职业”，受到很多年轻人的追捧，但作为一名专业的设计师，怎么做才能真正服务于社会、贡献于社会，对社会又有哪些责任和义务呢？

首先，应贯彻可持续发展的方针，以自己的专业特长维护人与自然的和谐发展，促进生态环境的平衡与资源、能源的节约与再生。我们需要不断地提高自己的专业技能，以最小的能源消耗，完成最好的设计，有效地控制装修材料和装修成本。

其次，坚持以人为本的设计理念，通过设计体现室内环境中的人文关怀，关注人们的安全与健康，促进人们审美意识的增强，让人们感受到生活的美好与幸福。在满足人们物理需求的同时，应该满足人们的精神需求，让人们享有更高的生活质量。尤其要加强对弱势群体的关爱，并将其直接体现在无障碍设计当中。

再次，树立良好的职业形象，遵守国家法律，执行政府部门和行业组织制定的关于建筑、建材、装修及安全等方面的标准和法规。不得有与自己的专业职责及职业地位相抵触、损害社会公共利益的行为，不断进取，为国家建设服务。以自己的专业知识促进社会经济的发展，为不断提高人们的生活环境质量做出贡献。

一、可持续发展的设计意识

作为一名设计师，不但自己应有环保意识，还要在设计中体现出来，即尽可能地节约自然资源，减少生活及生产垃圾，并把可持续发展的观念灌输给业主。

人类意识到生产和消费过程中出现的过量碳排放是形成气候问题的重要因素之一，因而要减少碳排放就要相应优化和约束某些消费和生产活动。

目前建筑业（包括室内装修）能耗与碳排放比例触目惊心（见表1-1），必须采取节能减排方针。

建筑业各类消耗比例 **表1-1**

建筑业各类消耗比例	占各类排放比例
耗用能源40%	温室气体排放50%
耗用水资源42%	空气污染24%
耗用各类材料50%	污水排放40%
耗用耕地48%	固体垃圾20%

1. 可持续发展的设计原则

“可持续发展”的概念最先是在1972年在斯德哥尔摩举行的联合国人类环境研讨会上正式列入讨论议案。1987年，世界环境与发展委员会出版《我们共同的未来》报告，将可持续发展定义为：“既能满足当代人的需要，又不对后代人满足其需要的能力构成危害的发展。”它系统阐述了可持续发展的思想。1997年中共十五大把“可持续发展战略”确定为我国“现代化建设中必须实施”的战略。

可持续发展主要包括社会可持续发展，生态可持续发展，经济可持续发展。由于可持续发展涉及到自然、环境、社会、经济、科技、政治等诸多方面，所以，由于研究者所站的角度不同，对可持续发展所作的定义也就有所不同。

2. 设计师与可持续发展的关联

我们生活在地球上会直接影响地球的资源消耗，除了我们衣食住行所产生的能源消耗外，还有一大块来自与我们学习的专业所紧密相关的室内装饰行业。装修工程必然要建立在对自然资源的占有上，所以，我们在设计中应该尽量做到与自然的共生与平衡。道理非常简单，但落实到专业设计中就不是一句口号了，既要有设计智慧，又要不怕麻烦。

（1）与室内设计的关联

a. 构成建筑物和对室内进行装修靠的是室内装饰材料，由施工单位建造（购买环节也可能有漏洞，以次充好，采用不环保的材料），业主出资（经费不足或滥用而导致用次等材料）。

b. 建造依据的是设计方所提供的设计图纸，图纸包括用什么样的材料、产地、用量多少及规格大小，此外设计的品质（自然采光的利用、室内通风、温湿度的考虑）都会影响到能源的消耗。

（2）绿色建筑评价标准

绿色建筑是指在建筑的全寿命周期内，从最初的规划设计到随后的施工、运营及最终的拆除，最大限度地节约资源（节能、节地、节水、节材）保护环境和减少污染，同时还应重视新材料与新工艺的应用，绿色室内装饰也同出一辙。

a. 节材与材料资源的利用：要杜绝为了片面追求美观而以过量的资源消耗为代价的情况，在设计中控制造型要素的构件，减少没有功能作用的装饰构件，合理设计，节省材料，就可以减少资源的消耗。绿色设计提倡建材本地化，提高就地取材的建材产品所占的比例，减少运输过程的资源、能源消耗。

b. 节水与水资源的利用：采用节水器具，如节水马桶以及中水的回用。

c. 室内环境质量的控制：要求室内温度、湿度、风速、新风量、污染物、噪声及照明等有助于人们的身心健康。

d. 室内空气质量的控制：采用有害物质含量符合现行国家标准的材料，以保证使用者的人身健康。某些材料具有辐射性，很容易被忽视，公共室内中还要考虑二氧化碳的浓度问题。

e. 室内声环境的控制：背景噪声的危害是多方面的，包括造成人的耳部不适，降低工作效率。室内噪声水平必须控制在合理的范围内。

f. 室内照明质量的控制：这是室内环境质量的重要因素，应避免眩光的影响，注意光源的显色性。

（3）绿色室内环境设计要点

a. 在室内设计时要考虑到资源的综合利用和节能问题。要尽可能地选用节能型材料，如节能型门窗、节水型便器、节能型灯具，要尽量利用自然光进行室内采光，降低装修后的能源消耗量。

b. 在装修设计时，特别要注意室内环境因素，合理搭配装饰材料，充分考虑室内空间的承载量和通风量，提高室内空气质量。

c. 在装修选材方面，要严格选用环保安全型材料，倡导消费者进行装饰装修时选择无污染或者少污染有助于消费者健康的色产品。选用不含甲醛的粘胶剂，不含苯的稀料，不含纤维的石膏板材，不含甲醛大芯板、贴面板等，提高装修后的室内空气质量水平。

d. 在装修选材方面，要尽量选用对资源依赖性小的材料。要选用资源利用率高的材料，如用复合材料代替实木；选用可再生利用的材料，如玻璃、铁艺件、铝扣板等；要选用低资源消耗的复合型材料，如塑料管材、密度板等，尽量避免使用资源高消耗的原木、石材等。

二、关注弱势群体的无障碍设计

在社会生活中，老人、孩子、残疾人是我们帮扶的对象，他们也有权利在公共空间中参与活动。然而在很多公共场所中他们举步维艰，甚至受到伤害。设计师的绝大多数都是身体健全的人，从而经常会忽略那些年迈的老人及残障人员的基本需要。造成这些弱势群体不得不留守家中或需要有人协助才能出行，参与到各种公共交流场所。作为设计师应在设计的各个阶段（方案阶段、施工图阶段）检验其无障碍的设计功能，这样才能更好地为弱势群体服务。

无障碍设计意味着向残疾人提供一种可能，使其能够不受约束地持续使用空间。为了尽可能多的人去利用公共室内空间，完善公共空间的功能，对无障碍设计必须加以重视。

鉴于公共室内空间是一个更加大众化、公共性意义强烈的室内空间，为了让大众能够顺利地利用这些公共空间，使公共室内空间在社会中起到更好的作用，无障碍设计更应该加以强调与重视。

1. 关注残疾人的无障碍设计

根据中国残联公布的最新数据，中国残障人口超过8300万。而很多公共场所缺少无障碍通道。残障人虽然身体的某些功能有缺失，但他们在生活中和健全人一样，需要出行、交流，要更多地融入公共空间当中。

道路难走、楼梯难下、卫生间难上、新技术难用，在城市公共空间一些对绝大多数人轻而易举的事情，对于残疾人却是望而却步。

我们在考虑公共室内空间部分无障碍设计时，必须参照《城市道路和建筑物无障碍设计规范》JCJ50-2001、J114-2001（以下简称《规范》）中的相关规定。

残疾人可使用相应设施，指各类建筑中为方便公众而建设的通路、坡道、入口、楼梯、电梯、座席、卫生间、浴室等设施。具体实施内容可根据使用需要确定。

（1）视力残疾者的无障碍设计

a. 简化行动路线，布局平直；

b. 人行空间内无意外变动及突出物；

c. 强化听觉、嗅觉和触觉信息环境，以利引导（如扶手、盲文标志、音响信号等）；

d. 电气开关及插座有安全措施且易辨别，不得采用接线开关；

e. 对于低视力或弱视者应加大标志图形，加强光照，有效利用色彩反差，强化视觉信息。

（2）听力残疾者的无障碍设计

a. 强化视觉、嗅觉和触觉信息环境；

b. 采用相应的助听设施，增强他们对环境的感知。

2. 公共空间室内无障碍设计要求

（1）出入口

无台阶、无坡道的建筑出入口，是人们在通行中最为便捷和安全的出入口，通常称为无障碍出入口，在设计时应考虑以下因素：

a. 供残疾人使用的出入口，应设在通行方便和安全的地段。室内设有电梯时，出入口应靠近候梯厅。

b. 出入口的室内外地坪高差不宜太大。如室外地面有高差时，应采取坡道连接，其坡度不宜大于1：20有台阶的建筑入口，坡度最大坡度为1：12。

c. 出入口的内外，应保留不小于1.50m×1.50m平坦的轮椅回转面积。

d. 出入口设有两道门时，门扇开启应留有不小于1.20m的轮椅通行净距。

e. 出入口大厅，残疾人进出建筑物的场所必须是主要出入口，只考虑从服务区进入是不合理的。包括紧急入口在内，所有的出入口都应能让残疾人利用。

（2）坡道

坡道是用于联系地面不同高度空间的通行设施，坡道的位置要设在方便和醒目的地段，并悬挂国际无障碍通用标志。根据地面高差的程度和空地面积的大小及周围环境等因素，可设计成直线、L形或U字形等。为了避免轮椅在坡面上的重心产生倾斜而发生摔倒的危险，坡道不应设计圆形或弧形。

（3）走道

走道是通往目的地的必经之路，它的设计要考虑人流大小、轮椅类型、拐杖类型及疏散要求等因素。

（4）走廊、通道设计

走廊、通道希望能够尽可能地做成直交形式。如做成迷宫一样或是由曲线构成，视觉障碍者容易迷失方向。除考虑平时的使用方便，在非常时刻的避难通道也有其重要的功能。

（5）楼梯台阶

楼梯和台阶是垂直通行空间的重要设施，楼梯的通行和使用不仅要考虑健全人要求，同时更应考虑残疾人、老年人的使用要求。楼梯以每层按 2 跑或 3 跑直线形楼梯为好。避免采用每层单跑式楼梯和弧形及螺旋形楼梯。这种类型的楼梯会使残疾人、老年人、妇女及幼儿产生恐惧感，容易产生疲劳和摔倒事故。

（6）门

建筑物的门通常是设在室内及各室之间的衔接的主要部位，也是促使通行和保证房间完整独立、使用功能的不可缺少的要素。由于出入口的位置和使用性质的不同，门扇的形式、规格、大小各异。开启和关闭的门扇的动作对于肢体残疾者和视觉残疾者是很困难的，还容易发生碰撞的危险，因此，门的部位和开启方式的设计，需要考虑残疾人的使用方便与安全。按便利性适用于残疾人的门其顺序是：自动门、推拉门、折叠门、平开门、轻度弹簧门。

（7）窗户

窗户的无障碍设计不仅要考虑残疾人的使用，而且还需考虑老年人和儿童的使用方便和安全。窗户对坐轮椅者而言应有一个无阻视线的考虑。

（8）扶手

扶手是残疾人在通行中的重要辅助设施，是用来保持身体的平衡和协助使用者的行进，避免发生摔倒的安全设施。扶手安装的位置和高度选用的形式是否合适，将直接影响到使用效果。扶手不仅能协助乘轮椅者、拄拐杖者及盲人在通行上的便利行走，同时也给老年人的行走带来安全和方便。

（9）电梯

电梯对高层建筑是一个很重要的设备。与普通电梯不同，残疾人使用的电梯在许多基本功能方面须有特殊考虑，这些功能决定残疾人使用电梯能力与效果。所有电梯都应有操作按钮，按钮显而易见并将其设计在坐轮椅者伸手可及的地方比较重要。肢体残疾者及视力残疾者自行操作的电梯，应采用残疾人使用的标准电梯。

供残疾人使用的电梯，在规格和设施配备上均有特殊要求，如电梯门的宽度，关门的速度，轿箱的面积，在轿箱内安装扶手、镜子、低位及盲文选层按钮、音响报层按钮等，并在电梯厅的显著位置安装国际无障碍的通行标志。

（10）卫生间

卫生间的设计必须要满足无障碍，到达方便，使用安全、舒适的要求。

（11）轮椅席

在会堂、法庭、图书馆、影剧院、音乐厅、体育场馆等观众厅及阅览室，应设置残疾人方便到达和使用轮椅席位，这是落实残疾人平等参与社会生活及共同分享社会经济、文化发展成果的重要组成部分，因此在无障碍设计中必须要体现出来。

例如在餐饮店至少10%餐桌的座椅可以移开；全场至少2张餐桌的座椅可以移开；就近设置具有无障碍设施的卫生间；主要出入口休息室应设置符合无障碍标准的座椅；在坐椅区为使用轮椅者设置各类适用的座椅；少于100个座位时，至少应设2个轮椅位；100～400个座位规模时，至少应设4个轮椅位；多于400个座位时，轮椅位不少于1%；轮椅位应安装轻便可移动的座位。

在现代社会中，公共空间无障碍设计标准正逐渐被重视与强调。作为室内设计师，不但要对设计中的很多相关知识了如指掌，也要求设计师对于无障碍设计标准熟记于心，并能在实际工作中运用自如。本章节只是讲解了最基本，最基础的公共室内空间中的无障碍设计标准，更加具体的内容则请参看相关《规范》内容。

三、公共空间的消防安全

室内设计与消防安全方面的关系主要有如下几个方面，第一，要注意灾害发生时人员疏散问题，这与空间划分有非常密切的联系；第二，要配合施工单位报审消防设计，提供准确的设计施工图纸；第三，在设计施工图阶段与消防系统设计的配合问题；第四，在设计中要挑选符合防火规范要求的材料，这部分内容可参见第二章第四节的相关内容。

当室内发生火灾时，整个房间会充满了烟气，其温度一般为500～600℃，这么高的温度足以导致室内可燃装饰材料瞬间轰燃，促使燃烧速度加快，造成火灾蔓延，加之房间着火后产生大量烟雾和有毒气体，造成的伤亡损失更加严重。所以设计师要严格按照建筑防火法规进行设计，这对于避免和减少火灾危害，具有十分重要的意义。

1. 空间调整与消防设计的关系

进行公共空间室内设计时对旧建筑改造过程中往往会调整空间格局甚至搭建夹层，这时依然要参考防火规范的要求去分割空间、安置门窗、楼梯位置，以保证完好的防火、防烟分区，保证人员疏散的安全。

（1）防火和防烟分区

公共建筑内采用防火墙等划分防火分区，地上部分防火分区的允许最大建筑面积为4000m^2；地下部分防火分区的允许最大建筑面积为2000m^2。公共建筑内设有上下层相连通的走廊、敞开楼梯、自动扶梯、传送带等开口部位时，应按上下连通层作为一个防火分区考量。公共建筑中庭防火分区面积应按上、下层连通的面积叠加计算，每个防烟分区的建筑面积不宜超过500m^2，且防烟分区不应跨越防火分区。

（2）安全疏散出口及走道宽度

a. 公共建筑每个防火分区的安全出口不应少于两个。但符合下列条件之一的，可设一个安全出口：当有两个或两个以上防火分区，且相邻防火分区之间的防火墙上设有防火门时，每个防火分区可分别设一个直通室外的安全出口。房间面积不超过50m^2，且经常停留人数不超过15人的房间，可设一个门；

b. 人员密集的厅、室疏散出口总宽度，应按其通过人数每100人不小于1.00m计算。建筑的公共疏散门均应向疏散方向开启，且不应采用侧拉门、吊门和转门。建筑物直通室外的安全出口上方，应设置宽度不小于1.00m的防火挑檐；

c. 教学用房采用中间走道时，净宽不应小于 2.10m；采用单面走道时，净宽不应小于 1.8m；办公用房的走道净宽不应小于 1.5m；办公楼的走道：走道长度不超过 40m 时，单面走道的净宽不应小于 1.30m，中间走道的净宽不应小于 1.40m；走道长度超过 40m 时，单面走道的净宽不应小于 1.50m，中间走道的净宽不应小于 1.80m。

（3）防火门、防火窗和防火卷帘

a. 防火门、防火窗应划分为甲、乙、丙三级，其耐火极限：甲级应为 1.20h；乙级应为 0.90h；丙级应为 0.60h。防火门应为向疏散方向开启的平开门，并在关闭后应能从任何一侧手动开启；

b. 防火卷帘是一种适用于建筑物较大洞口处的防火、隔热设施，是一种活动的防火分隔物，一般用钢板等金属板材制作，以扣环或铰接的方法组成，平时卷起在门窗上口的转轴箱中，起火时将其放下展开，用以阻止火势从门窗洞口蔓延。

2. 疏散楼梯与电梯设计

公共空间室内设计中楼梯的改造设计不仅涉及交通流线，也涉及到保证人身财产安全法律法规必不可少的部分，所以从防火方面应必须满足法规要求。疏散楼梯间包括室外疏散楼梯、普通楼梯间、封闭楼梯间以及防烟楼梯间。

（1）楼梯的数量

楼梯的数量应根据使用要求和防火要求来确定。公共建筑的楼梯数量一般不少于两个，部分使用人数少的低层公共建筑也可设一个楼梯。楼梯间的数量和位置应符合防火规范中对走道内房间门至楼梯间最大距离限制的规定。

（2）楼梯的尺寸

公共建筑的楼梯按使用性质可分为主要楼梯、次要楼梯和专用楼梯等。主要楼梯的梯段净宽一般不小于 1650mm，次要楼梯的梯段净宽不应小于 1100mm，专用楼梯的梯段净宽不应小于 900mm。

梯段宽度确定应考虑使用性质、人流通行情况和防火要求等因素。供单股人流通行的梯段净宽不应小于 900mm，供两股人流通行的梯段净宽不应小于 1100mm，供三股人流通行的梯段净宽不应小于 1650mm。作为日常主要交通用的楼梯梯段净宽不应小于 1100mm. 疏散楼梯的梯段净宽不应小于 1100mm，楼梯的总宽度应符合防火规范中的有关规定。

（3）室外楼梯符合下列规定时可作为疏散楼梯：

a. 栏杆扶手的高度不应小于 1.1m，楼梯的净宽度不应小于 0.9m；

b. 倾斜角度不应大于 45°；

c. 楼梯段和平台均应采取不燃材料制作。平台的耐火极限不应低于 1.00h，楼梯段的耐火极限不应低于 0.25h；

d. 通向室外楼梯的门宜采用乙级防火门，并应向室外开启；

e. 除疏散门外，楼梯周围 2.0m 内的墙面上不应设置门窗洞口。疏散门不应正对楼梯段。

（4）封闭楼梯间

封闭楼梯间是指用耐火建筑构件加以分隔，能防止烟和热气进入的楼梯间。高层民用建筑中封闭楼梯间的门应为向疏散方向开启的乙级防火门。通俗的理解就是，用门和墙把楼梯围成一个封闭的空间。

楼梯间应靠外墙，并能直接天然采光和自然通风，当不能直接天然采光和自然通风时，应按防烟楼梯间规定设置。

（5）防烟楼梯间

防烟楼梯间是指具有防烟前室和防排烟设施并与建筑物内使用空间分隔的楼梯间。其形式一般有带封闭前室或合用前室的防烟楼梯间，用阳台作前室的防烟楼梯间，用凹廊作前室的防烟楼梯间等。

防烟楼梯间应满足以下要求：

a. 楼梯间入口处应设前室、阳台或凹廊；

b. 前室的面积，对公共建筑不应小于 6.0m^2，与消防电梯合用的前室不应小于 10.0m^2；对于居住建筑不应小于 4.5m^2，与消防电梯合用前室的面积不应小于 6.0m^2；对于人防工程不应小于 10.0m^2；

c. 前室和楼梯间的门均应为乙级防火门，并应向疏散方向开启；

d. 如无开窗，须设管道井正压送风。但是一类高层必须有管道正压送风。

（6）消防电梯

a. 消防电梯宜分别设在不同的防火分区内；

b. 消防电梯间应设前室，其面积应满足设计要求；

c. 消防电梯轿厢内的装修应采用不燃烧材料；

d. 消防电梯间前室门口宜设挡水设施。

3. 消防喷淋装置

公共空间中建有夹层是较常见的处置方式，但若在原有建筑中搭建夹层还需要重新对消防管路进行调整铺设，以保证每一层都有自动喷淋设施。消防自动喷淋系统是一种消防灭火装置，是目前最有效的灭火手段，它是建筑物消防工程的主要组成部分，是保障生命、财产免遭灾害的重要措施与方法。室内设计与之有关的是要协调吊顶造型与消防喷淋头位置、喷淋供水管道高差之间的矛盾。

消防自动喷淋系统由洒水喷头、报警阀组、水流报警装置等组件，以及管道、供水设施组成，消防喷淋系统的设计是根据使用场所的面积以及需要消防的对象而决定喷淋头的数量和种类的，一般公共场所每 10～20m^2 的范围布置一个喷淋头，根据场所不同可以选择不同的喷淋头：

（1）下垂型喷淋头

下垂型喷淋头是使用最广泛的一种喷头，下垂安装于供水支管上，洒水的形状为抛物体形，可将总水量的 80～100％喷向地面。

（2）普通型喷淋头

适用于餐厅、商店、仓库、地下车库等场所。普通型洒水喷淋头既可直接安装，又可下垂安装于喷水管网上，可将总水量的 40～60％向下喷洒，其余部分喷向吊顶。

（3）边墙型喷淋头

适宜于布管较难的场所，边墙型洒水喷淋头靠墙安装。主要用于办公室、门厅、休息室、走廊客房等建筑物的轻度危险部位。

喷头的布置，包括同一根配水支管上喷头的间距及相邻配水支管的间距，应根据系统的喷水强度、喷头的流量系数和工作压力确定，并不应大于《自动喷水灭火系统设计规范》的规定，且不宜小于 2.4m。

4. 设计图纸消防报审

一般来说建筑设计的时候就需要考虑消防问题，主要是留有足够宽度的消防疏散通道，以及有水源来提供消防喷淋，必须要有消防烟感，强排烟系统（面积比较大时）这些都是一次消防报审的内容，是由房屋建筑（装修）公司出面报审的。

进行装修的话还需要由室内装修公司进行二次报审，装修公司需要提供平面布置图、吊顶布置图、消火栓布置图、电路图、消防设计说明、消防设计文件等。例如吊顶必须要有喷淋头及烟感，所以必须对消防进行再设计和进行报审。

装修改造工程设计单位应当按照国家工程建筑消防技术标准进行设计，设计完成后，建设单位应将建筑工程的消防设计图纸及有关资料报送公安消防机构审核。

第三节　公共空间室内设计风格

“风格”即风度品格，体现着室内设计创作中的艺术特色和个性。每一个公共空间的室内都可归为一种风格，只是有的明确，有的模糊罢了。在设计之前对特定环境进行风格定位，可使整个设计自始至终目标明确。虽然设计过程看起来是对空间、造型、色彩、照明、材质、艺术品等的表现，但由于在设计初始已有了风格定位，在整个过程中，就不会偏离方向。对于公共空间室内设计风格的定位，不要只考虑流行，而首先要考虑适合公共空间的类型和使用人的身份。

当前室内设计风格的变化如同时装，更新周期日益缩短，推陈出新的速度是不以人的意志为转移的。而且人们对室内设计风格和气氛的欣赏与追求的品位，也随着时间的推移在改变。在设计形式、设计风格上，多元化的格局已经形成。没有哪一种风格流派能够一统天下，也没有什么权威能去剥夺某些风格存在的权力。当今时代多元化的形式之间只有主流和非主流之分。公共空间室内设计由于不同类型的空间众多，不同的人群需求也是众口难调的，所以非主流的设计样式在小范围内也有存在的可能与价值。

如今已出现的室内设计风格数不胜数，各种风格细分开来，又能分成若干倾向，虽然有些设计风格可能不再流行，也可能永远也不会再现历史，但它的出现，总能给设计师提供一种范例，在设计时予以参考，并努力形成自身的设计特征。

一、公共空间的室内氛围营造

公共空间室内设计不只是简单的装修，也不仅是一般意义上的美化。公共空间室内设计应当是充分满足室内空间的性质与用途要求，通过对空间、造型、细节、色彩、照明、材质、艺术品等进行整体设计，既要满足不同的使用功能，同时又具有特定的艺术形式所反映的审美价值。室内所有的一切都是一个整体，都是为一个主题服务的。一个只具备功能性的设计通常缺乏特色，所以追求高境界是公共空间室内设计的主旨，公共空间室内设计应以境界为上。

1. 公共空间室内设计的情感追求

在公共空间室内设计中，对特定情感的追求与表现是十分重要的，是一个设计的成功与否的关键。从形式上看设计是在推敲诸如墙面、地面、顶棚等实体的设计，而实质上是要通过这些手段，达到创造理想空间氛围的目的。所以对于不同的设计要进行不同的设计分类和设计定位，从而做出与之相应的设计方案。单纯注重功能的合理性是不够的，其独特的设计所带来的心理和精神上的满足，同样很重要（图 1-13）。情感是一种直觉的、主观的心理活动，主要通过视觉的体验来获得，每一个室内空间都能给人带来不同的心理感受。所以室内设计必须满足人类情感的需求。设计的魅力是心理现象，是发自内心的感召，好的设计对人心灵的震撼如同戏剧、小说一类的文艺作品。

图 1-13　顶棚设计样式符合孩子心理

2. 公共空间室内设计符号的运用

室内环境设计中，为了情感交流和营造艺术氛围，可以采取符号性手法进行设计。符号这种简化的形式是非常适宜表达某种场景，具有强烈的艺术效果，是一种创造性的手段。

富有创造力的设计师能把生活中有意义的东西变成视觉符号运用于设计当中。室内环境设计是一个整体，符号化方法只是营造艺术氛围、表现设计思想的一种手段。符号的选用与创造，充分体现设计师艺术功底与素养。

任何视觉符号都有一定的文化内涵，它们必须围绕着一个特定的主题有机地结合在一起。视觉符号是一种艺术符号，也是表现性符号。符号的使用与创造一定要准确，要恰如其分，要与其他造型因素相统一并形成整体（图 1-14～图 1-17）。

图 1-14　装饰符号用于过梁

图 1-15　装饰符号用于矮隔断

图 1-16　装饰符号用于更衣柜门

图 1-17　装饰符号用于收银台

二、当代流行的室内风格样式

室内设计风格的形成是不同时代思潮和地区特点通过创作构思而表现出来的，并经逐渐发展而成为具有代表性的室内设计形式。一种典型风格的形成，通常是和当地的人文因素和自然条件密切相关，又要富含创作中的构思和造型的特点，形成风格的外在和内在因素。

我们在观察一个空间的优劣（通过亲临现场或通过照片感受），最后我们的注意力必定会集中在某些独特的空间性格上面，也就是说没有特性的空间将不易被人注意和记住。在一个空间与另一个空间相似性的范围内，我们会敏锐地感受到它们之间存在着的不同之处，而且更清楚地意识到每个空间的个性。因此，人们会不断地欣赏不同的空间所带给他们的独特体验。对于空间的体验者来说，风格的价值全在于它会供给人们去感受这些异同的能力和自身对于空间效果本身的反应。

众所周知，每种风格和流派又都有大量各具特征的实例，其间存在较大差异，可以说每个作品（空间）就是一个风格和样式。搞清楚其间的不同与差异不是目的，而通过分析掌握其每种样式的特征与设计手法是根本。无论当今流行哪种风格样式，室内空间环境的需求永远是多样的。设计师经常会挑选非主流的风格样式来吸引消费者，这其中的大多数人会选择模仿历史上曾经出现过的样式再进行优化设计，只有少数人会全新创作，然而即使这些所谓的独创也不可能完全摆脱历史的痕迹。

1. 简约的室内设计风格

简约的风格是当今最流行的风格样式，它不是一种主义或者一种表面的现象，它更像一种思维的方式，如同艺术里抽象这个思维方法，即把一些物质或精华的部分表达出来。这种思维的方法很适合现代，因为现时要面对很多错综复杂的情况，把简约作为一种思维的方法，作为解决复杂问题的方法是永远不会落后的。简约并不意味着平淡，简约不是单调，简洁更不是苍白，简洁同样要有丰富的层次。通过发现简单材料的内在美，经过和谐的表现，营造出艺术的氛围是为上策。现在，有越来越多的人将“极简”作为一种生活态度去对待设计和生活。

“简约”的定义很广，并随着人类社会的进步而变化。简约经历了由以往的古典豪华的“越多越好”走到极端简约的“什么也没有”，现在的简约则是“以人为本”，是随着人们生活的需要、喜好及文化背景而发展的。它不会停滞不前，新的元素只会令简约演绎得更现代、更时尚，因此，可以预见简约这个潮流会延续下去（图 1-18）。

2. 自然的室内设计风格

自然风格也是受到当今大多数人喜爱的一种形式。现代生活节奏快，心理压力大，许多整天在工商业圈子里打转的人，他们对环境的原始性与自然性有着强烈的需求。原始的、自然的环境正好满足了这些人的需要。随着环境保护意识的增长，人们向往自然，强调自然色彩和天然材料的应用，并在此基础上创造新的肌理和环境效果。

自然风格在室内环境中力求表现悠闲、舒畅和自然的生活情趣，也常采用天然木、石、藤、竹、织物等材质质朴的天然材料，以显示材料的纹理。巧于设置室内绿化，创造自然、简朴、高雅的氛围。自然风格倡导“回归自然”，美学上推崇自然、结合自然，在当今高科技、高节奏的社会生活中，使人们取得生理和心理的平衡（图 1-19）。

图 1-18　简约的风格

图 1-19　自然的风格

3. 平面涂饰的设计风格

平面涂饰是指在室内环境中运用平面图像的张力，装饰与丰富室内环境，塑造空间特色，使之影响到三维空间感受，从而达到提高空间美感的目的。这种简便的方法在保留原有空间形态的前提下，既处理了空间，又丰富了室内空间形象，创造出了特殊的环境气氛，是公共空间设计中较适宜的一种设计手段。

这种手法最先运用者是平面设计师，转而他们将处理平面的很多手法运用到室内设计中，产生了许多意想不到的效果，空间整体性更为加强，界面和界面的关系更加微妙多变。涂饰的区域包括四面墙壁、天花、地面和各种家具、饰品的表面。施工基本上采取涂抹为主，也有一定的材质使用。这种手法虽然施工方法简单，材料运用灵活但对审美要求很高，其涂饰的图形选择和空间的关系都很大程度反映着设计者的喜好与能力。

在资源紧张、环境恶化的前提下，平面涂饰简单易行，符合低碳的要求，这是一种节能、简便、易于更换的设计手法，具有改变场所面貌简便和快捷的特点，其低成本投入受到人们的喜爱被大量运用。这种手法最适合运用在属于年轻人的环境中，如青年旅馆、酒吧、快餐厅等。

4. 欧式传统的设计风格

多年来很多设计师都喜欢模仿西方古典样式的设计，因为欧式传统风格与其他风格相比，最显豪华气派，装修上也最容易出效果，因而受到广泛欢迎。整个欧式风格所表达的古典品味，来自设计师对欧式传统艺术的深度体验。

常说的古典主义风格实际上是继承了多个古典时期风格中所有的精华部分并予以提炼的结果。也就是从古希腊开始至十九世纪西方主流的风格样式。其主要构成手法有三类：一类是室内构件要素，如柱式、壁炉、楼梯等；第二类是家具要素，如床、桌、椅、几柜等，常以兽腿，花束及螺钿雕刻来装饰；第三类是装饰要素，如墙纸、窗帘（幔）、地毯、灯具、壁画、西洋油画等。色彩上以红蓝，红绿及粉蓝，粉绿，粉黄，饰以金银饰线为色调系列。古典风格更注重背景色调，由墙纸（墙线）、地毯、帘幔等装饰织物组成的背景调对控制室内整体效果起了决定性的作用（图 1-20）。

5. 欧式新古典的设计风格

新古典风格实际上是继承古典风格中的精华部分并予以提炼的结果。其特点是强调古典风格的比例、尺度及构图原理，对复杂的装饰予以简化或抽象化，大的色调关系保持红绿或红蓝的基调，细部则为精致的装饰。新古典摒弃了古典风格的繁琐，但不失豪华与气派。目前最受设计师们崇尚的多为融入了现代精神的新古典风格。

“形散神聚”是新古典的主要特点。在注重装饰效果的同时，用现代的手法和材质还原古典气质，新古典具备了古典与现代的双重审美效果，完美的结合也让人们在享受物质文明的同时得到了精神上的慰藉。在造型设计上即不是仿古也不是复古，而是追求神似。用简化的手法、现代的材料和加工技术去追求传统式样的大致轮廓特点。白色、金色、黄色、暗红色是欧式风格中常见的主色调，少量白色糅合，其中使色彩看起来更加明亮。用室内陈设品来增强历史文脉特色，往往会直搬古典设施、家具及陈设品来烘托室内环境气氛。

6. 混搭的设计风格

现在流行“混搭”，这种“混搭”比起正常的搭配更加不易，是一种极端的表现，是对设计的一种叛逆，室内布置中有既趋于现代实用同时，又吸取传统的特征，在设计与陈设中融古今中西于一体。例如传统的屏风、摆设和茶几，配以现代风格的墙面及门窗装修、新型的沙发；欧式古典的灯具和壁面装饰，配以东方传统的家具和埃及的陈设、小品等等。

混搭的室内风格虽然在设计中不拘一格，可以运用多种体例，但设计中更要设计者匠心独具，对空间形体、色彩、材质等方面的总体构图和视觉效果有更深入的推敲与拿捏，一般仅为极有功力的少数设计师或艺术家可以做到位（图 1-21）。

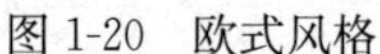

图 1-20　欧式风格

图 1-21　混搭风格

三、中国风格的室内设计样式

1. 中国传统的设计风格

千百年来，中国传统的室内风格在一种与外部世界较少交流的环境里，通过世代相传，逐步完善而流传下来。这种相对孤立的状态形成了具有浓重民族特征的艺术风格，反映出鲜明的民族个性。中国传统的室内空间，常运用格扇门罩以及博古架等物件对空间进行划分，采用天花藻井、雕梁、斗拱加以美化，并以中国字画和陈设艺术品等作为点缀，创造出一种含蓄而高雅的氛围。特别是经历了千百年的发展完善，形成了中国建筑室内固有的传统风格样式。中国传统建筑室内设计，通常还表现为室内对称的空间形式，在多数的厅堂中，梁架、斗拱等都是以其结构和装饰的双重作用成为室内设计表现的一种艺术形象。从大量的宫殿建筑中的室内天花藻井、家具、陈设、字画、装修等多方面因素中，均可以把它们作为一个组合得较为完美的一个整体空间进行设计。室内除了固定的隔断外，还有移动的屏风、半敞开的罩、博古架等与家具相结合，对于组织空间起到了增加层次和厚度的作用。在色彩的处理上，中国北方宫殿建筑室内的梁、柱常用红色，天花藻井并绘有多种多样的彩画，用鲜明热烈的色彩取得对比调和的效果。中国南方的建筑室内风格则常用冷色调，白墙、灰砖、黑瓦，色调对比强烈，形成了江南特有的秀丽[1]。

现今较流行的是将中国古典元素用现代人的眼光编织到环境当中，让流行与经典同列一室，用古典的中国元素来构成新概念和新视觉。古典气质不仅从空间，从地道的家具和配饰中散发，更要从室内的每一个细节中流露，传递出地道的古典韵味。公认的中国造型艺术符号，如红柱、大红灯笼，中国字的匾额及对联，中国式花窗，明清风味的木家具等，它营造出了中国传统文化的氛围。就设计师而言，古典风格是对其文化素养的一个挑战（图 1-22）。

2. 新派的中国设计风格

在西方设计界流传着一个观点：“没有中国元素，就没有贵气”，中式风格的魅力由此可见一斑。创新中国风格是一个不断探求与积累的过程。作为一名中国设计师应努力使自己的设计不仅具有现代美感，同时也要具有本民族的特征。

---

〔1〕 刘兴华《浅析中国室内设计的发展方向》

日本的经验告诉我们，要现代化而不是西洋化，继承传统的应是灵魂，我们要在新的技术条件下，既尊重传统，又尊重现实，又要勇于创新，从而创造出一种新派的当代中国室内设计风格。其实，在传统文化中更为精华、更值得研究并借鉴的还有许多属于深层的、哲理性的内容。这种空间形态，有许多深层的内涵。从当今的一些室内设计作品中可以看出，设计师对传统文化和现代文化融合已进行了较为深入的研究，通过艺术语言综合、重构，使简练的室内界面及空间形态蕴涵了较深厚的文化神韵和意境（图 1-23）。

图 1-22　仿中国传统风格

图 1-23　演绎后的中国风格

3. 传统与现代室内设计的交融

随着中国在世界上地位的不断崛起，以中国为代表的东方文化日益受到世界各国的重视。年轻人看待传统时，很大一部分都会形容其是老观念、老封建，这样使得我们研究传统时只停留在一些表象的东西。学习传统不是简单地沿用，而是要将传统语言用现代手段表现出来，使其溶入现代设计当中成为有机的整体。简化形式、重构色彩，更新材料，立足于现代科学技术，立足于现代设计手法，立足于当代审美，既不是“全盘西化”的断然做法，更不主张回归到古老的传统语境中去“固守”自己的领地，从而使优秀的传统文化自然而然地融入到现代生活中。

从历史的角度考量，传统文化即是一些物质与精神的沉淀。历史上在设计界能完美解决传统文化与现代设计相结合的人就是大师级的人物，而现在很多设计师做的基本上是一种画蛇添足的事情。所以，作为年轻的设计师来说，应该培养一种责任感，势必要找出一种即继承中国传统文化精神又能符合当代人审美的室内设计手法。为此，要加强对传统文化的研究，因为传统文化的介入一定能对当代设计起到推动作用，这或许就是传统文化对当代设计的最大意义了。

第四节　公共空间室内陈设设计

“室内陈设”是一种通过有效的陈设物（品）来营造室内空间形象的手段和方法。经常在室内设计的后期或在室内项目设计完成后，由设计师或相关人员，根据室内总体环境功能、使用对象、审美需要、预算控制、市场现状等条件，对各室内空间的陈设进行精心挑选、搭配组织（陈设品加工）、现场摆放，从而创作出高艺术品位的室内空间形象。

“陈设”通俗地讲就是往空间中放置“陈设物（品）”，以期对空间效果产生影响。“陈设艺术”不是一般意义的摆放，而是同所有的艺术创作一样，要上升到一定的审美高度。如果说室内空间是舞台的话，室内陈设所起到的是传达空间内涵的重要作用，通过恰当的物品组合赋予室内空间一定的精神内涵，并对观者产生触动。

室内空间只提供了场所和背景，陈设物（品）才是主角，陈设的工作就是将各种陈设物品进行组合的结果。

陈设品对室内风格的影响是很明显的，它可加强或减弱设计目标中的风格倾向。公共空间中的陈设品是有其自身的不同特点，环境变了，陈设物也应该相应地改变。陈设品本身也很重要，若是人们司空见惯的物品，就很难给人留下深刻的印象，所以公共空间室内陈设品应是为不同的公共空间特别设计和选用的。

一、陈设及陈设品的概念

“陈”作为动词有陈列［exhibit］、陈设之意，“设”作为动词有布置［arrange］、安排、筹划之意，“品”作为名词有物品［articles］、制品、商品、作品之意。

“陈设品”［furnishings］作为名词指用来美化或强化环境视觉效果的、具有观赏价值或文化意义的物品，也就是说，只有当一件物品既具有观赏价值又具备被陈设的观赏条件时，该物品才能称作为陈设品。

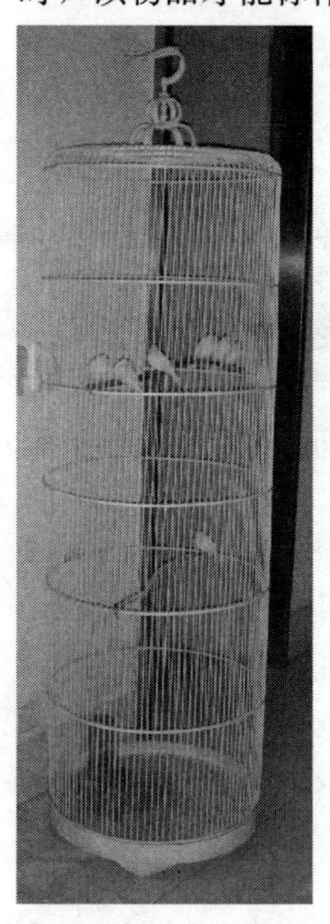
图 1-24　夸张变形的鸟笼作为陈设物

室内空间中的陈设品有家具、灯具、织物、植物、饰品、艺术品等，甚至一些不在上述范围之内的物品都可以，如：树干、树枝、树叶、石头、水果等有艺术感觉的皆可，陈设就是通过这些看似平常的物品来营造空间精神的。

“陈设品”多数是指可移动或拆卸后可挪走的物品。陈设品的涵盖面很广，也可以说所有能摆放于室内的物品都可视为陈设品，然而不是所有的“陈设品”都能起到美和装点空间的作用，有些劣质的陈设品非但起不到装饰的作用，往往还成为破坏环境美感的罪魁祸首。

“陈设品”是赋予室内空间生机与精神价值的重要元素，格调高雅、造型优美，具有一定文化内涵的陈设品使人怡情悦目，这时陈设品已超越其本身的美学界限而赋予室内空间以精神价值。室内空间越上档次其房间越大，无实际用途的陈设物也越多，所占比例也是高得惊人（图 1-24）。

1. 陈设品的挑选与空间组织

陈设品是室内空间的重要组成，而在浩如烟海的陈设品中如何选择那就大有学问了。以往人们总是关注于某件价值连城的陈设品，结果是众多宝物的堆砌给人眼花缭乱的感觉。然而单体的美不是陈设艺术的重点与精髓，组织搭配的绝妙才是根本。空间中的陈设物不是孤立的，应该找出它所从属的背景，它的连带关系。

陈设品不能孤立的来看，每件陈设品都可能被采用，它有可能对应到不同风格的空间中，要么相似形态的需要，要么与之相配的色彩。所以，设计师拥有的陈设品信息就要十分广泛，如果你了解的陈设品种单一，你的空间创作也会比较单调。

另外，同一种色调、材质的陈设品也可以不讲求风格及样式的统一，而只靠其统一的色彩和质感特征就足已。这也说明了陈设需要有一条线索来串联起所有备选的陈设品，可以用风格去定位，可以用主题去贯穿，还可以用形、色、质去关联。可以跨越东西方传统与现代的格局，或只有颜色同类、不同的年代和不同的风格也不是问题。

2. 陈设设计创作的思路

很多人将陈设物“不假思索”地搬进空间中，陈设工作变得如此的轻松随意，成了完全是一种体力劳动和各种购置信息的集合，这只是做了基础的陈设工作，而并不是陈设艺术创作。真正的陈设艺术是应在挑选陈设物之前对空间有一个非常巧妙的设计定位，这往往是非常有创意和别出心裁的。陈设与其他产品创作所不同的是，它非单体的形式美，而是集体的组合美（当然单体本身的品质也不能太差），形象地说，如同寻求大合唱、交响乐的气势而非独奏。

在各种家具和饰品都以指数形式急速发展的今天，有些陈设物只有转化为配套产品才有价值，陈设比陈设物更重要，陈设就是品质。整体性是现代陈设发展的基本趋势，要将各个档次的陈设物、各种陈设因素有机的结合、融合起来。

陈设的工作就是发掘一切可用的陈设物资源，并在陈设的设计理念指导下把这些资源整合起来，使之发生“原子裂变”的效应。

室内陈设尽管受到热烈的追捧，却并不算作真正意义上的室内空间创作，更像是一种生活方式的表达，于是设计师的表现也就赋予了陈设空间不同的外在形象。要练就一双火眼金睛，能够发现、整合一切可利用的资源，一般人往往只是看到物质资源、有形资源，忽视了精神资源、无形资源。重视对陈设方法的揣摩，是提高陈设本领的另一大关键，要从个别的陈设案例中总结出具有普遍指导意义的东西。

3. 室内陈设品挑选的技巧

先立意，这样可以使你只选择符合这一风格的陈设物，就可以排除了许多其他风格的饰品。如果资金有限需要控制预算，就可以把进口产品刨除了，要做得有档次，就又把廉价的、一般生活化的产品刨去，最后若你还要做得有品位、有个性，那么就只能对剩下不多的产品进行搭配了，当然也可以少量定制和加工。

在同一类风格的饰品中，配套本身也很难，经常是缺这少那，不是家具和织物不配就是灯具和地毯不搭，不是色彩有矛盾就是材质出问题了，形状的不配也是经常会出的状况，所以饰品固然多但要达到成套与系列化则不易，这就需要陈设设计师去组织和处理了。厂家能做到的只是它自己产品之间的配套，如一套家具、一套床上用品或一套灯具。

设计师可以经常做配套的练习，如不同的材质但相同相近的色彩配套；相同相近的形状的配套；内容上的配套或不同形状、色彩，相同材质的配套，这样就可以达成经过修饰后的美感，做到雅俗共赏。

设计师应挖掘对一个空间中出现什么才能形成整体的一致性，也就是需要有个主题，应找出相对特殊的空间元素。如乐器是个不常在空间中出现的物品，其摆放或悬挂将会成为视觉焦点，但不同的乐器应出现在不同的空间中。例如中国传统空间用古筝、编钟、石磬；西洋空间用钢琴、小提琴、风琴，而现代空间用电吉他、打击乐器较为妥帖。设计师按照空间的整体定位寻找合适的陈设物品，把它们放置在各个不同的空间中，自成系列。每个定位主题都是非常具体的，但作为寻找放置在空间中的陈设对象的标准时它又是非常宽泛的，这就带来挑选上的不确定性，从而也就形成迥异的空间效果。

4. 室内陈设实施的步骤

(1) 首先确定陈设空间的风格和设计定位，确立空间所要表达的情感，随之能反映其情感的陈设物就将跃然纸上，也就是勾勒出草图，草图可以没有条理，想到什么就画什么，这仅仅是头脑中突然想到的室内效果最初的意向。采取随意勾勒草图的方法是希望在设计的初始阶段保持思维的自由发散，而不被任何条件所限制。

(2) 对现有空间设计进行调整。一般在空间的硬质界面上做处理，遮蔽原有难看的墙面，可采用简单易行的方式，如涂料、壁纸处理。

(3) 挑选及修改现有的陈设物。从家具、灯具、地毯、窗帘、绘画、植物等方面考虑，这时有些可以保留旧有的陈设物，有些要做少量调整，如包裹、油漆等进行局部改造，多数可以选用市场上能够采购的物品，但不可避免地要设计加工些符合特定空间的陈设物，尤其像尺度大小不合适、色彩不理想和不够配套的情况。一般想做到与空间环境相适合必定要量身定做些饰品，以此来反映空间的专属性。

(4) 绘制方案效果图。将设计想法和构思落实于纸面上，经与业主商议确定方案后再做具体的设计深化工作。如绘制陈设列表，将陈设物详细的信息综合表达出来，绘制家具等需加工定制物品的施工图纸。

(5) 在确定设计方案的前提下，陈设设计师进行监管定制，承包整个陈设工程项目的制作和购买或协助业主进行家具、饰品、艺术品等的挑选、外加工及解决可能出现的任何陈设物品的问题。

(6) 具体落实摆放。将所订购加工的物品运输到位，先按照图纸设定的位置进行摆放安装，然后再进行现场调整，这时设计师就更像指挥官，要根据现场情况随机应变，从而达到预期的陈设效果。

二、公共空间中主要的陈设品

1. 公共设施

公共设施是公共空间室内中重要的组成部分，它除了其本身的功能外，还具有装饰性与意象性，直接影响着公共空间的设计品质。这些设施虽然体量不大，却能反映出社会的经济以及文化水准。公共设施的功能是应公众在公共场所中进行活动的各种不同需求而产生的。这是公共设施存在的前提。

城市人口集中，为了高效、便捷，在许多公共空间配有交通系统中设有电脑问询、解答、向导系统，自动售票检票，自动开启、关闭进出站口通道等设施；有为公众在公共场所中进行活动时提供各种方便而设置的，包括：座椅、垃圾桶、电话亭；有为人们在公共场所活动时起到引导、指示、确定方位等功能而设置的，包括：指示牌、时钟、广告、招牌、展示橱窗等。这些设施可由设计师结合环境进行设计，以增添环境的情趣与变化。

公共设施在造型上的主观表达固然重要，但使设计物在发挥其功能的同时，去有效地呼应环境特性，是更深层次的文化表达，它的材料、结构与造型对环境所造成的视觉影响则是不容忽视的。

2. 家具陈设

家具是室内设计中的一个重要组成部分，是陈设中的主体。其一是实用性，家具在室内与人的各种活动中的关系最为密切；其二是装饰性，家具是体现室内气氛和艺术效果的主要角色。一个房间，几件家具摆放后，基本上定下了主调（图 1-25）。单就家具的改变就能影响人情绪上的变化，在小说《羊的门》里有这样一段描述能反映出单就家具形态和材质的改变就对人心理造成了影响：“——会议室里摆放的本来都是藤椅，一色儿的藤条椅子，可突然有一天，椅子全换了，王华欣坐的那个位置换的是皮转椅，其他位置换的是折叠椅，虽然都是黑色的，可这一换，差别就大了，位置上的差别，带来了心理上的差别，在议到什么的时候，人们的心理就发生了很微妙的变化，到了关键的时刻，一般都是王书记（王华欣）的意见成了最后定论。”

家具不但是人们生活的必需品，也是综合反映一个时代经济、文化、生产的水平，随着人民生活质量的逐年提高，人们对于家具的质量、功能、艺术造型上的要求也随之越来越高，这就需要设计师要顺应时代的发展，进行设计、选用。

图 1-25　装饰性家具陈设

3. 绿化陈设

室内植物作为装饰性的陈设，比其他任何陈设更具有生机和魅力。现代建筑空间大多是由直线形构件所组合的几何体，令人感觉生硬冷漠。利用绿化中植物特有的曲线、多姿的形态、柔软的质感、悦目的色彩，可以改变人们对空间的空旷、生硬等不良感觉。

在室内布置一片园林，从而创造出庭园化的室内空间效果，是现代建筑中广泛应用的设计手法。特别是在室外绿化场地缺乏或所在地区气候条件较差的情况下，室内庭园的建造为人们开辟了一个不受外界自然条件限制且四季常青的园地。室内设计室外化是种常见的设计手法，通过在室内运用一些室外元素，把室内做得如同室外一般，置身其中，犹如身处充满生机的自然环境中（图 1-26）。

植物的配置需十分注意所在场所的整体关系，要把握好它与环境其他形象的比例尺度，尤其是要把植物置于人视域的合适位置。如大尺度的植物，一般多置于靠近空间实体的墙、柱等较为安定的空间，与人群通道空间保持一定的距离，便于人观赏其植物的杆、枝、叶等整体。中等尺度的植物可放在略低于人视平线的位置，便于人观赏植物的叶、花、果等局部；小尺度的植物往往以其小巧而出奇制胜，一般置于搁板之上或悬吊空中，便于人全方位观赏。选择植物还要考虑房间的朝向和光照条件。要选择那些形态优美、装饰性强、季节性不太明显和容易在室内成活的植物。

4. 艺术品陈设

公共艺术涉及的范围很广，它包括雕塑、绘画、摄影、广告、影像、表演、音乐等形式，公共艺术作品自身的价值虽为主要因素，但却脱离不了环境对它的制约和要求，公共艺术在公共空间中扮演着提升文化层面的角色（图 1-27）。

公共艺术作为置于公共场所中的艺术作品，首先应具有与公众产生交流的性质，它不是完全独立的作品，公众对作品应可及并参与，甚至触摸。

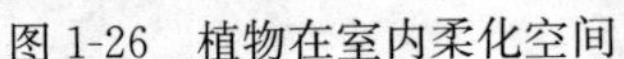
图 1-26 植物在室内柔化空间

图 1-27 电话和羊结合创作的公共艺术品

公共艺术一向与它所存在的时代有着不可分离的互动关系，不论是时代影响艺术风格，还是艺术的前卫精神带动时代的风潮，可以说艺术反映了时代，时代产生了艺术。公共艺术的展现形态是千变万化的，它可以是一幅壁画，可以是座丰碑式的雕塑，可以是一组具观赏与娱乐功能的喷泉，但它必须受制于特定的人文环境和空间特制，才能展现出它独特的艺术魅力。

(1) 艺术品与室内空间环境的关系

室内设计包含的范围非常广泛，艺术品虽然在这个范围内所占的比重不大，但在其中有着极其重要的位置，有时甚至会起到画龙点睛的作用。艺术品与室内设计是相辅相成的，又是相互影响的。

艺术品自身的品质也会影响整个室内空间环境的质量。一件高质量的艺术品，如果选用和设置得当，便会提升整个室内空间环境的品质，给室内空间的使用者带来美的享受，一件劣质的作品放在室内空间环境中不仅不会提升环境的质量，反而会增添室内空间环境的混乱，使整体的艺术氛围显得粗俗。所以无论是从艺术品自身的价值考虑，还是从它对环境的影响考虑，都必须选择高质量的。

艺术品的风格要与室内设计的风格相一致。室内陈设是一门整合艺术，它要求室内的诸多要素要相互协调，只有把握好这种协调关系，艺术品才能在室内设计中真正发挥出烘托室内环境氛围的作用，使整个室内空间成为一个比较完美的整体。例如，在中国古代的室内设计中，书画是必不可少的陈设品，古人配以书画来点缀空间，更凸显了室内环境幽静的氛围，与古朴的家具形成清雅的格调，同时也与室外的自然环境融为一体。但是，如果艺术品的风格与室内环境不一致，即使艺术品再精美也会破坏整体环境。

(2) 公共空间艺术品题材的选择

题材是指艺术品所描绘的对象和所表现的内容。选择艺术品的题材十分重要，它应符合空间的内涵。例如，2002 年的春天，在人民大会堂接待厅那幅著名的画作《迎客松》前，美国前国务卿亨利・基辛格博士再次驻足。然而，1972 年周恩来总理就在这里欢迎尼克松总统并在这幅画前合影。这幅画作主要是题材符合接待厅的主旨，所以能屹立 30 多年而长青。

另有这样一个报道：意大利总理贝卢斯科尼（Silvio Berlusconi）上任不久，遇到了这样一件啼笑皆非的事。为了增强总理新闻发布室的窗口效应，贝卢斯科尼决定将自己一直非常喜欢的意大利最伟大的自由艺术家乔瓦尼·巴蒂斯特·泰波罗（Giowanni Battista Tiepolo）的名画《时间揭开真相》（复制品）悬挂在发布室墙壁上。一切就绪，当贝卢斯科尼开始了他的第一次演讲时，公众好像对总理的演讲心不在焉，倒是把目光聚集在总理身后的名画上。事后有人直言："这幅画上有一个半裸女郎，她的胸部就在总理的脑袋旁边，这正是让听众分神的原因。"这个实例虽不乏调侃之意，但也说明好的艺术品的摆放一定要有合适的场所，尤其在公共空间中更是这样。

（3）装置艺术品作为公共空间室内陈设物

所谓装置艺术（Installation art）是指艺术家在特定的空间环境中，对现成形态的日常用品材料或其他综合材料，进行艺术性地创作从而形成的艺术品。"装置"的功能与室内设计中的"陈设"有类似之处。

当代的室内公共空间设计中，很多设计师把具有强烈艺术感和突出视觉效果的装置艺术品运用到室内公共空间中，赋予了空间艺术化、个性化的独特体验。例如，在三宅一生专卖店中，设计师利用风机与纱织布料组成的动态装置艺术品，提升了空间品质与整体效果。

装置艺术品在室内公共空间中运用时，不一定在空间内部独立存在，而是以室内空间界面为载体强调与室内空间界面的密切关系，例如：瑞士艺术家菲利斯·维尼（Felice Varini）在很多室内公共空间中设计的巨型错视装置艺术作品。不用带上3D眼镜，只要身在其中就会被视错觉产生的虚幻感包围，这也是常规艺术品无法达到的室内空间效果。

很多装置艺术品形式活泼多变，效果新奇独到，对其合理的利用能弥补室内空间中的不足，提高室内空间的整体效果。例如：在较为空旷的室内空间中，可以通过装置艺术品的置入增加视觉焦点；在室内色彩较昏暗的空间中，放置色彩较为鲜亮的装置艺术品，可以有效地改善空间色彩平衡关系；在层高较大的室内空间中，可以通过顶面吊挂装置艺术品的方式进行调整；在凌乱无序的室内空间中，可以通过贯穿空间的装置艺术品提高空间的统一性。所以，装置艺术品是室内公共空间中最能体现空间个性与情感的一类陈设品，在大型购物商场的中庭、公共休息区、酒店大堂等公共空间中，设计师会经常使用装置艺术品作为公共空间室内陈设物。

第二章　公共空间室内视觉造型

视觉造型是一种有意识的、有目的的创作行为，不仅要运用特定的技术与工艺，也要依靠富有创造力的艺术来进行处理与表现，在室内设计中必须综合运用技术与艺术的手段进行视觉表现，赋予室内空间一种特殊的视觉感受和空间效果〔1〕。

我们可以从以下四个方面分别实现室内视觉造型：

1. 采用空间造型的手段，利用形体来表现。先是大的空间划分，形态组合，会涉及墙、顶、地以及小的装饰构件。形体本身或是非常有变化，也可以简洁到什么也没有。

2. 采用色彩的手段。色彩完全可以不考虑形的存在，色彩本身就可以形成某个空间的特色，因而也成为影响空间的重要元素。设计中可以根据所设计的空间特点来选用色彩和进行色彩组配。色彩具有很强的可识别性，通过对色彩边界进行造型处理，在一定条件下可以改变物体的外形在视觉中的表现效果。

3. 通过照明的设计也可使空间形象大为改观。明亮的光线会使空间显得开阔、轻松。而低照度的光线会使空间产生压缩。光的出现可以影响到空间的色彩变化与造型变化，可以理解成光可以作为一种造型手段，能加强空间立体效果，营造整体的环境氛围。所以光也是一种材料，至少它是一种改变原有材料特性的辅助材料，就像室内立面的涂料一样，它可以独立存在或是依托于一些媒介存在。

4. 所有前边提及的造型、色彩、照明，最后都需要用具体的材料实现，材料设计也是进行空间塑造的一种方式。利用材料的质感可以调整空间的比例，形成特定的气氛和意境。光洁的材质可使空间显得开敞，粗糙的材料可使空间显得紧凑。材料的认定与选择会直接影响到最终的视觉效果，设计可以通过不同的材质之间的对比和进行材质的创新设计，来体现空间意境与氛围。

第一节　公共空间室内造型设计

空间造型是对建筑所提供的内部空间进行处理，在建筑设计的基础上进一步调整空间的尺度和比例，解决好空间与空间之间的衔接、对比、统一等问题。当室内设计师了解了建筑图纸后，首先要对室内空间进行调整，在不影响结构的情况下，根据业主要求和设计思想更加合理的运用空间，协调好空间之间的转换关系，利用有利条件，排除不利因素，使室内设计更加功能化、科学化和艺术化。按照空间处理的要求把空间围护体的几个界面，即对墙面、地面、天花等进行处理，包括了对分割空间的实体、半实体的处理，即对建筑构造体有关部分进行设计处理。

---

〔1〕 郝大鹏《室内设计方法》成都：西南师范大学出版社，第61页

一、室内空间的特性

空间的美是以它宜人的尺度、深刻的艺术内涵来表现的，在一个成功的设计当中，除满足功能以外，不同性质的空间应各具自己独特的形式。现代室内空间不应该只满足于那些静态的、均衡的空间，处处给人一种四平八稳，没有明显个性的空间感受。它的空间应该按照功能的需要和人们活动的实际情况来组织，有动有静、有分有合，给人一种充满生机的感受（图 2-1、图 2-2、图 2-3）。

图 2-1　充满变化的形式

1. 人对室内空间的感受

人对室内空间的感受和体验是由人的整个身躯和所有知觉包括逻辑的判断而感受到的。人通过其身体的眼、耳、鼻、肌肉等器官将信号不断输送到大脑。其中眼睛需要感受到连续的视觉形象。人在一秒钟之内可以捕捉到 18 个不同的动与静的物体的由各种线、面、体、棱、角和颜色构成的图形，耳应能听到室内空间环境的背景声，如人声、水声、音乐及各种活动和机械发出的种种不同强弱的声音，人的皮层与肌肉又随时都在感触各种不同软硬、粗细的材质以及周围环境的不同温度和湿度的影响。如果失去了这些信息，人的各种感受将无法存在。

图 2-2　形式感统一对称

2. 空间的形状

空间的形状将直接影响到室内空间的造型，室内空间的造型又直接受到限定空间方式的影响。室内空间的高低、大小、曲直、开合等都影响着人们对空间的感受。因此室内空间的形状可以说是由其周围物体的边界所限定的，包括平面形状（图 2-4、图 2-5）。

常见的室内空间一般呈矩形平面。空间的长、宽、高不同，形状也可以有多种多样的变化。不同形状的空间不仅会使人产生不同的感受，甚至还要影响到人的心理情绪。一个窄而高的空间，由于竖向的方向性比较强烈，会使人产生向上的感受，高耸的教堂所特有的又窄又高的室内空间，正是利用空间的几何形状，而给人以满怀祈求和超越一切的精神感受。室内设计的关键在于既要保证其特定的功能要求的合理性，又要给空间注入一定的艺术感染力，只有这样，才能称其为有特色的室内空间形状。

图 2-3　充满动感的空间

由使用功能决定空间形状。仅有合适的大小尺寸，没有合适的形状，也不能满足功能的要求，所以需尽量调整。如三角形、圆弧形、多边形等不规则的房间，这部分空间在使用上很不方便，视觉感受差，做好不规则空间设计是

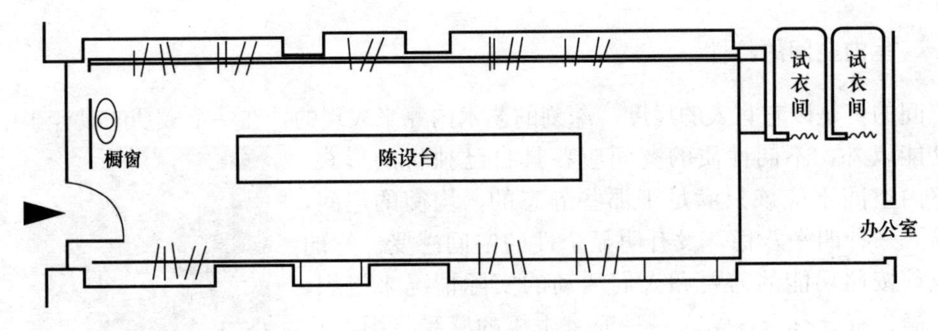

图 2-4 规则的矩形平面

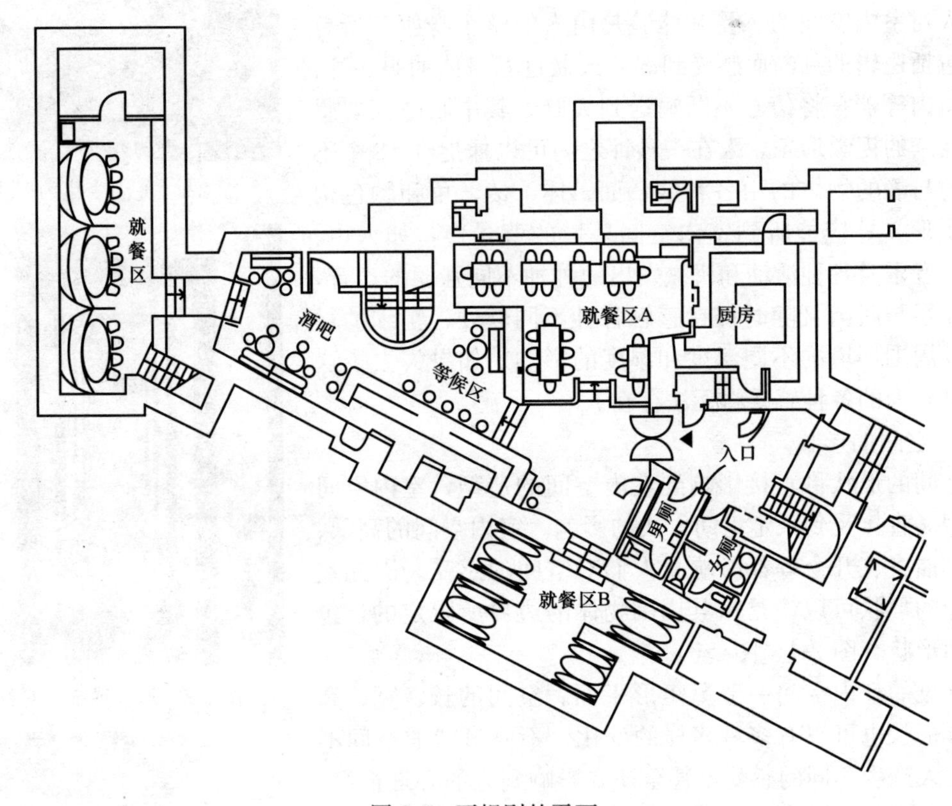

图 2-5 不规则的平面

设计中的难点，必须下足功夫，才能合理利用空间。尤其那些不规则的斜角，经过空间的调整，原本在一般人眼光中视为缺憾的角也许反而会变得生动。

室内空间造型是建立在由建筑结构形式造就的原空间基础之上的，甚至有时原结构形式还对室内空间造型起着重要作用，对创造室内空间整体效果和审美意境发挥着独特的魅力。作为结构形式，它只是一种手段，虽然同时服务于功能和审美这双重目的，但是就互相之间的制约而言，他和功能的关系显然要紧密得多。任何一种终极形式都不是凭空出现的，它都是为了适应一定的功能要求而被人们创造出来。任何一种结构形式，一旦失去了功能价值便失去了存在的意义。为取得较经济的效果，可以采用砖混结构；为适应灵活划分空间的要求，可以采用框架承重的结构；为求得巨大的室内空间，则必须采用大跨度结构，每种结构形式由于受力情况不同，结构构件的组成方法不同，所形成的空间形式必然是既有其特点又有其局限性。在现代技术日益发达的今天，对建筑的原结构形式如何利用、驾驭，使之更充分的融入室内空间，是室内设计师的重要任务。室内的原结构形式，对空间的整体效果固然有形式上可利用的一面，但并非完美无缺，有时受空调、照明、消防等设备管线的制约，使其结构的形式美无法充分展现，这是就需要在利用结构基础上进行再加工。

对室内进行空间调整的前提是应先了解建筑结构，才能根据具体结构情况作适当的空间调整。室内空间的创新和结构类型的条件有着密切的联系，二者应取得协调统一，这就要求设计者具备必要的结构知识，熟悉和掌握各种结构体系的性能、特点。

（1）砖混结构

砖混结构中的“砖”，指的是一种统一尺寸的黏土建筑材料制品。除实心砖外还有其他尺寸的异型黏土砖、空心砖等。“混”是指由钢筋、水泥、砂石、水按一定比例配制的钢筋混凝土材料，可制成包括楼板、过梁、楼梯等。这些构配件与砖体的承重墙相结合，称为砖混结构。由于抗震的要求，砖混建筑一般在 5 层、6 层以下。由于其施工便捷，工程造价低廉，故在多层建筑中采用十分普遍。由于砖混结构建筑的内部所布置承重隔墙的数量较多，不能自由灵活地分隔空间，所以对室内设计来说局限很大(图 2-6)。

图 2-6　砖混结构

（2）框架结构

框架结构是由梁和柱子组合而成的一种结构。它能使建筑获得较大的室内空间，而且平面布置比较灵活，由于结构把承重结构和围护结构完全分开，这样无论内墙或外墙，除自重外均不承担任何结构传递给它的荷重。这就会给空间的组合、分隔带来极大的灵活性，此种结构多用于大开间的公共建筑(图 2-7)。

（3）剪力墙结构

剪力墙结构是高层建筑中常用的一种结构形式，它全部由剪力墙承重，不设框架，这种体系实质上是将传统的砖石结构布置转而为钢筋混凝土结构，在建筑平面布置中，有部分的钢筋混凝土剪力墙和部分的轻质隔墙，以便有足够的强度来抵抗水平荷载。剪力墙结构的建筑平面对室内设计的灵活性会受到一些限制，只有部分轻质的隔墙可以拆除（图 2-8）。

（4）筒体结构

筒体结构具有极大的强度和刚度，建筑布置灵活，可以形成较大的空间，尤其适用于商业建筑。由两个筒体组成的称为筒中筒结构，它是由外筒和内筒通过刚度很大的楼板平面结构连接成整体而组成。外筒就是外部框架筒，往往多为由密排柱以及连结密排柱的截面较大的窗幕墙所组成。内筒体一般是由电梯间、楼梯间等组成的薄壁井筒。这种筒中筒结构体系对于抗侧向水平力的能力极强，在超高层建筑中被广泛应用（图 2-9）。

图 2-7　框架结构

图 2-8　剪力墙结构

（5）钢结构

主要承重构件全部采用钢材制作，它与钢筋混凝土建筑相比自重较轻，能建超高层大楼；又由于其材料的特殊性，能制成大跨度、净高大的空间，特别适合大型公共建筑。单纯从价格方面考虑，钢结构约是混凝土结构造价的 2 倍左右，钢和混凝土组合结构约是混凝土结构造价的 1.5 倍左右。但从综合效益方面考虑，钢结构建筑明显优于其他结构。钢结构自重轻，节约基础造价，钢结构可塑性强、韧性好、具有良好的抗震性能；结构占用面积少，增加建筑有效使用面积，空间可变性强，灵活分隔，可弹性使用，减少室内设计限制，施工速度快，缩短工期。这些都是其他结构的建筑无法比拟的（图 2-10）

图 2-9　筒体结构的高层建筑

图 2-10　钢结构

二、室内空间的调整

室内设计中的空间处理就是对室内内部空间进行尺度及大小等方面的调整，它是评判一个设计优劣的基本标准，因此掌握空间处理手法对一个设计师来讲尤为重要。设计师在着手空间设计之前，要充分了解该室内所提供的空间特点，业主在使用功能上的需求和审美上的需求等，在这个基础上再来思考如何处理空间。空间的合理化是设计的基本任务，不要拘泥于旧的空间形象。应通过恰当的空间组织，让人们获得更多的阳光，新鲜的空气和室外景色，从而提高室内的环境质量（图 2-11、图 2-12）。

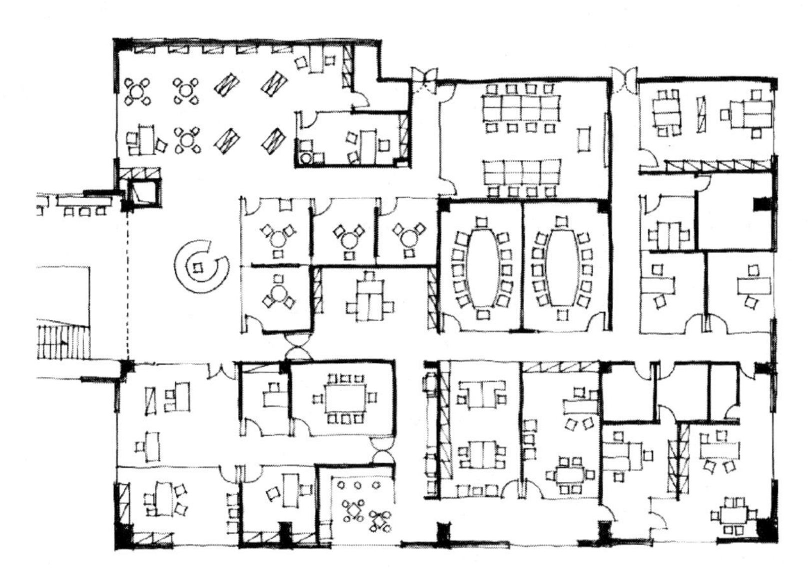

图 2-11　调整前的平面房间采光效果不理想

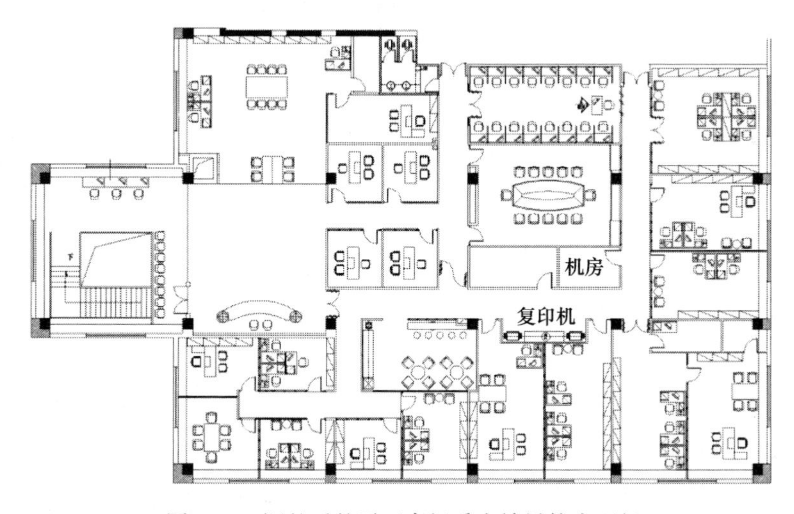

图 2-12　调整后的平面房间采光效果较为理想

1. 空间的划分与动线

空间划分是室内设计的重要内容，从哲学的角度说空间是无限的，但是在无限的空间中，许多自然和人为的空间又是有限的。怎样利用这有限的空间，使它得到合理的划分，是我们需要着重解决的问题。

空间的动线即是空间中人流的路线，是影响空间形态的主要动态要素。对室内的动线要求主要有两个方面：一是视觉心理方面，二是功能使用方面。动线组织空间序列可按其功能特点和性格特征而分别选择不同类型的空间序列形式。动线可以是单向的，带有一定强制性，如博物馆、展览馆空间等。其特点是空间序列的组织与人流路线相一致，方向性也很明确，还有就是多向的，它的空间方向性不甚明确，带有多向的特性，形式较为轻松、活泼，富有情趣。组织空间序列，首先既要有主要人流路线逐一展开的一连串空间，又要兼顾到其他辅助人流路线的空间序列安排，二者互相衬托主次分明。空间之间可以相互连贯、相互渗透、相互流动，人们随着视线的移动可以获得不断变化的视觉效果。

一般来说，在平面图中我们能做一些功能上的划分，但只此一种方法，还远不能满足室内设计的需求。一般人们总是喜欢竖向的分隔空间，而不太习惯换另一种方式划分。实际上增加横向的划分，能使有限的空间变得无限，能使无趣的空间变得更有趣。

2. 空间布局

空间布局是设计构思表现的重要环节，是将抽象的室内使用功能以空间布局的形式表现出来，比如，各个功能的分布、室内家具的位置、数量以及相互关系。在设计当中，一般多采用均衡的、不规则的构图形式，以便根据功能需要划分空间，同时不对称的构图会带来活泼、丰富的视觉效果。均衡给人以灵活、变化、动感等心理感受，斜向空间则给人带来的方向性更强，动感也更强，因此这种方向性较强的空间也容易使人产生心理上的不稳定。斜面可为规整的空间带来变化（图 2-13）。在室内空间中，曲线总是显得比直线更富有变化，更丰富和复杂，而对称给人以秩序、稳定、庄重等心理感受，经常被运用于较庄重的环境。

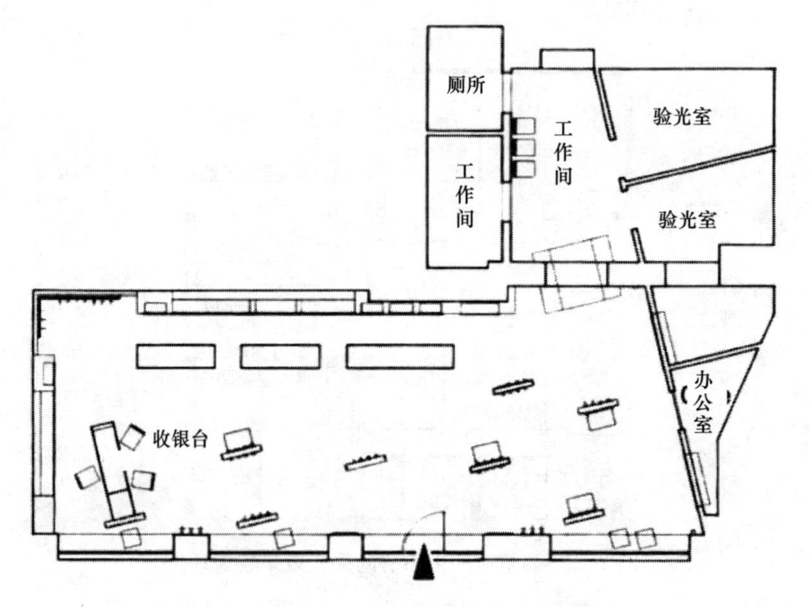

图 2-13　斜向的布局带来动感效果

3. 空间的利用

充分利用空间是空间设计的一项重要内容，这里所说的利用空间有两个不同的含义，一是如何利用剩余空间。在室内空间中，有许多边角如能加以利用，不但能发挥投资效益，还有利于保持空间的完整性；二是空间设置的多功能性。一个空间同时可具备两种或两种以上的功能存在。一些空间无论在功能实用方面还是在空间造型的艺术处理方面都不大尽如人意，特别在空间的利用方面显得更为突出，有些大空间本身就因先天不足而不大理想，要么感觉呆板、平庸，大而无当，要么就是不能较好的满足使用要求，既浪费了空间，又形不成好的艺术效果，在这种情况下设置夹层来弥补大空间的空旷是常见的手法。

4. 空间的尺度

对于公共活动来讲，过小或过低的空间会使人感到局限和压抑，这样的尺度感也会影响空间的公共性。而出于功能要求，公共空间一般都具有较大的面积和高度，如酒店共享空间、银行营业大厅、博物馆等，从功能上看要具有宏伟的气氛，都要求有大尺度的空间，这也是使用功能与精神氛围营造所要求的。那些历史上的教堂建筑，其异乎寻常高大的室内空间尺度，主要不是出于功能使用要求，而是精神方面的要求所决定的。

欧美国家的空间着重于“隐私”，亦即独立使用的空间。因此空间概念创造了“亲密距离”、“个人距离”、“社会距离”、“公众距离”等。“距离学”即提出了空间的规范，规划出缓冲免于物理、心理威胁的不同距离与尺度。如“亲密距离”为 40cm 内；“个人距离”为 40～100cm；一般谈话距离，“社会距离”为 1～3m 之间；座谈、面谈之距离，“公众距离”，3m 以上如演讲、上课等活动距离。

5. 空间形态设计法则

（1）统一

统一反映在造型的设计中就是调和。就是在任何设计中，必须求得整体的调和、统一，必须有适度的对比和变化，这样方可算得上既和谐优美，又活泼而表现丰富的佳作。在统一中有变化，在变化中求统一，同时要注意安排好主体与从属部分的主次关系（图 2-14、图 2-15）。

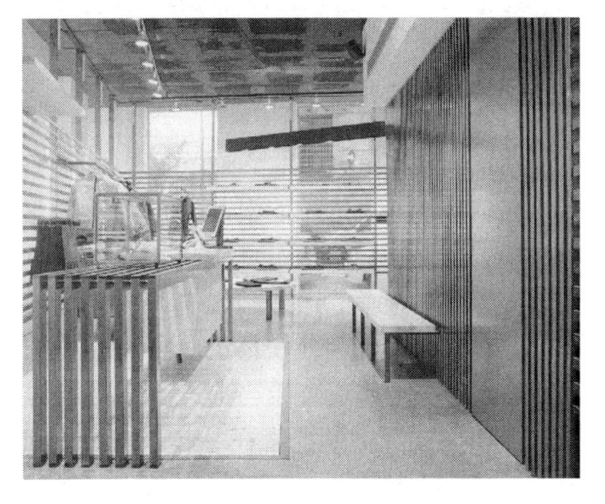

图 2-14　条形的重复使用显得统一

图 2-15　方框的重复使用显得统一

（2）变异

就是处在秩序性很强的设计形象群体中，有个别变异现象。表现形式就是在局部范围打破这种规律，使这个局部显得很特殊，从而引起观者的注意。这种构成形式，使人感到丰富变化，而且容易突出重点。在人们的视觉规律中，对于带有普遍秩序性的东西，给观者的视觉刺激作用较为一般，感觉平淡。而具有变异性质的事物，就会表现得奇特。所以，在设计中要有少量与众不同的造型，就会发挥其画龙点睛的效能。这是打破常规设计

图 2-16 打破常规的餐厅设计

的一种可取的手法（图 2-16）。

（3）节奏

节奏富于理性，而韵律则富于感性。设计中的节奏变化是以相似的形、色为单元作规律性重复。设计中的韵律所指是在空间中造成抑扬顿挫的变化，渐强、渐弱的韵律能打破单调沉闷，满足人们的精神享受。在空间序列中，空间与空间之间应相互衔接，通过一些小空间的过渡，一方面起到收缩空间的作用，同时也可借以加强序列的节奏感。空间的序列组织实际上就是在保证功能关系合理前提下，形成一个有效的空间序列（图 2-17、图 2-18）。

图 2-17 不同高低的展台具有节奏感

图 2-18 不同高低的造型具有节奏感

（4）对比

一切事物都处在矛盾运动之中，造型设计中的对比，也就是形象之间的差异，这种差异就表现出设计形式的多种变化。一件好的作品要有新奇的变化才能引起人们的视觉兴趣。作品的变化越丰富，就越能博得人们的观赏欲望。但是，这种变化不是无限度的，如果变化过多，其造型之间的差异太大，就会产生琐碎零乱的感觉。在一个整体当中，会使人感觉形象之间互不联系，各自为“政”，甚至互相争夺。这就会使整体的良好秩序失去其美感。对比是指在造型中包含着相对的或矛盾的要素，比如，直线与曲线、圆形与方形、明与暗、大与小、虚与实等均构成对比。调和是相同或相似的要素在一起，满足人们心理潜在的对秩序的追求。对比与调和相辅相成，过分的对比会造成刺激、不安定，过分的调和会造成平庸、单调，所以在视觉造型中必须注意把握对比与调和的适度。

（5）重复

设计中的重复或再现，有助于空间整体与和谐统一，重复出现的构图要素，在某一方面有规律的逐渐变化，如加长缩短、变宽变窄，形成渐进的韵律。在人们观察事物的过程中，重复形象会扩大人们的观察视野，能够引起人们的视觉注意，容易形成视觉中心，因此，也往往会成为表现对象的重点。从美学角度来说，重复的造型能表现一种有秩序的视觉形象。由于这些相同的形象所产生的相互呼应作用，在客观效果上，使人感到有一种和谐的气氛。

(6) 重点

在整个内部空间中，一定要对整体空间做重点处理，而不是形态上面面俱到，致使人们的精力不能集中去注意其重点部位，无法给人留下深刻印象和视线停留。在空间中每种部件均具有其独特的造型、尺寸、色彩和肌理。这些特性连同其位置、朝向等要素共同决定了每一个部件的视觉分量，从整体而言既可以只有一个重点，也可有两个或以上的重点，它既可以是壁画、雕塑，也可以是室内的结构构件和楼梯等，甚至一个主立面也可成为重点。

三、室内空间的类型

空间有着各种不同的类型，室内设计师用空间来造型，正如雕刻家用泥土造型一样。把空间设计作为艺术品创作来看待，就是说，力求通过空间手段，使进入空间的人们能激起某种情绪。亨利·列斐伏尔（Henry Lefebvre）在《空间的生产》一书中，列举了众多的空间种类：绝对空间、抽象空间、共享空间、矛盾空间、文化空间、戏剧化空间、家族空间、休闲空间、生活空间、男性空间、精神空间、自然空间、中性空间、有机空间、创造性空间、物质空间、多重空间、现实空间、压抑空间、感觉空间、社会空间、透明空间、真实空间以及女性空间等等。这种不厌其烦的分析与列举，表明了空间从来就不是空洞的，它往往蕴涵着某种意义。尽管人们平时可能忽视空间，空间却影响着我们并控制着我们的精神活动。室内空间的多种类型是基于人们丰富多彩的物质和精神生活的需要。依其开敞程度来划分，和外部空间联系面较大的称为开敞式空间，和外部空间联系较少的称为封闭空间。

1. 开敞空间

空间的封闭或开敞会在很大程度上影响人的精神状态。开敞空间是外向性的，限定度和私密性较小，强调与周围环境的交流、渗透，讲究对景、借景，与大自然或周围空间的融合。和同样面积的封闭空间相比，一般要显得大些，开敞些。它可提供更多的室内外景观和扩大视野。在使用时开敞空间灵活性较大，便于经常改变室内布置。在空间性格上，开敞空间是开放性的，心理感觉表现为开朗、活跃（图 2-19）。

图 2-19　开敞空间

2. 封闭空间

用限定性比较高的围护实体包围起来的，无论是视觉、听觉都有很强个性的空间称为封闭空间。其具有很强的区域感、安全感和私密性。这种空间与周围环境的流动性和渗透性都不存在。空间的限定度较强，与周围环境联系较少，趋于封闭型。多为对称空间，可左右对称，亦可四面对称，除了向心以外，很少有其他的空间倾向，从而达到一种静态的平衡；多为尽端空间，空间序列到此结束，算是画上了句号。这类位置的空间私密性较强，空间及陈设的比例、尺度相对均衡、协调，无大起大落之感；空间的色调淡雅和谐，光线柔和，装饰简洁。

3. 母子空间

母子空间是对空间的二次限定，是在原空间中用实体性或象征性的手法在限定出小空间（子空间），这种手法在许多空间被广泛采用。它既满足于功能要求，又丰富了空间层次。许多子空间，往往因为有规律的排列而形成一种重复的韵律，它们既有一定的领域感和私密性，又与大空间有相当的沟通。“闹中取静”得到很好的满足，群体与个体在大空间中各得其所，融洽相处。通过大空间划分成不同的小区，增强了亲切感和私密感，更好地满足了人们的心理需求，同时也较好地满足了群体和个体的需要（图 2-20）。

4. 共享空间

共享空间的产生是为了适应各种频繁的社会交往和丰富多彩的生活需要。它往往处于大型公共建筑内的公共活动中心和交通枢纽，含有多种多样的空间要素和设施，使人们无论在物质方面还是在精神方面都有较大的选择余地，是一综合性、多功能的灵活空间。共享空间的特点是大中有小、小中有大，外中有内，内中有外，相互穿插交错，富有流动性。通透的空间充分满足了“人看人”的心理需求。共享空间倾向把室外空间的特征引入室内，使大厅呈现花木繁茂、流水潺潺的景象，充满着浓郁的自然气息。加上露明的电梯和自动扶梯在光怪陆离的空间中上下穿梭，使共享空间充满动感，极富生命活力和人性气息（图 2-21）

图 2-20　母子空间

图2-21　共享空间

四、基本的室内造型元素

每个室内空间看似只是地面、顶棚、墙面、家具等不同材料及造型的组合，而实质上所构成空间内容及效果是很不相同的。就像音乐，相同的音符不同的组合给人的感受相距甚远，可悲可喜，一切就在作曲人的手中掌控。室内空间的各要素设计得不好，就会使其本质结果或是罗列堆砌，与原设计思路相去甚远，或是七拼八凑，成为格调低下的大杂烩；或是自以为别出心裁，实则是莫名其妙，俗不可耐。如何把握实体要素在空间中的状态，始终应遵循空间形式美的基本要领。

1. 墙体分隔形式

室内空间要采取何种分隔方式，既要根据空间的特点和功能使用要求，又要考虑到空间的艺术特点和人的心理需求。空间各组成部分之间的关系，主要是通过分隔的方式来体现的，换言之空间的分隔就是对空间的限定和再限定。至于空间的联系，就要看空间限定的程度（隔离声音、视线等）即限定度。同样的目的可以有不同的限定手法；同样的手法也可以有不同的限定程度。只围而不透的室内空间诚然会使人感到私密、但又闭塞，只透而不围的空间尽管开敞，但处在这样的空间中使人犹如置身室外，同样也失去了室内空间的意义。

图 2-22 用栏杆分隔的空间

（1）完全分隔：这种分隔方法使空间界限异常分明，以实体墙面分隔空间，达到隔离视线、温湿度和声音的目的，所形成的独立空间，具有很强的私密性。

（2）局部分隔：使用非实体性的手段来划分空间，例如不到顶的墙、屏风、家具、绿化、栏杆、悬垂物等手段，使空间仍具有部分的延伸感，空间界限不是十分明确。这种分隔形式形成的领域感和私密性不如绝对分隔来的强烈（图 2-22）。

（3）弹性分隔：使用可活动的墙、推拉门、升降帘幕等手段，使空间可随需要而变化，随时开合，空间可大可小，可封闭可开敞。

2. 墙面造型的样式

墙面是室内空间限定的要素，它是空间的垂直组成部分。墙面的表现有助于室内空间的情调与气氛的烘托，是设计中重点部分。视觉心理学认为：人对空白存在着先天的恐惧感，当人注视一个墙面、一个空间时，目光总是要寻求一个“栖息”之处，希望有一个美的客观存在以满足视知觉本能的需求。所以在墙体设计中可增加一些墙体的变化，通过改变材料、造型、色彩来实现。在室内视觉范围中，墙面和人的视线垂直，处于最为明显的地位，同时墙体是人们经常接触的部位。

图 2-23 绿色植物作为墙面装饰

进行墙面装饰设计时，要充分考虑与室内其他部分的统一，要使墙面和整个空间成为统一的整体。墙面在室内空间中面积较大，地位较主要，要求也较高，对于室内的隔声、保暖、防火等的要求因其使用空间的性质不同而有所差异。墙面的装饰效果对渲染美化室内环境起着重要的作用，墙面的形状、图案、质感和室内气氛有密切的关系。

墙面的造型多样，这也是室内设计较难处理的一个重要方面。由于一个单独空间中多是四个墙面组成，有门有窗，所以四个墙面的统一协调很重要，既要有一致性，又要有所变化，突出重点（图 2-23、图 2-24、图 2-25）。

3. 地面造型样式

地面在人们的视域范围中是非常重要的，视距较近，

图 2-24　雕刻文字处理墙面体现怀旧感

图 2-25　富有动感的墙面一直延续到顶

而且处于动态变化中，是室内装饰的重要元素之一。就室内设计而言，它承受着室内设施、家具的压力，所以必须要坚固耐用。地面材质从硬到软，天然的、人造的材质众多，但不同的空间，材质的选择也要有不同的要求。实木地板自然纯朴、纹理优美，有温暖和舒适感；石材地板稳重有光泽，具有清凉感；瓷砖地面质感光滑、平整、图案色彩丰富，具有良好的装饰效果。

设计时应注意要顶棚和墙面装饰相协调，和家具陈设等起到相互衬托的作用。注意地面图形的造型，色彩和质地。可强调图形本身的独立完整性，采用内聚性的图案，图形的连续性和韵律感，具有一定的导向性和规律性，或强调图形的抽象性，自由多变。不能只是片面追求视觉效果，同时要满足防潮、防水、耐磨、吸声等实用目的。实用是第一位的，从材料上变化会有局限，主要从色彩和拼贴图形上处理，在空间中起到陪衬的作用（图 2-26、图 2-27、图 2-28、图 2-29）。

图 2-26　石材拼贴地面

图 2-27　马赛克拼贴地面

4. 顶棚造型样式

顶棚是室内装饰的重要组成部分，也是室内空间装饰中最富有变化，引人注目的界

图 2-28　木地板加金属装饰条地板

图 2-29　不规则形状板岩地面

面。其透视感较强，通过不同的处理，配以灯具造型能增强空间感染力，使顶面造型丰富多彩，新颖美观。一般材料选用石膏板、金属板、铝塑板等，在公共空间项目设计时应考虑到顶棚内部的通风、电路、灯具、空调、烟感、喷淋等设施，还应根据空间或内部设施的需要，在层次上作错落有致的变化，以丰富空间、协调室内空间环境气氛。

悬吊式吊顶是在屋顶承重结构下面悬挂各种折板、平板或其他形式的吊顶，这种顶往往是为了满足声学、照明等方面的要求或为了追求某些特殊的装饰效果，常用于体育馆、电影院等。近年来，在餐厅、茶座、商店等建筑中也常用这种形式的顶棚，使人产生特殊的美感和情趣（图 2-30、图 2-31、图 2-32、图 2-33、图 2-34、图 2-35）。

图 2-30　顶棚凹凸变化

图 2-31　藤条编成的顶

5. 室内单体造型样式

室内整体空间中不可缺少的构件如柱子、楼梯、门、踢脚等，都可结合功能需要加以装饰，从而获得千变万化不同风格的室内艺术效果。

（1）柱的造型：柱作为建筑空间的特定元素在视觉上有重要的作用和意义，而且有独特的审美价值，在很大程度上能直接影响室内空间的视觉效果。柱子的装饰式样很多，人们公认的历久不衰的柱式当数古希腊、古罗马柱式。如多利克式、艾奥尼式、科林斯式等。现代空间中的柱子变化也是多样的，根据不同的空间性质和柱体条件加以美化，有时需要加强有时又需要弱化和消隐（图 2-36、图 2-37）。

图 2-32　卷边的造型顶

图 2-33　柔软材料造型顶

图 2-34　天顶造型顶

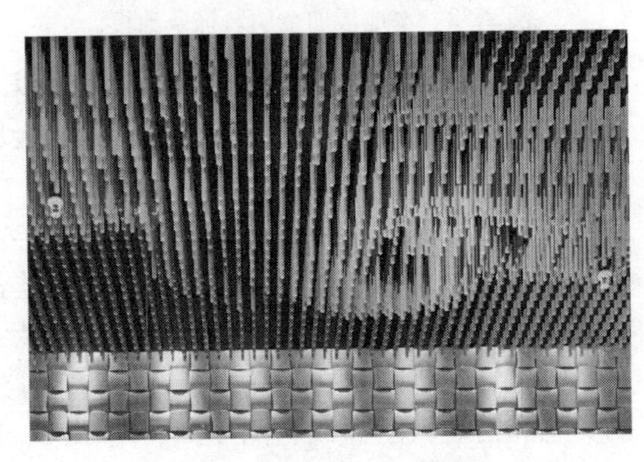

图 2-35　小木棍造型顶

图 2-36　手形柱子装饰

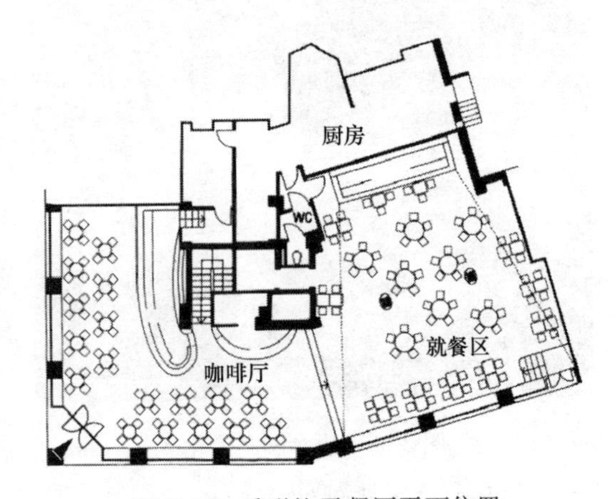

图 2-37　手形柱子餐厅平面位置

（2）楼梯的造型：楼梯在建筑中的功能是垂直交通，它不仅能连通不同层面的空间，同时也丰富了空间的内容，设计中应该把楼梯作为空间中最生动的设计语言去表现，即要满足安全舒适的行走，又要满足结构技术要求。楼梯的设计应确保坡度合理安全，同时，楼梯休息平台应稍大于梯段宽度，以利于大型家具的搬运及人流疏散。

楼梯栏杆的样式的设计和选配非常重要，是设计的重点，可根据室内风格进行配套设计（图 2-38、图 2-39）

图 2-38　龙形扶手及栏杆

图 2-39　绳扶手及栏杆

(3) 门和门套的造型：门作为建筑中一个不可缺少的元素，任何时候都是一个重要的设计符号和构成元素。而一般我们在尽心尽力的设计时，总是有意无意地忽略了门，其实门的实用性和装饰性都是不可替代的。而门套具有保护门边不被磕碰的作用，同时也是室内设计的重要语言形式，具有引人注目的视觉效果，同时门套应根据室内装饰风格的需要而变化其形式（图 2-40、图 2-41）

图 2-40　另类的门套样式

(4) 踢脚的造型：踢脚的作用主要是保护墙面，常用实木或石材制作，样式根据室内风格有所不同，现代风格目前流行窄踢脚，5～6cm 高。西洋古典风格的室内，常用线型复杂且很宽的踢脚。目前在公共空间里经常看到一些另类的踢脚处理手法，既给人耳目一新的感受又能起到保护墙面的作用。

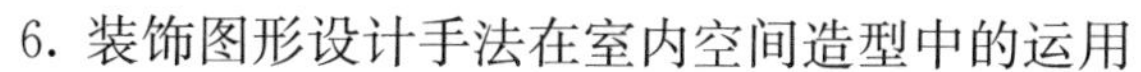

6. 装饰图形设计手法在室内空间造型中的运用

装饰图形本身是经过抽象提炼的美的符号，是美化环境的重要手段。装饰图形是依附于实用物品而存在的，装饰图形除了在审美上要符合使用对象的审美要求外，在制作上还要受到材料性能和制作工艺的双重限制。由于制作条件的限制，装饰图形要对形象做归纳和概括处理，以平面的形式处理形象。装饰图形在室内空间边角处、材料的交接处，以及需要强调的部位，可加以装饰，以烘托主题，显示边界和重复构图的作用。而装饰图形本身又往往是经过抽象提炼的美的符号，恰当的装饰位置和高质量的装饰图形是美化环境的重要手段。

装饰图形的设计主要解决从写生到变化，也就是从自然形象经过概括、装饰处理，使之成为完整的图形形象，使之更理想化，但又不失去客观形象的形态。这也包括由点线面组织成的几何图形，它在旧石器时代原始艺术中就早被人类所运用，它来源于自然生活。有的形是从古代蜥蜴、蜂窝、蝙蝠、鱼、蛇的花纹中来的。装饰图形是图形的组织形式，是从对立的东西产生和谐的一种艺术手法。

在装饰图案设计中，变形是很常用的处理方式，好的变形应该是自然和谐的，其原则是有感而发，不要为了变形而变形。首先，变形是为了强化感受，比生活更精练、更浓

图 2-41 门的设计与室内风格相协调

缩。其次是构图表现的需要，因为图形中的图形和衬底，同样具有重要的价值，所以理想的装饰图形，应该是图与底互为依托，相互吻合，给人留下饱和完整的印象。

装饰图案的设计和制作是以美化和实用为目的，因此，从内容题材的选择，到形象造型的表现都应尽量美化，甚至可以把不同形象最有特点的部分集于一身，创造出一个全新的形象。如传统图形中“龙”和“凤”就是人们臆想、创造出来的一个形象，所以理想化的表现是它的一个特征。

第二节 公共空间室内照明设计

自古以来，光就是大自然对人类的恩赐，日出日落带动了人类的生生不息，日光为人类的白昼生活创造了不可或缺的物质条件。随着人类的发展、社会的进步，人类从钻木取火到发明电灯，人工照明将白昼延长至黑夜，光成为人类社会生活中必不可少的元素，其作用已不仅仅是让人们在黑暗的环境中可以如常活动，它已成为室内外空间装饰的一种手段。灯光的合理分配、光和影的无间配合，不仅可以渲染环境，烘托气氛，更可以丰富空间的层次，加强材料的质感。室内设计师只有充分了解、熟悉、掌握了照明系统设计的各方面基础知识，才能配合专业的照明设计师将光和影运用自如，从而创造一个和谐的空间效果。

在一个室内空间的设计之初，几乎每一位设计师都会将照明作为设计必备元素加以考虑，但是照明设计的不易把握性以及相对于设计中其他元素而言所必备的较高科学技术含量却使得很多的设计师在空间设计后期本应最该规划照明系统的时候，反而把灯光设计给忽略了，只简单的将灯具作为必需的照明光源布置在需要光亮的地方，有时甚至会因此破坏了整体的空间设计效果。现今，很多国家已将照明设计作为独立的专业学科而进行深入地剖析学习，以配合建筑以及室内外环境的设计，从而对最后的整体空间效果起到画龙点睛和烘托的作用。

一、室内照明系统的光源

1. 照明光的来源

光的物理特性决定了光的传播是多种形式的，也决定了任何物体所接收到的光能都不是来自单一的光源，而是周围所有自发光体和非自发光体所传播的光能的综合，这就决定了室内空间的采光来源也是多种多样的。理论上，我们可以将室内照明的光源大致分为直接性的来源和间接性的来源。

（1）直接性照明光源

室内空间光亮的直接来源不外乎于两个主要部分——来自外部的自然天光和来自内部的人工照明。

a. 自然光源

太阳是人类所接触的最原始的光源，也是至今为止人类所掌握的地球天然光的唯一源头，同时，几百万年以来的不断完善使人类的生理结构已经完全适应了大自然的安排，迄今为止，日出而作、日落而息仍旧是人类认为最为健康的生活方式。因而即使在高科技智能化已深入到人们生活的每一个角落的今天，自然采光依然是现代建筑设计必不可少的考量因素之一。

室内空间的自然采光是与建筑主体的结构本身密不可分的，几乎完全取决于建筑的地理位置、使用功能、形式风格等等因素。作为具有实用意义的建筑而言，自然采光要满足于使用者对于自然亮度的基本要求。通常情况下，室内空间自然光的吸纳主要通过采光口进行，而采光口的形式主要表现为各种形状的窗口，一般就其位置的不同可分为墙壁上的侧面窗口和屋顶设置的天顶窗口两种形式。天窗的采光效率要比侧窗高，一般是侧窗的 8 倍，而且具有较好的照度均匀性，因此，大型的公共建筑，比如购物中心、博物馆、综合办公楼、酒店等等，往往由于其内部结构的围合跨度很大，仅仅依靠常规的侧面采光窗口已不能满足其中心区域的亮度要求，所以很多公共建筑会在中庭的共享区域设置大型的天窗，以解决建筑核心的采光问题。

采光口的大小、形式、材料也是决定室内空间所吸收的自然光亮度的因素。一个同样尺寸的室内空间之中，传统中式风格的木棱图案的窗口所接受的自然光要比现代简洁整体的无棱玻璃幕墙所接受的自然光要少；磨砂玻璃或彩绘玻璃的透光性与透明的平板玻璃相比较要弱许多，其内部空间的亮度也会减弱。

b. 人工光源

自然采光不仅可以节约能源，而且其亮度会让人在生理上感到舒服和适然。但是在日落之后、夜幕降临之时，人类要继续白天的活动，人造光源就成为人类赖以生存、活动的不可缺少的基本元素。从古至今，篝火、火把、油灯、蜡烛、电灯等均为常用的人造光源。

人工照明不仅可以补充自然光在时间上的限制，同时也能补充建筑采光口由于结构等客观条件所造成的供光不足。受物理条件的制约，同一个室内空间中的不同角落所接收的自然光照度并不相同，一般临窗的位置所接收的自然光亮度为室外天光的 20%左右，而室内距采光口最远的角落所接收的光亮仅有 1%左右（图 2-42）。因此，建筑的采光口并不能平均地将自然光分配给同一空间的每个角落，此时就需要借助人工照明系统的来满足每个角落的基本照明需求。常见到这样的情况，在大型商业机构的办公空间中，尽管与现代化流水线相适应的简洁的组合式办公设施将工作空间均匀地分配给每一位员工，但光线充足的临窗位置与远离采光口的中心区域，其地理位置的不同会反映出每位员工在该机构行政地位的微小差别。为了更有效地工作，集合式办公空间的照明设计往往将灯光均匀分布在每一个区域，以照顾每个工作位置的亮度需求，也尽可能地削弱员工心理上的地位差异。

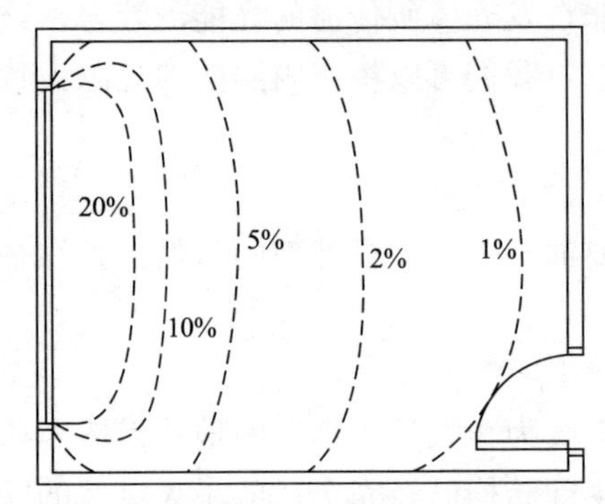

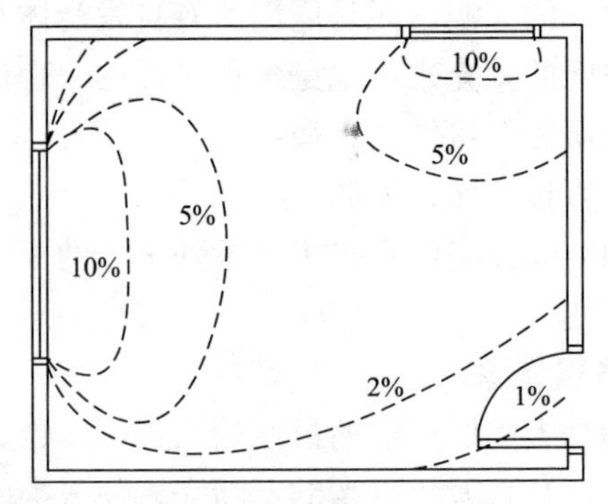

图 2-42　不同条件的采光窗口对于室内自然光接受的影响

另外，不同的室内空间，甚至同一空间的不同角落，由于功能的不同，对于光线的方向、亮度、色彩等等的个性要求也是千差万别的，而建筑为了外观的协调统一，其采光口并不能同时满足这种差异性要求，这时就需要通过人工照明手段来补充、调整。比如同一个综合性商业建筑中，购物环境、娱乐环境与餐饮环境所要求的照明系统的亮度及其分配区域是截然不同的，自选商场要求明亮本色的采光系统，帮助顾客认清每件商品的颜色、形状、成分等等外部特征，以方便选购，而歌舞厅要求色彩缤纷的闪烁式照明系统，以兴奋人们的神经系统，达到娱乐功能，即使同属餐饮空间，咖啡厅与快餐、中式餐馆与西式餐厅也会因其经营品种与方向的差异，对于采光的亮度、色彩、形式等方面的要求也各不相同。

自然采光与人工照明直接提供了建筑内部各种功能空间所要求的光亮度，是室内空间中相辅相成的两种最主要光源。室内设计师应与建筑师充分沟通，密切配合，才能有效地利用这两种直接光源，使其为空间功能服务。

（2）间接性照明光源

光最初是以直线的方式进行传播的。但在光的传播过程中，一旦遭遇某种介质，部分光线就可能会被反射，形成反射光。其中部分光被介质吸收，转化为热能，提高吸收体的温度，然后把热能辐射出去，另一些光还可以穿透介质，成为透射光。当介质为非透明物体时，光线的大部分就会被反射回去，这种介质表面的反射光就是室内照明的主要间接来源。

人们日常所说的天光即是太阳光通过空气中各种介质的反射、折射、透射后传播到地面的。人们在白天无阳光直接照射的室内空间中所感受到的光亮，绝大多数也是建筑空间内部各种物体表面所反射的日光所综合而成的。同样，人工照明系统通过室内空间中各种介质产生的反射光也是人们在无天光条件下的光源之一。介质的材料不同，表面的光滑度不同，对于光的反射角度以及强度也不尽相同。光的反射可按其角度分为四种形态，即定向反射、散反射、漫反射和混合反射。顾名思义，当光的入射角基本等同于反射角，入射光线与反射光线总在同一平面内，这种反射即定向反射（图2-43）；散反射即反射光向各个不同方向散开，但其总方向一致；漫反射则是反射光的方向是呈完全不规则的分散状态；当光的反射呈现出以上三种基本反射状态的综合形态时即被称为混合反射，混合反射光的反射强度反映在各个方向也会因反射状态的不同而有所差异。同样条件下，介质表面越是光滑，其反射强度越高，反射比（光的反射在其传播总量中所占的百分比值）越大。抛光的平板金属电镀表面或玻璃镜面的反射比可达90%，白色瓷砖的反射比在65%至80%之间，而烧制红砖的反射比只有30%。同时，介质表面的色彩也可以通过光的反射渗透至空间中，从而丰富空间的色彩（图2-44）。

图2-43　镜面的定向反射制造独特的空间体验

图2-44　光线在室内空间中的混合反射

有效地利用各种材质的反光特性对于调整室内空间中的光照极为重要。不同功能的公共空间对于间接光源的形式、光照强度要求也有所不同，由此产生的视觉作用效果也会不同。当室内环境中的各个物体表面的亮度比较均匀时，视觉作用效果最为舒适。在办公空间、图书馆等需要长时间作用的环境中，设计师往往选择反射比相近的材料，以取得比较均匀的室内光亮度，便于使用者在生理、心理上都取得较为平衡的状态；而在娱乐场所以及某些餐饮环境中，金属、纺织品、木材等等反射比差距很大的几种介质的相互搭配，就使得空间的光亮度有组织的明、暗交织，从而不断地兴奋人的神经系统，促进消费。

2. 照明光源的颜色特质

从室内环境设计的角度而言，人工照明系统的规划较之自然光的吸纳、利用对室内设计师来讲更为重要。灯光照明早已作为一门独立的学科被众多的专业人士研究、开发及利用着。人工照明在室内空间主要反映在对于光的色彩、亮度等方面的实际应用。

众所周知，光实际是电磁波，是能量的一种形态，它是以波状运动的辐射方式进行传递的。一个光源所发出的光是由不同波长的辐射组成的。当一束光受到色散后的辐射能量被聚焦，并使其各个分波按波长的顺序排列形成的一系列图像，即是光谱。不同的波长以及不同辐射量的电磁波传递到人的眼睛时，就会产生明暗、色彩等不同的视觉感应。在室内人工照明的环境中，光色的认知主要表现在光源本身以及被照物体的色彩显示方面。

（1）光源的颜色

光源的颜色特质主要反映在光源的色表以及光源的显色性两个层面：光源的色表即人眼所见的照明光源发出的灯光表观颜色，如人们常规条件下所见到的红灯泡发出的红光，白炽灯发出的橘黄色光等，光源的显色性即光源照射到物体上所显现出来的颜色。

在照明光学中，光源的色表通常用色温来定量。一个在任何温度条件下均能够把投射到其表面的任何波长的能量全部吸收的物体被称为“黑体”，当一个光源的颜色与黑体在某一温度下发出的光色相同时，黑体的温度就被称为该光源的色温。色温越低，色彩感越暖；色温越高，色彩感越冷。因此，一般色温低于 3,000K 的光源称为暖色型光源，色温在 3,000～5,300K 为中间色型光源，而高于 5,300K 的则为冷色型光源。太阳光的色温在 5,000K 左右，而月光的色温为 4,000K 左右，这就是为什么人们会用“温暖”来形容阳光，而用“清冷”来形容月光的原因；同样，人们会觉得白炽灯光总是比荧光灯光要温馨，也是因为即使高功率的白炽灯泡的色温一般也低于 2,800K，而日光色的荧光灯色温高达 6,500K，即使暖白色的荧光灯的色温也会高于 2,900K。

与普通的色彩学原理一样，不同光源的色彩在人的心理上也会产生冷暖、轻重、远近等不同的反应。同等条件下，暖色光使人兴奋，冷色光使人镇定；暖色光照射的物体会有甘、甜、柔软之感，冷色光下的物体则感觉酸、淡、坚硬。在公共空间的设计中，用灯光来调节空间气氛，有时可以达到事半功倍的效果。将暖色型灯光作为照明系统的主体布置在餐馆中，不仅可以更好地烘托出温馨、舒适的就餐环境，而且可以加强食物的诱惑力，提高食欲，反之，在办公机构中，冷色的荧光灯照明将会创造一个冷静、高效的工作环境。

（2）光源的显色性

光源能够使物体显现颜色，但是，所示的颜色与物体本身的一致程度会受到各种外界因素的影响。光源的色表与显色性都取决于辐射光源的光谱组成，然而，不同光谱组成的光源即使具有相同的色表，其显色性可能会有很大差别；同样，在某些情况下，色表区别明显的两个光源可能反映出相近或相同的显色性。因此，光源显色性是不可以从其色表来判断的。

在照明设计领域，光源显色性的优劣用显色指数来评定。光源的显色指数的最大值为 100，指数越低，显色性能越差，指数为 80 以上，光源的显色性能优良；指数为 79～50，显色性能一般；50 以下光源的显色性较差。就现有常用的照明灯具而言，白炽灯的显色性最好，500W 的白炽灯显色指数可达 95 以上，日光色荧光灯的显色指数为 70～80，荧光高压汞灯为 30～40，普通高压钠灯的指数仅有 20～25。

在公共环境中，光源的显色性直接左右到人们对于空间中物体的直观认识，从而进一步影响到人们心理上的反应，所以，在色彩认知程度要求较高的室内环境中，例如购物中心、图书馆、博物馆等等，一定要用显色指数高的照明光源，以便人们对于物品本色有更清晰的了解；而显色指数较低的照明光源一般用于对物体色彩显示要求不高的空间，如库房、楼梯间等功能性空间。

（3）物体的颜色

在人工照明环境下，物体表面对于其照射光线中某一种波长的光的反射或透射反应或较其他波长的光要强烈，此时反射或透射得最强的光即为该物体的色彩。例如，我们所见的黑色物体就是对于各种颜色的光都有较强的吸收性，并且几乎不进行反射，所以无论在何种人工或自然照射条件下均呈现黑色。与之相反，白色物体能够反射所有色彩的光线，所以其显示的色彩与照明光源的颜色相同——红色光照下呈红色，自然光下呈白色。

在室内环境设计中，照明设计需要紧密联系空间中各种物体的颜色、质感，以便正确地利用照明手段判断、协调彼此的色彩关系。比如，荧光高压汞灯的光谱中青、蓝、绿光较多，而红光较少，利用其照射在蓝色的帘幕或特色墙壁上，会使蓝色显得更加突出、单纯，强化了帘幕或墙壁在空间中的装饰作用。但如果，将此光源照射在红色的物体上，物体就会呈现黑紫色；如果将这种荧光高压汞灯作为主体照明光源用于人流较多的区域，灯光在肤色较白的人的脸上反射的青、蓝、绿光就会比较多，人的脸部会呈现青灰色。同理，若照射蓝色帘幕所选用的是发射光谱无蓝色光的钠灯，可想而知，钠灯的光线几乎全部被蓝色吸收而无任何反射光，蓝色帘幕只能呈现出黑色。因而，把握好照明光源的颜色特质、正确地利用照明光源是室内人工照明系统的设计关键，否则再好的空间设计也会被非正常的颜色显示破坏殆尽。

3. 照明灯具的形式选择

作为人工照明系统最直接的表达媒介形式，照明灯具不再仅仅是单一的提供人类活动所需的基本亮度，而是以多样的造型出现于室内空间中，成为室内装饰的主体部分之一。

室内灯具是光源、灯罩以及附件的总称。灯罩的作用不仅是保护光源，而且可以控制光的辐射方向和范围，将光线有效地传播至需要的地方，同时可避免眩光以保护视力。灯的附属配件包括开关、亮度调节器、支撑架等等。

灯具的配置要根据环境、需要来选择。通常一个公共室内空间可按其使用功能划分为不同的区域，而不同的环境对于照明亮度以及光亮的来源要求是不同的，而且灯具的造型和位置、安置方式均会直接影响照明的亮度和功效。比如一间星级酒店大堂通常要突出酒店的豪华气派，总体照明系统要求通透、明亮，但细化到每一个具体功能空间又有层次上的差别：服务台以简洁、高效为目的，灯光一般来自顶部，多以筒灯为主，且亮度要满足书写、阅读的基本要求；等候或休息区则以宁静、典雅为基调，除了来自大堂其他区域的间接光源，台灯或落地灯的柔和光线也会令人感到亲切温馨。

灯具根据其安装位置和方式可分为吸顶灯具、垂吊式灯具、附墙式灯具、隐藏式灯具以及活动式灯具等几种类型。

（1）吸顶灯具

吸顶灯具就是将灯具吸贴在顶棚表面，主要适用于建筑顶棚不高而且没有人工吊顶的室内空间。由于灯具的位置处于室内空间的最高处，光线的辐射一般不会受到阻碍，所以照明效率很高，但由于紧贴顶棚，其造型的立体可视性以及观赏性受到限制，所以一般吸顶灯具的装饰性较弱，主要强调其应用的功能性。

从广义上讲，无论灯具的造型和照射方向如何，只要是直接安装在顶棚的灯具均可称为吸顶灯具，因而吸顶灯具在公共空间中的应用场所是相当广泛的，从办公空间到医院、从酒店客房到厂房仓库，吸顶灯具以荧光灯、射灯、裸灯泡等等各种形态出现于人们的周围空间之中（图 2-45）。

（2）垂吊式灯具

垂吊是一种历史悠久并且应用广泛的灯具装置方式，它主要利用杆、管、线、链等不同材料，将光源体悬垂在顶棚和地面之间，从而达到照明的目的。灯具悬垂位置的高低与悬垂、照明的目的性、灯具造型有很大关系。若室内空间的建筑顶棚很高，比如展览馆、体育场馆、交通枢纽站（机场、车站等），而且照明亮度要求很强的情况下，灯具的垂悬位置会比较接近被照对象，可能悬垂的高度就稍低（图 2-46）；若灯具本身非常具有装饰意义，而照明只要求集中于某一限定范围，那么此时灯具就需要固定悬垂于被照的空间范围以内。

图 2-45　酒店客房的吸顶灯

图 2-46　垂吊式灯具

垂吊式灯具由于悬置于半空之中，其造型的可视角度是全方位的，而且通常情况下，在垂吊灯具的周围空间中，近距离之内一般无其他装饰或结构作为陪衬，所以其个体造型的空间装饰性要求很强，比如缤纷闪烁的大型水晶吊灯常常作为一个空间的装饰主体出现于购物中心、酒店等公共场所之中（图 2-47）。

（3）附墙式灯具

顾名思义，附墙式灯具即安置在墙壁、柱子上的照明灯具，这种灯具装置方式既可以将照明灯具紧贴墙壁、柱安装，又可以利用辅助支架伸展于空间之中。在公共室内空间中，附墙式灯具主要用于局部照明，比如卫生间洗手盆上方的镜前壁灯为人们洗漱、整容提供了必要的照明光亮度（图 2-48）。

图 2-47　大型吊灯装饰作用

图 2-48　卫生间中的附墙式灯具

由于大多附墙式灯具的安放位置都在人们正常的可视范围之内，所以其造型的装饰功能是不容忽视的。在大型公共空间的设计中，附墙式灯具的装饰性不仅表现为灯具本身的造型，更体现在灯光对于照明对象（墙壁、柱子）在色彩、图案、质感等方面的强化作用（图 2-49）。

（4）隐藏或嵌入式灯具

在不需要直接照明光线的室内空间中，照明灯具往往会被某些人工装饰结构所遮挡，使其光亮从侧面或装饰缝隙中透射出来，从而形成隐藏式的灯具装置方式。隐藏式照明灯具往往与其遮挡结构相结合，光线柔和、温馨，对于室内的环境气氛起到独特的烘托作用，因此适用广泛，任何装饰墙体、顶棚、地面，甚至非实用功能性家具均可将照明灯具安置其后，以加强其装饰效果（图 2-50）。

图 2-49　壁灯对墙体材料的强化作用

图 2-50　隐藏式照明

有些照明器具不宜直接裸露或不宜突出于安装平面，此时的照明灯具可以安装在顶棚、墙壁或者家具、装饰物的内部，称为嵌入式灯具。在很多商业机构的大面积办公空间中，由于工作人员以及所需的办公用品十分繁杂，所以办公空间的环境设计与配置从色彩到形式均要求简洁明了，照明系统一般也是将统一风格的灯箱镶嵌于吸音天花板之中，以保持顶棚形态的单纯、统一整体（图 2-51）。

图 2-51　顶棚嵌入式照明灯具

（5）活动式灯具

固定的灯具设施不可能为人们某些临时的活动随时随处地提供照明光亮，这时就需要可以移动或者便于携带的活动式灯具来补充固定灯具的不足。活动式灯具即是可以随意安置移动的照明器具，它们通常是依靠电池或插座以解决电力来源。根据室内空间活动的不同需求，活动灯具主要有台灯、落地灯、手提灯、单体射灯等形式，因距离使用者较近，外形通常以做工精美、造型小巧为宜。

在功能单一、稳定的室内空间中，比如商品卖场、咖啡座、图书馆等，活动灯具可以随手开关，方便补充人们对于审视、书写、行动时的亮度需求（图 2-52）；在功能调整性较强的展示性场馆中，易于移动位置和调整照射方向的活动灯具借助光影关系又成为辅助空间进行重新分配、组合的必要与有效手段。

灯具的造型配置也是影响室内空间整体风格的一个重要因素，设计师或者空间使用者的个人审美对灯具造型配置起决定性作用。由于灯具是一种更换频率较大的消耗品和装饰品，灯具的外观造型材料随着流行趋势的发展总是在不断推陈出新，以适应室内设计总体风格的变化（图 2-53）。同时，公众场所的照明灯具由于损耗大，常常需要频繁维修或更换，特别是大型公共空间中的照明系统，灯具的安置位置与方式均要考虑到正常维护与保养的简便性，以避免由于位置过高或者过于隐蔽而带来维修上的不便。

图 2-52　活动式落地灯

图 2-53　灯具的造型需配合空间的整体风格

灯具作为照明光源赖以依附的载体，虽然造型千姿百态，位置也可按需选择，但是灯具的本质还是为照明服务，所以在公众使用的空间环境中，灯具形式上的选择还是以满足多数空间使用者对于光亮度的需求为最终目的，完成其室内环境的人工照明功能。

二、室内照明系统的功能属性

1. 照明系统的分类

设置人工照明系统的目的是为人类提供在黑暗环境下可以正常发挥视觉功能的基本亮度。但是人类对于照明亮度的要求不是一成不变的，读写和观赏、休息和运动等不同的行为要求不同的光亮环境。有些人类行动只需微弱光亮，提示出空间方位即可；有时却需要明亮而集中的光束，以便清晰展示被视对象，完成观察、审视功能。因此，人工照明系统按其作用可划分为环境性照明系统、加强性照明系统、专属性照明系统以及安全性照明系统。

（1）环境性照明系统

人类所以能在空间中可以自由行动很大程度上依赖于视觉对于物体的形状、颜色、空间位置等的正确辨认，并以此决定相应的行为方式。比如如何躲避障碍，何时转弯，何处可以休息，是否需要采用蹲、跳等动作以拿去物品等等，而光亮是影响人类视觉判断的必备的外部条件。能够满足人类基本视觉需求的照明即为环境性照明系统或背景性照明系统，顾名思义，在室内空间中，无论人们的行为方式、目的如何，背景性照明系统均要提供基础性的光亮环境。

日光是人类生活中最基础的环境性照明，在正常的白昼条件下，人类在室内空间的各个角落均可以借助建筑采光口引入的自然光亮如常活动。人工条件下的环境性照明系统最单纯和原始的目的也是以天光为基准，为室内空间提供人类可以正常行为的明亮环境。传统的房间中一盏吊灯的做法，就是最典型的人工背景性照明方式。由于顶部光源辐射范围大、亮度分布均匀，所以也成为最常见的环境性照明布置形式。环境性照明系统对空间提供了较均匀的亮度，所以空间中的物体一般不会产生特别明显的阴影。在人流繁杂的大型公共场所，例如机场、车站、购物中心、办公机构、学校等等，环境性照明系统常常作为主导的照明方式，以确保社会生活中各种年龄、文化、背景的公众的基本行为安全（图 2-54）。

（2）加强性照明系统

现代公共场所的室内设计越来越强调空间的装饰与美化，照明系统常被用来突出某些装饰亮点即称之为加强性照明系统。加强性照明现已成为室内照明的主要任务之一。设计师将照明灯光集中于某一装饰物品或装饰墙面，强化其颜色、质感、结构形式等特质，以吸引人们的视线。当前最常见的加强性照明系统如突出特色墙壁质感的射灯（图 2-55）以及强调室内人工小景观的地灯等等。

图 2-54　灯具的造型需配合空间的整体风格

图 2-55　室内墙面的加强型照明

（3）专属性照明系统

环境性照明系统所提供的亮度满足了人们普通室内活动的需要，但是不同性质的活动人群对于照明的灯具、位置、亮度、颜色等条件的要求也是不同的。安置于某一指定位置，以满足某种专项用途的照明系统称之为专属性照明系统。

在公共空间中，专属性照明系统通常应用于操作环境，以便在环境性照明系统之外，提供额外的灯光，满足操作功能的需求。常见的专属性照明有图书馆的阅读灯、餐馆开放式工作台的操作灯、设计师图板的照射灯等等（图 2-56）。为了更好地配合工作需求，操作环境的专属性照明要求灯光的亮度适中，过强或过暗均会对人的视觉造成损害，同时，光源的方向基本处于操作者的上方偏左，以免形成妨碍性阴影，影响视觉的正常工作。工作台面的材质也是影响照明系统功能发挥的因素之一，过于强烈、刺激的反射光会使眼睛易于疲劳，降低工作效率。

图 2-56　操作台的专属性照明

在某些相对比较私密的公共空间中，专属性照明系统提供了人们活动时的必需亮度，比如某些酒店客房的台灯，既可作为书桌的读写灯，为正常的文件处理提供照明，又可作为床头灯提供夜间起居所需的最低安全光亮，使人们准确地认定所处的室内方位（图 2-57）。

图 2-57　灯具的造型需配合空间的整体风格

图 2-58　照明系统的方向指示性

图 2-59　安全性照明系统在楼梯中的应用

图 2-60　应急安全指示灯

(4) 安全性照明系统

人工照明的最初意义就是提供光亮，保护人类在黑暗的环境中如常地行动，不会跌倒或碰撞到障碍物。照明技术发展至今，尽管照明系统已从单纯的光源提供提升至讲求效率、注重装饰的高度，但安全保障仍旧是照明系统设计的基本理念。

在公共环境中，由于人群流动量大，照明系统首先要明确流动系统的方向性。在剧院或音乐厅中，我们常常见到在过道的地面或墙壁下方有微弱的灯光设置，从播映厅入口直至最前排座位，连续不断，其主要作用就是引导人流走向，保证人们在黑暗的环境中准确入位或离座，也不会因失去方向感而打扰其他观众。在有些小型公共空间中的楼梯、人造景观也是借用此手法梳理空间秩序，同时加强空间的装饰层次（图 2-58、图 2-59）。

灯光的指示性安排不仅可以疏导人群流动，还可以起到警示作用，例如在多层建筑中庭区域的透明玻璃栏杆的前方地面设置一排小型嵌入式射灯，其灯光的光柱会形成无形的栅栏，提醒人们注意安全，避免危险隐患。

在安全性照明系统中，最直接明了的安全指示即为应急照明。在所有公众性场所，独立的应急系统是必须配备的照明设施，以便发生突发事件时确保公众的人身和设备的安全，减少损失。应急照明系统可分为常备式、长明式以及控制式等照明方式，从灯具形式上又可分为由外备电源或内备发电机提供临时光源的照明灯、紧急出口标示、疏散通道方位指示灯、带有楼梯、消防栓等通用符号图样的标志灯等等种类。应急照明灯具主要分布于人流主干道以及各交通流线的枢纽部分，在人群密集的场所，或者空间分割细碎的公共环境中，站在任何一个流线上的位置均要求可见一个明确的方向指示灯，以确保紧急情况下每一个空间利用者的快速撤离（图 2-60）。

照明系统的安全性还表现在照明灯具的安置方位。照明系统的技术进步以及装饰功能的强化使得灯具的安放位置随意性变得越来越大，随之而来的安全隐患也越来越多。在公共环境之中，固定式灯具的空间位置一定要以人体工程学为参考，在便于利用的条件下，不要妨碍人们正常的行动和速度，任何低于人均高度的吊灯、突出于地面的嵌入式地灯、位置较低的壁灯，均有可能成为人们快速行动时的障碍，尤其是在办公机构、医疗空间的设计中，无障碍流线是保证顺畅交通、高效工作的前提条件之一。

任何一个室内公共空间中的照明环境均不是单一功能的照明系统独立完成的，而是不同功能的照明互相配合而组成的整体系统。各照明组合只有相辅相成，才能满足复杂的公众环境对于照明条件的不同要求，达到提供光亮和美化环境的目的（图 2-61）。

图 2-61　餐饮空间中的照明环境

2. 人工照明的方式

不同功能的照明系统对于灯具的安排以及光线的照射角度要求也是不同的。尽管人工光源的直接利用可以充分发挥光的效能，但在一定的条件下，就光亮的需求者和空间环境而言却是光能的浪费，有时甚至是极大的干扰。比如一间服饰品牌专卖店一般可划分为接待、选购、试衣、等候等几个基本功能区域，若所有功能空间的照明光源体均不加修饰地直接利用，势必造成照明光区的大面积重叠、照明色彩的交叉混合，形成空间中光环境炫耀刺眼、空间层次混乱不堪，从而引起人们心理上、行动上的烦躁不安，影响客户对于商品认识的时间和挑选的质量；反之，若所有的照明灯具均被藏匿于装饰体的后面，或者被半透明材料所包藏起来，此时整体空间环境中的光线就会变得柔和、暗淡，人们也会因此变得平和、慵懒，而无法激起任何购买商品的欲望。

因此，根据不同公共空间的功能对于照明亮度和光线方向的要求来调整、配置照明系统的照射方式和角度，以便有效地利用光能，丰富空间层次，就成为照明设计的重要任务之一。根据物体接受光源的角度来讲，室内照明系统通常可分直接照明、半直接照明、漫射照明、半间接照明以及间接照明〔1〕（图 2-62）。

（1）直接照明

受光物体与照明光源之间距离较近，而且之间无任何阻挡，照明光线的中心直接落在受光体上，此时的受光体对于光源体直接光线的接收超过 90%，即成为直接照明（图 2-63）。直接照明的光效利用最大，光线集中，而且照明形成的光晕会形成一定的围合范围，从而圈定出其专属的空间限定。直接照明大量地应用于展示性较强、照明亮度要求较高的场所，例如展览馆、博物馆、服饰或工艺品卖场空间等等，通过专属性的光照系统突出展品或商品的个体形象，以便使观赏者能够更清楚地认识被照物体的独有特质（图 2-64）。

（2）半直接照明

有时，光源体的照明目标不是受光体，但是受光体处于光源体的直接照明范围之内，光照中心落在受光体附近，此时受光物体对于直接光线的接收略少，大约在 60%～90%

〔1〕（英）波里·康维等著《家居与配置》布莱顿：罗德克国际机构，2004，第 94 页

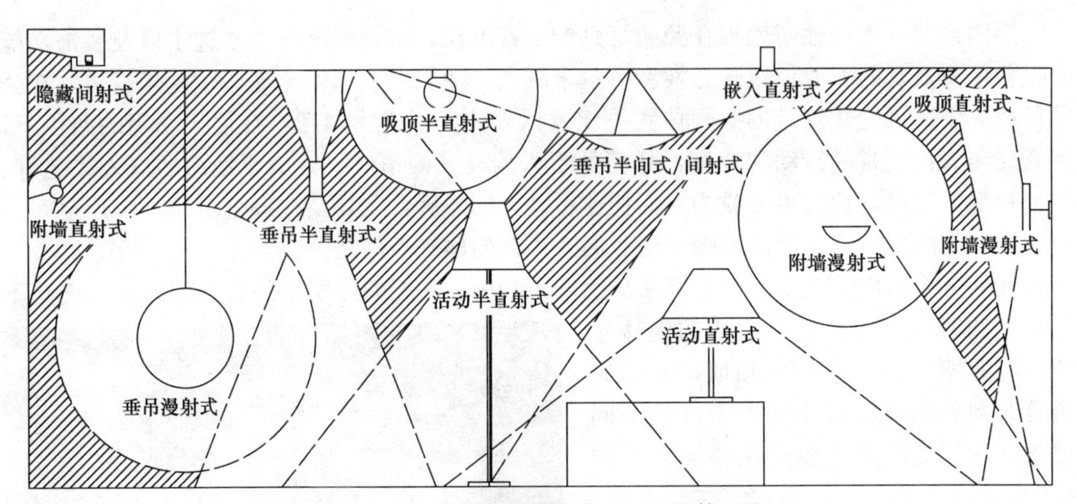

图 2-62 灯具的造型需配合空间的整体风格

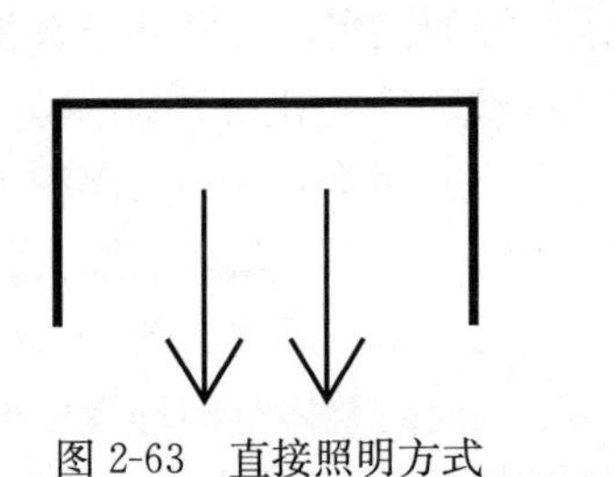
图 2-63 直接照明方式

图 2-64 卖场空间的直接灯具

之间，这种照明方式即称为半直接照明。半直接照明的照明亮度很强，但不会刺眼炫目，所以公共空间的基本亮度通常依赖半直接照明方式来解决。例如图书馆、办公机构等等实用功能性较强大众场所，常常通顶棚日光灯箱或有罩台灯来满足工作、学习所需的亮度要求（图 2-65、2-66）。

图 2-65 半直射照明方式

图 2-66 遮光罩所形成的半直射照明

（3）漫接照明

若一个照明系统无任何限定的照射目标，其光线的辐射对所有方向的空间几乎相等，即称为漫接照明（图 2-67）。漫接照明条件下的受光体所接收的亮度几乎一半来自光源体本身，而另外一半则来自于空间对于直接光线的反射。为了更均衡地将光亮均匀地分配给空间的每一个角落，同时避免灯光的耀眼刺目，发挥漫射作用的灯具往往外部用半透明材料作为灯罩，比如磨砂玻璃、纺织品或纸制品等，以加强向其四周辐射的功能。传统的垂吊式球形灯体是使用最为广泛的漫射照明体，常见于餐馆、候车厅等等公共空间环境之中。现代设计已将球形变化成方形、椭圆形、筒形等多种形式，以适应整体空间设计风格的变化（图 2-68）。

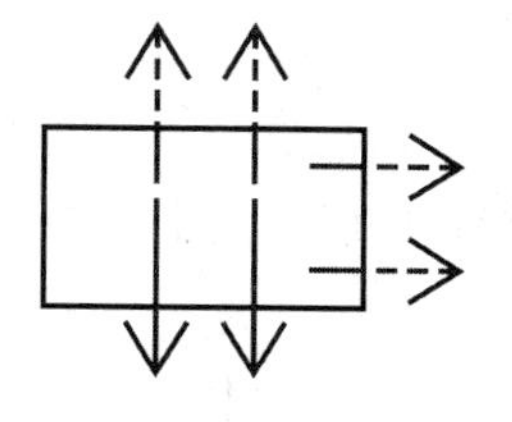

图 2-67　漫射照明方式

图 2-68　灯具均匀扩散的漫射灯具

（4）半间接照明

在某些公共场所中，为了使空间的照明环境更柔和、温馨，同时防止耀眼刺目的眩光出现，空间设计师利用调整灯具的照射方向、改变灯罩的材料等等手段将光源体所发出的 60％到 90％的亮度照射向顶棚或墙壁等空间围合物体，并利用围合体的颜色、材料等将光亮反射回受光目标，另外 10％至 40％的光亮则是由光源体直接照射到受光体的，这种照明方式即称为半间接照明（图 2-69）。常见于餐馆、酒店、机场的半透明碗状吊灯或壁灯就属于半间接照明的灯具（图 2-70）。

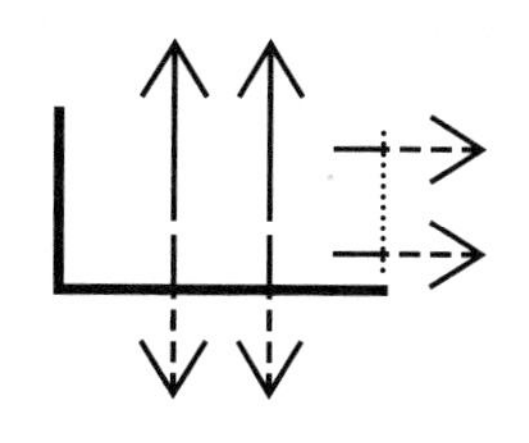

图 2-69　半间接照明方式

图 2-70　半间接照射的吊灯

(5) 间接照明

用建筑的实体结构或装饰物件将光源体遮蔽起来，使受光体不能接受光线的直接照接，此时室内空间中90%以上的有效亮度来自于结构、物件表面的反射照明，这种照明方式被称作间接照明（图2-71）。利用媒介物所形成的反射照明，其光线辐射为分散状的，因此空间中的受光体几乎不会投下界定面清晰的阴影，光影关系柔和、暧昧，使多功能的空间布局显得整体、统一，但与此同时，若灯具本身的照射亮度与其所附着墙体、顶棚的反射亮度相当，也会削弱空间环境的层次，使整个空间显得平淡、无趣（图2-72）。

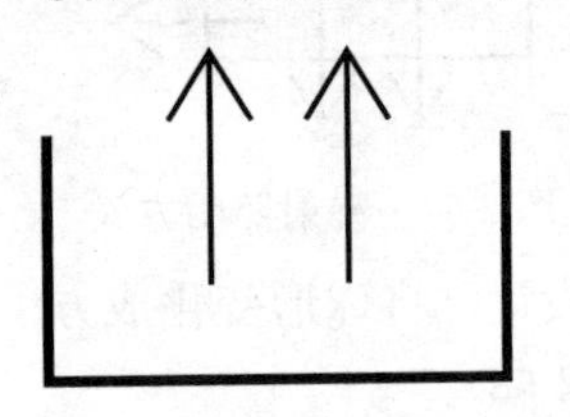

图2-71　间接照明方式

在许多公共空间的设计中，比如地铁站、会议厅等等（图2-73），天顶或空间上部装置间接照明系统，使照明光亮从顶棚或者墙壁上方反射下来，还会从视觉上提升空间的高度感，调整人们由于建筑条件所造成的空间狭促之感。

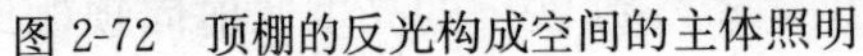

图2-72　顶棚的反光构成空间的主体照明

图2-73　间接照明会提升空间高度感

3. 人工照明的舒适度

人类对于其生存环境中的任何物体均是通过身体的感官来认知的。视觉神经系统就是照明光源作用于人体的媒介，人类通过眼睛对于采光及照明有了最直接的认知与接纳。因此，人类视觉的舒适度就成为人工照明系统的设计基准。在室内空间中，由于外部条件或空间功能等原因，照明环境会发生一定的变化，人类的视觉系统也会随之产生调整，此时，人工照明系统就成为协调室内照明条件的辅助工具，可以减轻视觉系统的负担，避免因适应环境而带来的视觉伤害。

(1) 视觉的舒适度

众所周知，人眼主要是通过瞳孔的缩放来调整光亮进入的多少，以平衡不同照明亮度下眼睛的适应度。当人们处于一个光线充足，非常明亮的房间中的时候，瞳孔会缩小，这样进入到眼睛里的光便比较少，反之，在黑暗的条件下，瞳孔扩大，便有更多的光进入到眼睛里。照明水平的突然改变常常使得瞳孔没有时间来调整，因此往往会伤及视觉系统，进而引起整个身体的不适。

因此，在所有光的物理特质中，唯一能够直接对人类的视觉系统产生刺激作用的就是光的亮度。人眼的瞳孔及组织肌肉的伸缩有一个生理限度，所以对于亮度的接受也有一个适应范围。眼睛能够察觉的最低亮度称为“最低亮度阈”，随着亮度的提高，眼睛所见物体越清楚，但当亮度超过眼睛的适应范围，瞳孔的作用已发挥到极致时，视觉的功能就会受到损害，此时反而对物体认识不清。因此，过明或者过暗的亮度均会影响视觉功能。

（2）环境条件的视觉适应

自从人工照明方式进入人类的生活，人类的所有活动就一直处于三种基本照明条件之下，即夜间照明条件、人工照明条件以及日光照明条件。因此，室内人工照明系统的设计也应该是以人们视觉器官对这三种照明条件在室内环境中的基本适应情况为基准的。

1）夜间照明条件的视觉适应

在人类自然状态的生活中，夜深人静是自然照明亮度最低的时候，此时人们若睁开眼睛，眼睛对于室内环境光的最初适应水平完全要依据室外的亮度来调整的。月明之夜，月光从无遮挡的采光口进入室内，无论是起夜，还是夜间值班人员应付突发事件，月光就足以满足夜间行动的自如。无月之夜，或是窗帘遮挡了室外的其他环境光源，此时外部自然照明不足，在室内空间的床边、门口或其他某个必要的位置就需要放置一个照明设备，如低功率或高暖色型的夜灯，以便给黑暗的空间提供必需的亮度。严格来讲，该灯光的亮度应该与明月的照明亮度基本相等，在日光或正常的人工照明条件下应该是不可视的，这样在黑夜才不会造成瞳孔的突然收缩，引起眼睛的不适。

2）人工照明条件的视觉适应

当一个人在室内环境中从一个区域转移到另外一个区域的时候，其视觉器官因为亮度环境的转换所进行的适应性调整被称为人工照明条件的视觉适应。在室内环境中，从明至暗或者从暗至亮，人的眼睛需要有或短或长的适应时间，因此，过渡性照明亮度是保障人们室内行为安全的因素之一。当一个人从明亮的房间出来，由于眼睛的适应度还未来得及调整，在门厅或楼梯较暗的地方容易发生危险，此时，照明系统就要求在每一个交通节点处都安置“信息光源”。与夜间照明条件不同的是，人工照明条件下视觉需要适应亮度变化的两个空间均备有照明设施，不同之处仅仅在于照明亮度的强弱差距，所以人工照明条件下的适应性亮度应该介于两个空间的亮度之间，否则非但不能起到过渡作用，反而加重视觉负担。

3）日光照明条件的视觉适应

人们都了解阳光对于人类健康的重要性，但过强的日光反而会损伤身体的发育。在进行建筑结构设计时，国际照明委员会和各国的建筑标准已经为日光对于建筑围合体内部空间的影响制定了合理并且科学的限定。但是，室内空间由于功能不同、使用者的背景不同等因素影响，对于日光吸纳的程度、角度等的个性化要求就需要依靠在室内设计过程中加以调整。例如博物馆中公众休息的空间要求日光充足，但展示区域则要绝对避免阳光直射，以免耀眼的光束干扰人们对于展品的观赏，同时保证展品的收藏环境不会变化无常。在整体室内环境的规划中，采光口的位置、朝向、大小尺寸等均是可以改变室内日光照明条件的因素，同时，还可利用不同透光程度的材料对采光口进行装饰，以便调整室内的照明亮度，使其能够更加适合在日光照明的条件下人们视觉功能的发挥。

4. 影响舒适照明的因素

在室内环境的公共空间中，基本照明亮度是保障普通公众人群安全的根本条件，解决亮度不足的最简单办法只需增加光源的数量或调整灯具的功率。因此，在人工照明条件下，干扰人们视觉舒适度的问题更多地来自于照明亮度过于强烈，从而引起视觉神经的疲劳。由于任何光亮度的强弱均是相对而言的，所以，视线之内各种物体之间的亮度差别、距离远近等均可成为构成影响视觉舒适度的原因。

（1）眩光

当人们的视线之内出现亮度极高的发光体或者过于强烈的亮度对比时，会引起眼睛的不适，这种现象即为眩光。在人工照明的环境中，眩光产生的原因是多方面的。照明灯光与背景环境亮度的强烈反差、光源过亮、灯具照射的角度、环境物体的反光材质等，均会引起视觉系统的不适之感，降低眼睛对视觉对象的可见敏感程度，甚至在某一时段内出现暂时盲视等等不同程度的影响。通常，眩光引发的视觉影响不一定会降低视觉对象的可见度，更多地表现在视觉神经的疲劳方面。因此，在涉及照明系统时，需要充分考虑眩光产生的各种原因，以便调整影响照明效果的各个因素之间的协作关系，使人们可以在一个舒适的照明环境中愉快地休息、社交、工作和学习。

（2）亮度对比

在公共室内空间中，照明光源的强弱是与其所在的环境背景的亮度相比较而言的。例如人们对于阅读时的照明亮度要求较高，所以阅读台灯是公众图书馆的必备设施。当夜幕降临时，阅览区域的背景照明尽管已经提供了人们浏览、选择书籍时的基本亮度，但读者若对书籍内容进行较长时间的精读就需稍亮的照明条件，否则会影响视力，此刻台灯作为专属灯光就可适时地发挥其补充亮度的作用。但若台灯作为阅读时的唯一照明光源，它与黑暗的背景环境之间的强烈反差形成眩光，读者就觉得灯光耀眼刺目，很快眼睛便会感觉疲劳不堪，而在晴朗的白天，阅览室内的充足日光已可满足阅读的亮度需求，此刻即使打开台灯，灯光与环境亮度的反差也是微乎其微的，阅读者往往不会有较强的反应，甚至感觉不到台灯灯光的存在。

因此，公共空间的照明系统，尤其是专属性照明系统的设计要充分考虑到照明亮度与所处背景以及环境光源之间的对比度，避免眩光的产生，也避免了能量的浪费，最大限度地发挥其功用。人工照明系统的设计中，理想的照明对比状况是背景性的照明亮度为专属性或加强性灯光中心的 1/3，而且，周围环境的照明亮度不低于专属性或加强性照明的 10%。[1]

适合公众活动的室内空间由于体量较大，其整体照明环境组成复杂，往往借助自然光源与人工光源的互相渗透，各种形态、属性、方式的人工照明系统也需互相补充、利用。由于照明环境会随着时间、空间的改变而不断变化，与专属性或加强性光源之间的亮度对比也会随之改变，为某些照明系统配置亮度调节器已成为调整亮度对比的常用手段。亮度调节器的服务对象要视其对比对象的情况而定，环境性照明系统的亮度已固定，调节器就需要配置在专属性或加强性照明系统；反之，若专属性或加强性照明系统已达到其功能的需求亮度，调节器要安装在环境性照明系统中。在酒店的客房或医院的病房中，床头灯主要为起夜和卧床阅读服务，而视觉对于这两种活动的亮度需求差距很大，前者的亮度要求的最低值可以等同于夜间照明的条件，后者的理想亮度则为日间的照明条件。因此，若保证床头灯与房间环境亮度的理想对比状态，同时照顾到眼睛的舒适度，床头灯的亮度需要

〔1〕（英）波里·康维等著《家居与配置》布莱顿：罗德克国际机构，2004，第 94 页

按需调解：起夜时作为空间唯一光源的床头灯的亮度需要调到很低；睡前短暂浏览书刊时调到适中即可；若需长时间的卧床阅读，灯光的亮度就要设定于阅读必需的专属限度范围之内，此时就需要房间中其他环境性照明的配合，保证对比强度的平衡，避免眩光的出现，保护视觉神经系统。通常，照明灯光的亮度越高，越要考虑调整周围的环境亮度，以避免亮度的强烈对比而产生的视觉不适。

（3）环境的反射

眩光的产生不仅仅取决于照明系统的本身亮度与其环境亮度的强烈反差，而且与灯具的位置，照明光源的辐射方式都有密不可分的关系。

有时眩光产生的原因并不在于照明光源本身，而是由于环境对于照明光源的反射和折射。不同的颜色、不同的表面材质都有着不同的反射强度。众所周知，色彩中白色的反射性最强，黑色最弱，而在材质方面，平滑的表面比粗糙的表面反射性要强。某些时候人们在台灯或落地灯下阅读精美的杂志会觉得头痛，究其原因，是因为台灯或落地灯的灯光直射在书本上，白色且平滑的纸质对于灯光有极强的反射作用，眼睛的不适反馈到大脑，就会引起阅读者神经系统的疲劳。此时，可以通过灯光的半间接或间接的方式照明来避免灯光对于眼睛的额外负担。通常情况下，眼睛与照明光源及其中心辐射线的角度不大于45°为最佳照明角度(图2-74)[1]。上述的例子中，如果人们把杂志偏移到一定的方向，就可避免反光。灯具的遮光罩也是防范眩光的工具。遮光罩是科学地分析了光源产生的眩光与人眼视线角度的关系而设计的。一般灯具的光源中心与遮光罩边缘的水平夹角要求在15°～30°之间(图2-74)[2]，这样无论照明灯具处于空间何种位置，均可最大限度地将刺眼的灯光遮挡，有效控制眩光的出现。

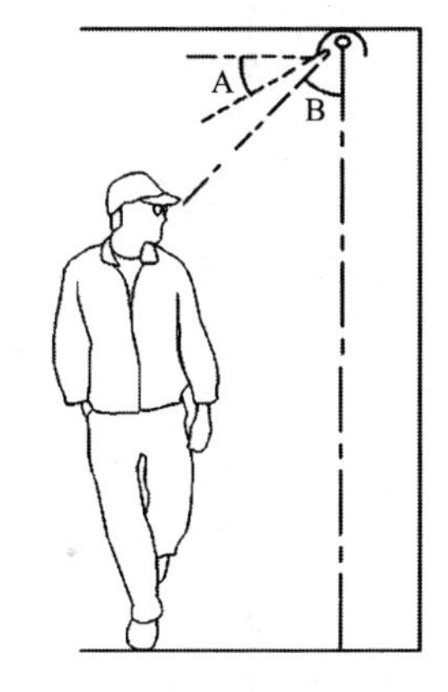

图2-74　A. 灯具遮光角
B. 眼睛与照明光源的夹角

因此，在设计室内空间的照明系统时，特别是空间利用者与光源的位置均相对固定的办公室、学校、图书馆等空间时，要充分考虑到照明光源周围环境的颜色及材质的反射强度以及使用者与光源之间的位置关系，以便创造一个利于工作和学习的舒适的照明环境（图2-75）。

（4）光源与视觉对象的距离

当一个物体与照明光源的距离过近，物体与光源同时进入视线之内，此时视觉系统会因发光亮度、可视目标与被视目标不一致等原因，造成瞳孔的收缩与映像焦距之间的矛盾，从而造成眼睛对物体的可视度降低，甚至出现不同程度的盲视。造成这种情况的原因主要取决于两个因素：照明光源、眼睛和物体之间的夹角，以及照明光源的亮度。

通常，光源、被视物体与眼睛所成的理想夹角的最小角度为40°[3]，小于这个角度，物体的可视程度就会受到光源亮度的严重干扰。通常，照明光源与视觉对象的近距离所造成的眩光大多发生在加强性或专属性照明系统中。解决这种问题的最简单方法就是减小光

---

〔1〕（英）波里·康维等著《家居与配置》布莱顿：罗德克国际机构，2004，第94页

〔2〕魏澄中主编《室内物理环境概论》北京：中国建筑工业出版社，2002，第28页

〔3〕（英）波里·康维等著《家居与配置》布莱顿：罗德克国际机构，2004，第95页

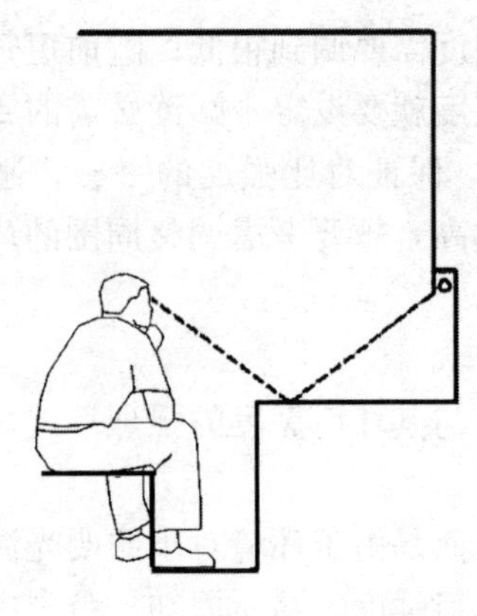

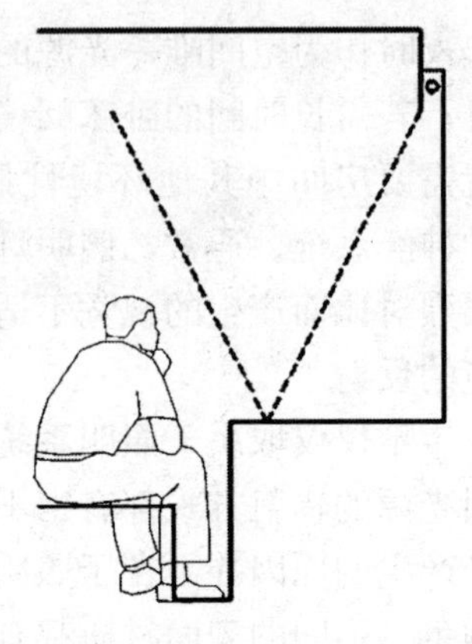

图 2-75　通过灯具位置的调整削弱光源的反射

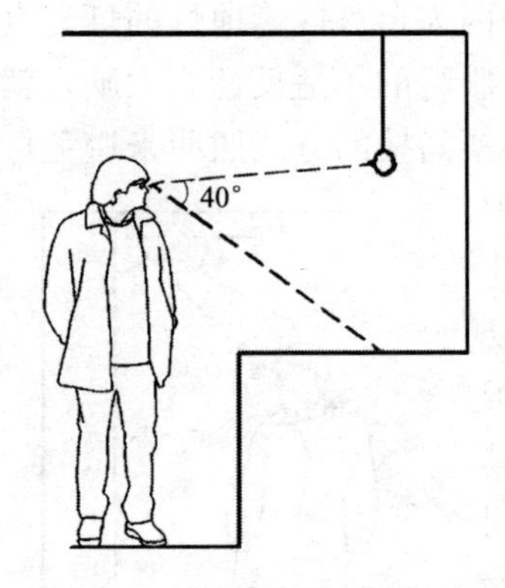

图 2-76　光源、物体、眼睛之间的理想夹角

源、眼睛以及物体之间的夹角，而拉近眼睛与物体的距离，或将物体远离光源点均是可行性办法（图 2-76）。

照明光源与被照物体之间距离过近时，其间巨大的亮度差别也是造成物体可视度降低的原因。因此，在设计室内公共空间时，加强性或专属性照明系统的布置就要根据其服务对象的颜色、材质、体量等特征来进行分析。改用较小功率的照明灯泡、改变光源颜色等措施均可以减弱照明光源亮度，从而减少光源与物体之间的亮度差，避免因此而产生的眩光。

总之，照明亮度的舒适度要求因人而异，因环境而异。不同的民族对于不同环境下的照明亮度有不同的心理反应，因此，公共空间中照明系统的舒适度可以依据大多数空间使用者对于亮度的要求为标准，从大多数人对于照明亮度的不适入手来加以解决。

三、室内照明系统的设计原则

在公共空间中，无论照明光源的颜色、形式、属性如何，其价值总是归结为功能性的表现。因此，照明系统的设计是以技术为条件、以功能为目的实用性设计，照明设计时需考虑的因素也是以此为基本出发点的。

室内设计的目的就是要满足空间使用者对于其工作、学习、生活的室内环境在物质上以及精神上的需求，为此，室内照明系统在上述几个不同设计阶段均要从满足空间功能、强化空间装饰、经济实用等几个方面来展开其设计工作。

1. 满足空间的使用功能

空间的主要功能是室内照明设计的首要考虑因素，特别是在设计公共空间的时候，空间的利用目的、使用者的成分等等基本情况作为一个项目设计的基本着眼点，是设计师在和客户进行项目接洽以及设计前期接触的时候就已经要明确了解的，由此设计师才可以进一步进行照明光源的颜色、亮度、灯具的选择，决定布光方式。

在大型公共场所中，室内空间因功能的不同需求，空间划分的面积以及使用者的构成均会有所变化。其中必然有一部分为单一功能的封闭空间，如健身房、阅览室、病房等等，其使用者的成分也较为单纯，此时，布光方式较为简单，但有些公共场所是综合性、多功能的开放式空间组合，如有些西式酒吧会划分为吧台区、座位区、游戏区等不同区域，办公机构、大型博物馆以及酒店的大堂也会有接待咨询、休息等候、谈话交流、咖啡茶点等多种服务功能区域。此时，首先要考虑到各种功能空间对于照明系统的独特要求。保证基本亮度需求的背景性照明系统是开放式公共空间的最基本要求，而各个功能区域的个性照明常常依靠专属性照明来解决其特殊需求，同时，还需考虑临近的空间之间的光线渗透。通常，在大型公共空间中，各种不同功能区域之间的照明系统在空间上会有一个光亮度的过渡区域，以避免照明光线在颜色、亮度上的过分干扰。然而，许多的多功能公共空间并不是所有功能同时利用的，所以设计师若能充分考虑不同功能区域的照明光亮度共同使用的可能性，将照明光源按照使用情况、亮度标准来分组，尽其可能地协调灯具的位置，灯泡的照度等等，使得照明系统充分发挥其作用，也可有效地避免电能的浪费（图 2-77）。

图 2-77　公共空间中各区域对于照明功能要求不同

有时，为配合某些功能区域的照明要求，背景性照明系统也采用主体照明光源附加亮度调节器来调整空间整体的明暗。比如很多豪华酒店的开放式咖啡厅白天主要为人们提供茶点、以休闲为目的，所以空间照明的设计往往通透明亮；而在夜晚许多高档咖啡厅则常常成为人们娱乐、社交的场所，消费以酒水为主，有时会有乐队、歌舞为伴，空间照明亮度要求创造温馨、柔和的气氛，此时用于白天的背景性照明系统就需要借助亮度调节器来降低其区域内的光亮度，以配合夜晚较暗的环境氛围（图 2-78）。

此外，照明系统可以作为开放式空间中某种特定功能区域的分隔方式。特别是在多功能的公共环境中，灯光的辐射在空间中圈定出一定的范围，以这种或清晰或模糊的、无形却可视的界定方式与其他功能区域分隔开来。通常，这种软性界定方式大多是由专属性照明系统形成的。比如台灯或落地灯的水平高度和人们在阅读时的眼睛的高度基本属于同一个水平，给人们提供了一种近距离的亲密空间，所以人在这种灯光的环围之中会感到温馨舒适。同时，台灯或落地灯借助灯罩的遮挡在空间中形成锥形的明亮区域，无形中将使用者包围在统一的灯光之下，任何闯入此区域的不速之客均会引起使用者心理上的不安（图 2-79）。

图 2-78　夜晚的咖啡座照明

图 2-79　灯光对于空间的围合作用

2. 强化空间的装饰功能

如前所述，照明系统利用其灯光的颜色、照射角度、明暗强度等手段可以突出并强调空间中的装饰界面或某一物体的特质，以达到充分发挥他们装饰功能的目的。一个粗糙的表面在正常日光或者光线垂直照射的情况下，其材料的质地、颜色清晰可见，表面平滑、温和，但其质感和肌理效果并不强烈；若将照明光源移至较为偏斜的角度时，材料、色彩也许就会变得混沌不清，但其表面的凸凹便会借助光影的明暗关系被夸张、放大。因此，照明灯光要明确其被照对象以及目的，才能充分发挥其装饰强化作用（图 2-80、图 2-81）。

图 2-80　室内灯光照明突出墙面肌理

图 2-81　灯光对于墙面肌理的强化作用

此外，灯光色彩的选择也是照明系统的一个关键所在。一个恰当的灯光颜色不仅能够烘托空间气氛，而且能够强化对比色的存在。

3. 照明系统的经济实用

作为实用空间的设计师，室内设计人员在规划公共空间的照明系统时，首先要考虑施工时的造价，经济地规划线路、精确地计算配电功率、合理地布局灯具位置等等均成为控制照明系统成本的有效措施。此外，设计师更应考虑到照明系统使用时的消耗成本，其中不仅包括先前提及的照明灯具的正常损耗、更新，还要顾及照明系统整体线路的维修以及日后改造时的方便。在某些经济或工业不发达地区，更要考虑到当地供电系统的负荷承受力以及电能收费情况，避免设计与实际使用相脱节，造成材料以及人力、财力的浪费。

能源的浪费以及环境的污染已成为当今全世界所关心的话题。在20世纪90年代国际上的环境学者提出的“绿色照明计划”很快在国际范围内得到广泛响应。1996年中国政府也制定了“中国绿色照明工程”实施方案[1]，提倡采用节约能源、保护环境、益于提高人们生产、工作和学习的效率、提升生活质量、保护身心健康的照明系统和措施。“绿色照明”主要包括照明节能以及环境保护两方面的内容。照明节能主要是指合理控制电能使用、采用高效、长寿的灯具，环境保护则从推广新型照明器具入手，使照明器材的废弃物成为可回收、利用的二次资源，尽量避免由此产生的环境污染[2]。

此外，充分地利用日光，使其与人工照明密切配合，也是节省成本、节约能源的简单有效的方法。

四、室内光与影的设计

在照明科技日新月异的今日，人工照明系统已可轻而易举地为人类提供光亮，把人们从黑暗的环境中解脱出来，满足了人工照明最原始的目的。但是，随着生活水准的提高，人们对于所处的室内外环境提出了更高的审美要求。仅仅完成平衡自然光源与人工照明的互补已不再是今日设计师们所关注的唯一重点，相反，如何在明亮的条件下创造和利用暗影成为建筑师以及室内设计师竞相奋斗的目标。

1. 光与影的关系

人类所接触的最原始的光来自太阳、月亮等自然界的发光体，而有了光人们才得以看清五彩斑斓的世界，才能进行获取生存物质资源的各种活动。因而，自然光源对于人类的祖先而言绝对是大自然的恩赐，也是最原始的宗教的起源。光代表了生存、希望，而黑暗代表了邪恶与不幸。作为最初级的人工照明工具，火的发现与利用延伸了光崇拜的意义[3]。为了使光更加醒目耀眼，黑暗的衬托作用就显得尤为重要。因此，光与影是辩证的两个因素，光创造了影，而影的出现突出了光的存在。光与影是并存的，没有阴影的空间是不存在的。千百年来，人们利用光影创造着开放或私密、喧闹或沉静、欢快或平和等等各种空间性格。光影的设计实际是利用明、暗两个辩证因素在强度、面积等方面的比例所造成人们在心理上的不同反应来强化空间的气氛。因此，从某种角度讲，现代照明灯光的设计实际是光与影的设计[4]。

阴影的产生主要决定于光源的方向、强度等条件。在天气晴朗的阳光照射下，各种物体产生的阴影清晰明了，而阴天时的物体周围只有恍惚不清的暗影；正午时阳光直射，阴影仅集中于物体下方的小范围地面，而早晚阳光下的物体则会留下细长的投影。因而，光束的方向不仅决定被照射物体本身的明暗关系，同时也决定了阴影的方向、强弱、面积比例等等，这些客观因素都直接作用于人们对于光影关系的心理理解，影响着照明系统在空间处理方面发挥的作用以及程度（图2-82、图2-83）。

---

[1] 王晓东主编《电器照明技术》北京：机械工业出版社，2004，第124页

[2] 李永井主编《建筑物理》北京：机械工业出版社，2005第137页

[3] （英）约瑟夫·瑞克维特著《亚当的天堂之屋》纽约：现代艺术博物馆，1972，第12页

[4] （日）面出熏著，关忠慧译《光与影的设计》沈阳：辽宁科学技术出版社，北京：中国建筑工业出版社，2002，第13页

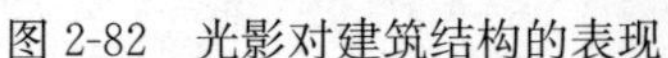

图 2-82　光影对建筑结构的表现

图 2-83　光影变化对空间效果的影响

在传统的审美条件下，人类之间已习惯于正常的交流对象面对光源，而且主要照明的光源来自脸部上方，当黑暗中一个背对唯一光束的人站在面前，或者光束由下向上地照射在对方的脸部，这种违背常规的光源位置所形成的光和影的夸张对比就会令人们产生恐惧、危险等非常的心理反应，因此，在公共空间的光影设计中，凡安置在常人高度范围之内的照明系统的布置要求保证大多数公众的正常心理安全程度，维护人们惯常的工作、生活、社交的空间氛围。

2. 光影的装饰性

图 2-84　光影丰富了建筑的空间

对于室内设计师而言，照明系统的设计除了强调物体本身的装饰功能之外，主要利用物体所造成光与影的交错关系来丰富空间的层次。

“光是一种材料”[1]。很多现代的大型公共建筑设计遵从简洁的功能性原则，其室内空间的整体造型以及颜色运用亦相对单纯，此时，很多建筑师借助自然及人工照明系统于被照对象所形成的光与影的明暗关系来表现建筑的立体空间结构，丰富建筑内部的空间层次（图 2-84）。

在进行室内空间的设计时，光影设计主要体现于光与影在各受光平面上以及整体的立体空间中所形成的美学关系。任何一个物体及其阴影在一定的审视角度下均可整体地作为点、线、面等构成概念的基本元素来看待，照明光源（特别是加强性照明光源）将其形状、大小、位置、方向、肌理等视觉元素强化，并以照射角度来形成重复、渐变、求异、放射等不同的组合方式，体现出光与影之间不同疏密、虚实等的构成关系，从而成为用以丰富单调空间的一种手段。

在公共空间中，大到空间结构的壁、柱，小到精美的饰物摆设，从人群到植物，只要有明确的光源体存在，室内空间中任何实体均可成为暗影产生的物质主体。由于物体所投下的阴影在空间中是无形的，其形象的可视性以及构成关系需要一个最终的体现媒介，所以室内空间中相对单纯的墙壁、顶棚以及地面往往成为光影的表现界面（图 2-85）。公共

---

〔1〕（日）面出熏著，关忠慧译《光与影的设计》沈阳：辽宁科学技术出版社，北京：中国建筑工业出版社，2002，第 12 页

环境中利用光影的装饰照明需要注意阴影的投射范围，特别是图案细碎的阴影落点，尽可能避开人群活动较多的区域，以免处于非流动状态下时人的面部成为阴影的显示界面而留下非正常光影，干扰周围人们的视觉反映（图 2-86）。

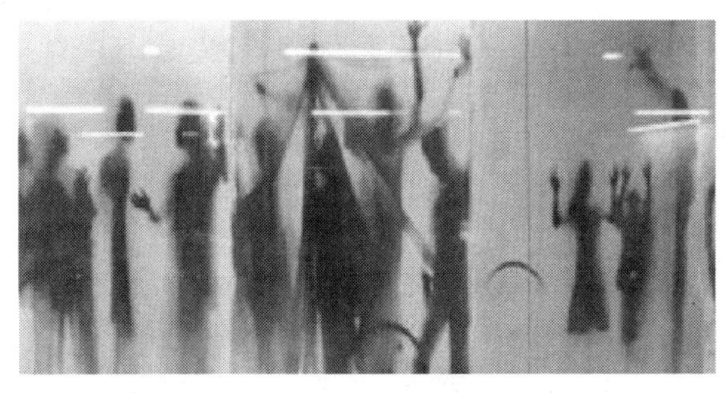

图 2-85　利用人群的投影创作的装饰壁画

图 2-86　利用光影丰富空间装饰

室内空间的照明灯光不仅是制造环境所需亮度的机器，灯光装置本身还是提供空间美学构成元素的工具〔1〕。照明灯具借助所依附的墙、柱、楼梯等实体结构，充分发挥其光影的互补关系，从而创造一些细节的变化，使某些空阔单调的大比例空间产生疏密、大小等对比关系，活跃整体空间的气氛。

另外，灯光装置本身亦是空间装饰的一种工具〔2〕。此处的灯光装置不同于灯具造型的装饰性，它是指人们所感知的灯具辐射出的光亮或方或园、或长或扁的几何形状。光亮的形状作为装饰构成的点、线、面等概念要素组合排列成等富于韵律感的展示形式，并以此来增加空间的装饰关注点。总而言之，自从人类懂得了如何利用火、电，人工照明的开发利用就一直是人们不断探求的问题。时至今日，城市夜间的亮度已成为一个国家或地区发达程度的衡量标准之一。但是随着生活水准的不断提高，人们对于室内外环境有了更高的审美追求，特别是在室内环境中，灯光越亮越好的传统标准已被讲究实用、情调、气氛互相结合的现代生活观念所替代。许多室内公共环境中的人工照明系统的设计已不仅仅满足于提供光亮，而且将照明光作为服务空间主题功能的有力工具。因此，在现实的空间设计实践中，室内设计师对于照明系统的把握更集中于充分利用光与影的辩证关系，力求用最少的光电能耗装置创造一个较为舒适的灯光环境。为此，室内设计师需要与专业的电气工程师密切配合，从工程基本设计阶段到最后完成安装调试，不断地积累经验，调整预想的照明设计，从而完成光影与空间功能的和谐统一。

第三节　公共空间室内色彩设计

色彩学是公共空间室内设计中一门重要的学科，随着近年来公共空间室内设计学科的快速发展和相关门类的完善，色彩学也得到了长足的进步。在公共室内空间中，色彩除了人们正常理解的可起到导引与疏导人流的作用外，还起到了调整社会人群压力，完善室内设计功能等诸多方面的能力。尤其是在大型的公共室内空间里，色彩对于整个人流的导引

〔1〕（日）面出熏著，关忠慧译《光与影的设计》沈阳：辽宁科学技术出版社，北京：中国建筑工业出版社，2002，第 12 页

〔2〕（日）面出熏著，关忠慧译《光与影的设计》沈阳：辽宁科学技术出版社，北京：中国建筑工业出版社，2002，第 12 页

和室内功能的完善起到的作用是极其重要的。鉴于色彩学是一个极其庞杂的学科，在本章节中我们只将色彩学中与公共空间室内设计有关的知识点进行了整合与修编。

一、色彩系统概述

1. 色彩产生原理

平常生活中，我们要通过光感受很多种颜色和色调。不同光源影响下固定颜色会产生不同的变化。在本节中，我们将要阐述的正是在光的影响下色彩产生的原理。

就像形状和质感一样，色彩是所有形态的内在视觉属性。在所处的环境背景中，我们被色彩包围着，然而我们赋予实体的色彩源自照亮并揭示空间和形态的光，有了光，色彩就会存在[1]。

人们感受到这多彩的客观世界，很大程度上依靠视觉，而这必须要有两个前提：一是有光照，二是有一双能感光和感色的眼睛。其中，光照是根本，黑暗中就连物像也一并消失了，所以“光”是色彩显现的前提。光源有很多种，太阳、月亮以及各种人工光源，其效果也会不同。除了亮度不同，其最主要的区别是具有不同的“光色”。色彩学上以“色温”为衡量的指标——色温高，光色偏于蓝紫；色温低，光色偏于橙黄。不同色温的光照射在同一对象上，其色彩的呈现是不同的，通常被通俗地理解为色光的“染色”效果。

日光经三棱镜折射，会映射出红、橙、黄、绿、青、蓝、紫等一系列“光谱色”，色彩学上把其中色差最明显的六种称之为“标准色”，即红、橙、黄、绿、蓝、紫（图 2-87）。所以，所谓白光，其实是色光的混合，但同样多的色彩混合，结果却是相反的黑浊色。因此，色光和色彩虽具有同样的颜色感，却是完全不同的事物。色光越加越亮，而色彩越加越暗。

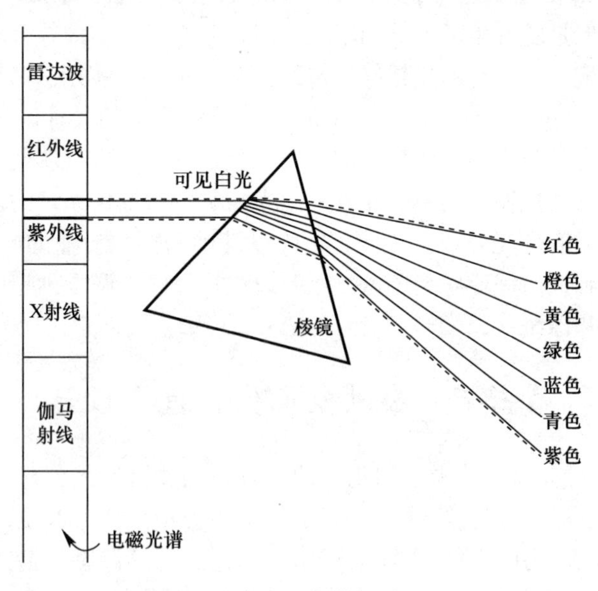

图 2-87 光谱色图

物理学将色彩看成是一种光的属性。在可见光的光谱内，色彩是由波长决定。从波长最长的红光开始，经过光谱中的橙光、黄光、绿光、蓝光和紫光到达波长最短的可见光。当这

---

〔1〕（美）程大锦著《室内设计图解》，2003，第 106 页

些有色光以大致相等的数量出现在光源中时，它们就结合成了白光——看上去是无色的光。

白光照在不透明物体上，会发生选择吸收现象。物体的表面吸收某种波长的光，反射其他波长的光，我们的眼睛将反射光的色彩看成是该物体的色彩。

哪些波长或范围的光波吸收，哪些光被反射从而成为物体的色彩则是由物体表面的色素决定。红色的表面呈红色是因为它吸收大部分落在它上面的蓝光和绿光，反射光谱中的红光；同样蓝色的表面吸收红色光。依此类推，黑色表面吸收整个光谱中的光；白色表面反射整个光谱中的光（图 2-88）。

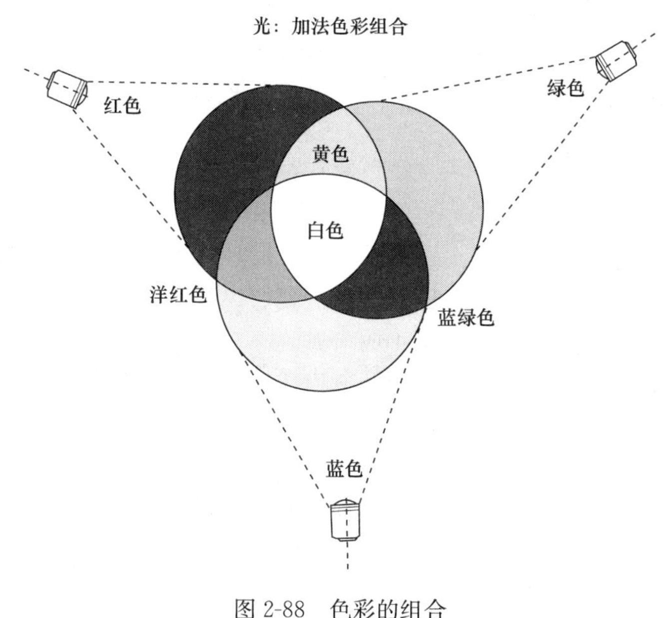

图 2-88　色彩的组合

虽然在室内设计中主要涉及的是色彩的运用，但是色光的基本概念一定也要有所掌握。

2. 色彩的表现

物体对光不同反射的结果形成了不同的色彩表现。不同物体对光谱中各色光的反射率和吸收率不同，于是表现出的色彩也就各不相同，同时，事物表面的材质对光的吸收和反射也有很大的影响，也直接影响到显色。玻璃、金属、釉面砖、丝缎等光洁面反射很强烈；粉刷、涂料、布、革等细腻表面，反射、吸收较均衡；而混凝土、毛石、呢、麻等粗糙表面就吸收较多。我们常说的“质感”就是这样和色彩共同起作用的。

上述这一颜色的特性是室内设计中很重要的一个特性，人们对于很多颜色的感觉往往也和质感一起表现出来。

3. 色彩分类

（1）三原色

红、黄、蓝三色可以调配出其他各种色彩，而其他色彩无法反过来调和出它们。因此，红、黄、蓝色称为三原色，

（2）间色、复色、补色

a. 间色：又称“二次色”，由两种原色混合而成，如红＋黄＝橙、黄＋蓝＝绿、蓝＋红＝紫，橙、绿、紫即是间色。但应注意，间色不同于原色的唯一性，它是一系列同类相

近色彩的总称。

b. 复色：又称“三次色”，是由间色混合而成，如：

橙＋绿＝(红＋黄)＋(黄＋蓝)＝(红＋黄＋蓝)＋黄＝黑浊色＋黄＝灰黄

绿＋紫＝(黄＋蓝)＋(蓝＋红)＝(红＋黄＋蓝)＋蓝＝黑浊色＋蓝＝灰蓝

上述两种难以确切命名的灰黄、灰蓝便是复色。复色即是包含着所有三原色成分的混合色，只是依其中红、黄、蓝色的成分的多寡，在黑浊色中带有某种色偏，其色彩比原色或间色要灰暗多了。颜料中的赭石、土红、熟褐一类均是，许多天然建筑材料如土、木、石、水泥等的本色，大抵都是深浅不一的复色，色彩均较沉稳。

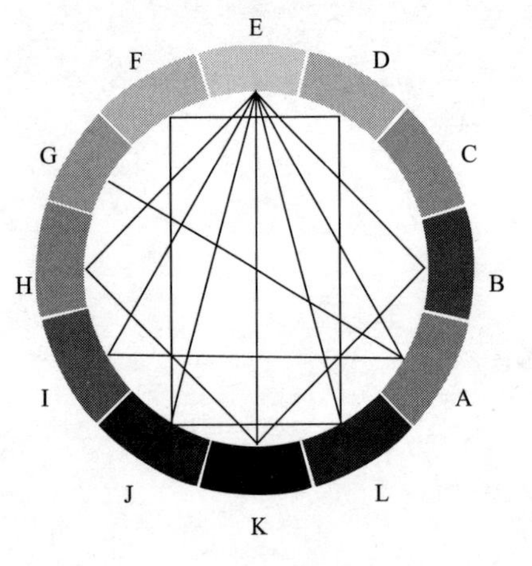

图 2-89　补色环

c. 补色：又称“余色”，色环中处于 180 度两端的一对色彩，一般视作互为补色（图 2-89）。

（3）冷暖色

色彩在客观心理上有冷暖感，这是一般人都有的感受，由此而引出色彩的另一种重要的特性。事实上，即便黑、白、灰也只是理论上的绝对中性，一旦应用起来，它们也有色偏，这种细微的差异，在应用中不应小看。

在室内设计中，细微的冷暖色差异与色偏的倾向都会主导空间营造的不同氛围。

4. 色彩三要素——色相、明度、纯度

物体表面的材料拥有天然色彩。这种天然色彩可以用含有色素的油漆或染料来改变。有色光在性质上是加法的（addictive），然而色素是减法的（subtractive）。每种颜料者吸收一定的比例的白光。当将颜料混合到一起时，它们所吸收的光结合起来使光谱中不同的光消失，由保留下来的光来决定混合颜料的色相（hue）、明度（value）和纯度（intensity），这就是色彩的量度。

色彩有 3 种量度：

（1）色相，由此辨认、描述色彩的颜色属性，例如红色或黄色。

（2）明度，与黑白有关的色彩的明度或深度。

（3）彩度，与相同度的灰白色相比，色彩的纯度（purity）或饱和度（saturation）。

色彩的所有这些属性之间是有必然联系的。每种色相都有正常的明度。例如，纯净的黄色比纯净的蓝色的明度低。当将白、黑或一种互补色加入到一种色彩中去减轻或加深它的明度时，它的纯度也将会减弱。如果没有同时改变其他两种属性，很难调整色彩的任一属性〔1〕。

许多色彩系统试图将色彩以及它们的属性按照一定的可视顺序排列。最简单的一种是将色彩按照主要色相、次要色相和第三级色相排列，例如 Brewster 色环（color wheel）或者 Prang 色环。

（1）色相

各种色彩的不同相貌。它通常是与光谱色中一定波长的色光反射有关，习惯上以红橙

〔1〕（美）程大锦著《室内设计图解》，2003，第 108 页

黄绿蓝紫标准 6 色或根据不同的研究体系以更多些的 10 色、12 色、24 色甚至 100 色的连续色环来表示。但色环上的色都是没有杂色的颜色，在生活中，尤其在室内设计应用上，更多地会出现一些非色环上那样单纯的色彩，于是色相种类就变得非常繁杂，人们对一些难以直接命名的则常在标准色前加以深浅、明暗、粉灰甚至偏 X 的 X 色，带 X 的 X 色等等来约略地称呼，以求区别，这是广义的色相。

在实际应用中，因为需利用颜料进行设计，和颜料名称挂钩的色相认识可能更有意义。下面以红黄蓝三类色彩中，不同称颜料的色偏作一概略介绍：

红类：朱红——红偏黄
　　　大红——偏橙
　　　曙红——偏紫
黄类：奶黄——黄偏白
　　　柠黄——偏绿
　　　中黄——偏橙
蓝类：钴蓝——蓝偏白
　　　湖蓝——偏绿
　　　群青——偏紫

(2) 明度

指色彩的明暗度，一般有两重含义，一是指不同色相会有不同明度。二是指同一颜色在受光后由于前后的不同，或者是加黑加白调色后的明暗深浅变化，如红色的暗红、深红、浅红、粉红等（图 2-90）。

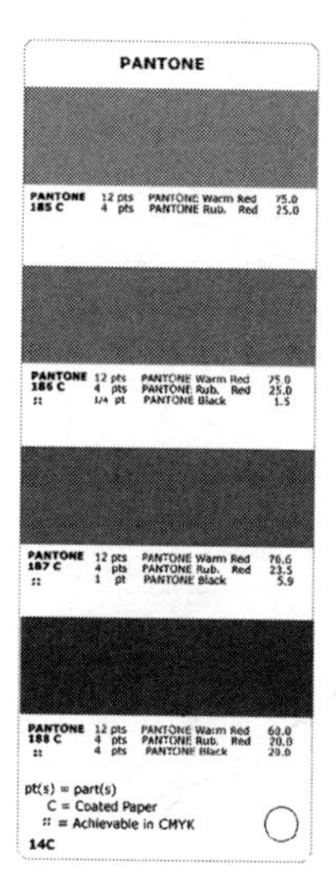

图 2-90　不同明度的红色

了解这一系列数值，对认识色相间明度差异的幅度很有好处。室内色彩设计要想达到醒目的设计目的，决不在于色相的缤纷，而在于明度反差的加大。

(3) 彩度

又叫纯度、艳度，也就是色彩纯净和鲜艳的程度。与色相、明度一样，无褒贬之分，只视应用场合的需要（见表 2-1）。公共空间的室内设计色彩应用于大面积的墙面等处，多半会以低彩度、高明度的姿态出现，以避免高彩度色彩的过于刺激夺目。

一些色彩与黑白色相较的明度值　　**表 2-1**

色相	白	黄	橙	绿	橙红	蓝绿	红	蓝	紫红	蓝紫	紫	黑
明度	100	78.9	69.85	30.33	27.73	11	4.93	4.93	0.80	0.36	0.13	0

孟赛尔（Munsell）系统是一种更具综合性的、用来精确定义和描述色彩的系统，该系统是由阿尔布特·孟赛尔（Albert H. Munsell）发展起来的。根据色彩的色相、明度和纯度等属性，这一系统用三种有秩序的均匀的视觉阶梯值将色彩排列起来（图 2-91）。

孟赛尔系统是以五种主要色相和五种中级色相为基础的。这 10 种主要色相分别放在 10 个色相阶梯（hue steps）中，并水平地排列在圆中。

垂直延伸色相的中心便得到一个中间色的明度尺度表，从黑到白，这一尺度表被分成 10 个视觉阶梯（visual steps）。

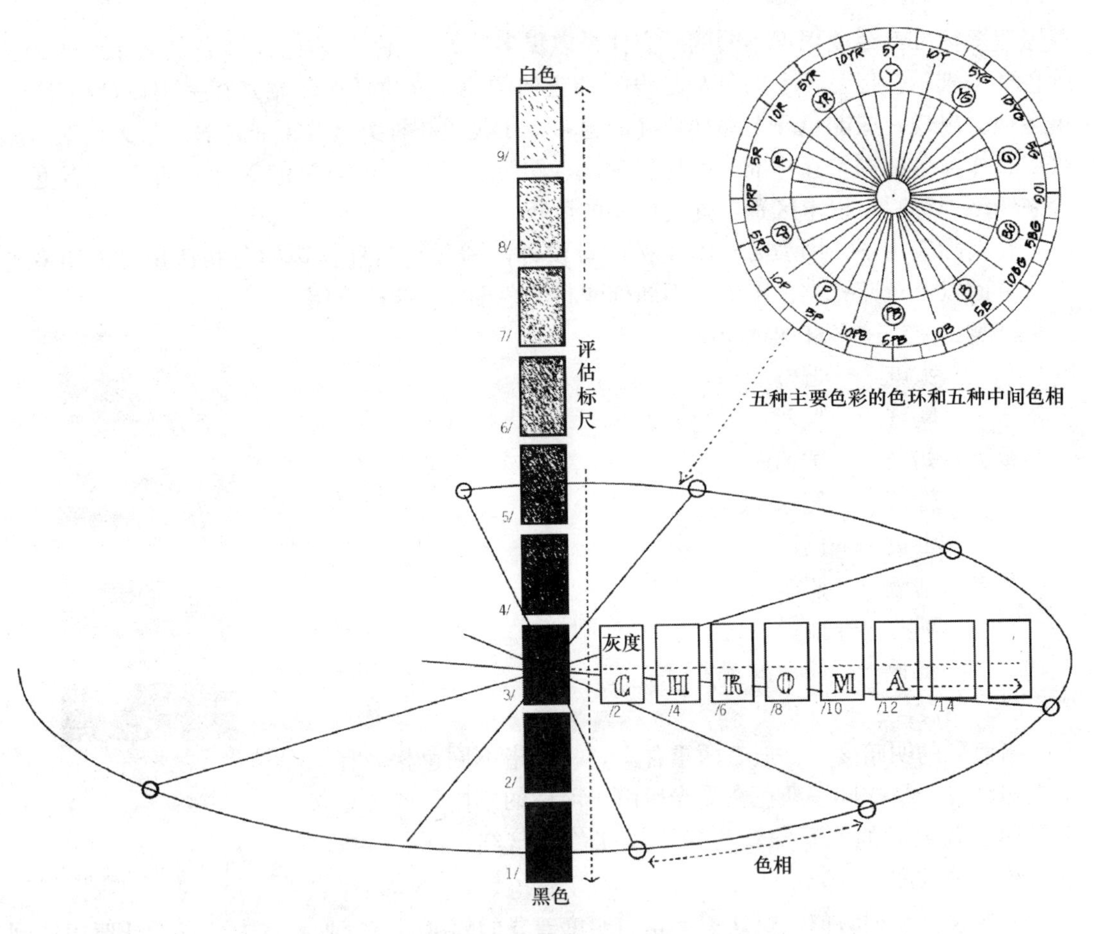

图 2-91　孟赛尔系统（一）

垂直的明度尺度表也反映了纯度的等级。等级的数量将根据每种色彩的色相和明度可达到的饱和度而变化（图 2-92）。

图 2-92　孟赛尔系统（二）

有了这一系统，具体的色彩可用以下的符号加以识别：色相明度/纯度简为 HV/C。例如，5R5/14 代表具有中级明度和最大纯度的纯净的红色。

无论是在科学上、商业上还是在工业中，在没有实际样品的情况下，能够准确表达某一具体色彩的色相、明度和纯度的能力是很重要的，但是色彩的名字和符号仍不足以用来描述色彩的真实视感。在光照下所看到的实际样品的色彩，对于色彩搭配的设计过程来说是必要的。

二、色彩在公共室内空间中对人的心理与生理影响

色彩感觉和效果问题比较复杂。首先要注意到，客观的公共室内环境很少由单一色彩构成，因此，常常是色彩的组合关系在起作用。其次，色彩感觉涉及主观联想因人而异，因人而异的色彩敏感性和偏爱是普遍存在的。第三，色彩总是依附于具体的对象和空间，而对象的性状和空间的不同形式之类肯定要对色彩感觉产生影响。

进行公共室内空间的色彩设计，应注重色彩的客观效果，力求将设计者个人的感受好恶与大众的接受心理产生共鸣。理性地把握住色彩感觉对出效果是绝对必要的，但应避免去追求像数学或化学那样的精准的、公式化的“配方”，这类违背艺术规律的努力，一定是徒劳的。

1. 色彩的象征性意义

色彩的视觉感受本是一种生理反应，但人类生活经验不断积累和对色彩事物的相关体验，又自然的会产生心理影响，一定的色彩引起一定的心理联想，进而又客观或主观地赋予色彩以一定的象征意义。对于主观的象征意义，因为是人为的，没有普遍性。

色彩的象征性，既与人的心理活动相连，而人和人之间的阅历、文化教养等都不一样，心理活动地会有相应差异。就是同一人，在不同的心境下，对客观事物也会做出不同的反应。所以，所谓色彩的象征性并没有严格的对应性，但大致的性质范畴却是有约定俗成的认同性的。一般认为：

红：热烈、喜庆、革命、警醒等；

黄：光明、忠诚、轻柔、智慧等；

蓝：深远、沉静、崇高、理想等；

橙：成熟、甘甜、饱满、温暖等；

绿：青春、和平、生命、希望等；

紫：忧郁、神秘、高贵、伤感等；

褐：沉稳、厚实、随和、朴素等；

灰：孤寂、冷漠、单调、平淡等；

黑：深沉、严肃、罪恶、悲哀等；

白：纯洁、清净、虚无、高雅等。

但是各种色彩当明度、彩度稍有改变时，其象征性联想会非常不同，如黄色，加白提高明度，给人以稚嫩感，可一旦彩度降低，就变为枯黄，马上会和苍老、腐败、病态等相联系；紫色加白色提高明度，变为粉紫，绝不再忧郁，而有一种明快轻盈的象征，也没有了神秘感而是变得亲切了；各种非黑白混成的“灰色”，由于蕴含着三色成分，绝不同于真正的“灰”的冷漠，而是在应用中很有亲和力的色彩〔1〕。

---

〔1〕 张为诚，沐小虎编著《建筑色彩设计》2000年第8页

这里我们通过日本色彩学会进行的社会调查结果就能够感受到色彩对于我们生活的象征性意义。

从在东京、首尔、上海和台北四个城市青年人中进行色彩象征意义的调查发现，对于每一个词的色彩描述，大家的基本色感几乎是相同的。

但同时因为所受教育以及社会大环境与各种综合因素的影响，对个别词的理解会出现不同，比如：父亲这个词的理解。中国上海对于父亲的理解中除了有稳定而威严的深灰和黑外还带有一定阳光温暖的暖色，而受父权社会影响较深的韩国和日本则基本上都是威严而严肃的黑色。从简单的颜色描述中我们就能深深感受到颜色的象征意义对于人的重要性。

图 2-93 为“色的联想”调查表，取自美国 108 名和日本 126 名中学生为调查对象，进行色彩意义联想的调查结果。图表最上端为颜色内容，上段为美国学生的颜色意义联想，下段为日本学生的颜色意义联想。带有下划线的内容为两国学生有共同联想的内容（图 2-93）。

黑	白	红	橙	黄	绿	蓝	紫	茶	灰
死亡的64	和平68	热情75	戏耍36	妒嫉28	自然62	信任49	欺骗34	男人26	委屈51
黑暗的58	裸体59	情绪71	可笑27	厌恶25	自然的30	合作38	毒 26	男性23	惊吓47
杀人44	婴儿51	气质69	祭祀25	快乐25	毒 25	调和36	不幸25	厌恶23	过去47
担忧36	灵魂51	活动65	快乐25	权利欲22	年轻人18	献身36	盗窃24	父亲21	老人42
悲惨30	单纯的48	反抗52	胜利25	笑 22	愿望16	朋友（男性）36	泪 22	工作21	理论42
欺诈28	儿童48	力量50	早上23	玩笑21	善 16	责任31	悲伤21	依存20	担心40
谎言25	心 40	性欲48	欣喜23	苦痛21	利益15	自我个人的 30	生病21	职业19	工作38
盗窃21	尊敬30	紧张46	独创21	快乐21	慈善15	女子30	担心20	兄弟19	逆境（不幸）36
损害21	母亲30	爱情43	成功19	野心20	帮助他人的心15	儿子30	黄昏20	盗窃19	悲伤32
有毒的21	宗教29	主动的40	调和15	祭祀20		帮助他人的心29	拘束20	逆境（不幸）19	孤独30
	孤独27	胜利38	利益15	自发性20		母亲29	妒嫉19	机械功能 19	
		羞耻36				满足29	逆境（不幸）19		
死亡的51	护士60	热情79	女儿44	玩笑49	自然64	科学41	妒嫉38	父亲42	失败56
黑暗的47	心 41	胜利57	家庭41	儿童43	自然的47	泪 40	怨恨33	老人40	机械47
杀人36	善 29	欲望46	女朋友41	玩笑39	调和36	儿子37	怜悯30	劳动39	不幸46
有毒的27	自由28	活动45	欣喜41	单纯33	合作33	兄弟37	毒 29	工作29	生病45
男人26	和平26	祝祭43	满足36	玩笑31	从顺29	男性36	性欲28	职业28	委屈40
怨恨25	未来26	力量43	可笑34	成功29	教育28	悲惨35	宗教25	社会的24	惊吓40
憎恶21	一个人25	反抗39	爱情33	快乐28	有用27	理论35	黄昏25	礼仪24	苦难39
苦难21	灵魂25	爱情33	快乐33	利益25	亲切25	理想34	情绪23	不利22	老人39
男性的21	裸体25	妒忌28	母亲33	婴儿23	和平25	确信30	灵魂、担心、憎恶 >22	苦难21	担心36
灵魂20	良心24		幸福、女性 >30	未来、合作 >20	儿子25	年轻人29		盗窃21	苦恼35

注：表中数字为人数。

图 2-93　关于色的联想调查

2. 一般心理感觉

a. 面积感——明度高的色彩有扩张感，明度低，特别在冷色时有收缩感，以紫色为最。

b. 位置感——暖而明的色朝前跑，冷而暗的色向后退。

c. 质地感——复色、明度暗、彩度高时有粗糙、质朴感，如驼红、熟褐、蓝灰等；色相较艳、明度亮、彩度略低时，有细腻丰润感，如牙黄、粉红、果绿等。

d. 分量感——高明度冷色感觉轻，如浅蓝、粉紫（雪花、飞絮、雾霭等的联想）；低明度的暖色感觉重，如赭石、墨绿（岩石、机器、老建筑等的联想）。

3. 因人而异的色彩联想倾向

儿童——简单、鲜明、活跃

青年——明朗、清新、偏于表露

老年——沉稳、柔和、偏于含蓄

女性——鲜艳、华丽、雅致

城市——淡雅、清晰

农村——浓艳、强烈

南方——明丽、素雅

北方——深沉、朴实

三、公共空间中色彩的运用

人们生活中离不开色彩。色彩用途十分广泛，衣、食、住、行哪一样都与色彩有关。公共空间的室内设计中色彩的作用也是极为重要的。寻根究底，色彩的各种各样的作用都是源发于色彩三个基本的功能。

1. 物理功能

色彩的物理功能主要指色彩的光属性。白色之所以看起来的白色的，是因为它反射了所有色光。色彩既然是物体在光照下呈现于人眼的一种感觉，那么，它和物体材质有一定的关系。

在公共空间室内设计中，我们要特别注意各种室内装饰材料的反射率与颜色特性（参见表 2-2，表 2-3）。

建筑材料反射率（%）引自《建筑色彩设计》 **表 2-2**

白砂	20～40	白大理石	50～60	水泥粉刷	25	红砖（新的）	25～35
水面	2	石膏面	92	水泥地面	23	石材	20～50
人造石	30～50	石灰粉刷	50～70	红砖（旧的）	10～15	水磨石	60
石棉瓦	46	铝（光面）	75～84	金	60～70	黑玻璃	5
混凝土路面	12～20	银（光面）	95	铜	50～60	乳白玻璃	60～70
草地	8	玻璃	80～85	锡箔	20～30		
绿化	5～8	白铁片（新的）	30～40	白帷幔	35		
木板（杉）	30～50	铅	70～75	透明玻璃	10～12		

油漆色彩的反射率（%）引自《建筑色彩设计》 **表 2-3**

银灰	35～43	大红	15～22	深蓝	6～9	深棕	6～9
深灰	12～20	棕红	10～15	淡黄	70～80	黑	3～5
湖绿	7～11	天蓝	28～35	中黄	56～65		
粉红	45～55	中蓝	20～28	淡棕	35～43		

表面粗糙的物体少反光，吸收光能多，即使反光也是漫射光。表面光滑的物体反光强，越光滑越能引起相邻物体色相的变化，有时反光产生的冷暖效果甚至超过固有色的冷

暖效果。光线照在物体上，只能有三种情况：透射、反射和吸收。对一个公共空间来讲，要达到保温、隔热的效果，显然，选用反射率高的材料作为外表面饰材是在情理之中，从表 2-2 可以知道，常用的建筑材料对光线的反射率。这不仅有助于设计外墙面，也用来设计室内空间，调节室内的明暗光线，粗糙质地等等。表 2-3 则揭示，即使同为油漆饰面，色彩反射率差别也很大。

2. 生理功能

色彩可以引起人和动植物生理上的反应，也正是反映了色彩的生理功能。色彩对有生命的动植物均有影响。生理心理学认为，我们的感官能够把物理刺激能量，如压力、光声和色彩、化学物质转化为神经冲动传至脑中从而产生一系列感觉和知觉等生理现象。

科学研究表明，白色太阳光分离成的色彩光谱从排列顺序看，“红、橙、黄、绿、青、蓝、紫”与人的色彩兴奋到消沉的刺激程度是完全一致的。处于光谱中段色彩在其他条件相同情况下，引起视觉疲劳程度为最小，处于光谱中间的绿色因此被称为“生理平衡色”。依次类推，属最佳色彩是淡绿色、淡黄色、翠绿色、天蓝色、浅蓝色和白色等。进一步研究发现，我们的大脑和眼睛需要中间灰色，如果缺乏这种灰色就会变得不稳定，无法获得平衡和休息。这也是视觉残像现象的根源所在。人眼注视一色块，当目光移开后见不到该色的补色，会自动产生其补色，以寻求色彩平衡。第二次世界大战后，美国色彩专家率先应用“色彩调节”技术于医院手术室，将白墙改刷绿色油漆，不但能稳定医生情绪，还可消除眼睛疲劳，尤其是久视血红而产生的补色需求可直接从环境中得到满足，从而大大提高工作效率。色彩在生理层次上的研究，为色彩应用提供了较为科学的根据，避免了主观臆测的种种缺陷。在 1797 年，英国科学家朗福德（Benjamin Thompson Ramford，1753—1814 年）提出色彩和谐的观点，认为色光混合后呈白色的话，这些色光就是和谐的。相应地颜料色混合后成灰黑色的话也认为是和谐的。由此可见，我们在色彩搭配时，不论颜色的多寡，用类似色还是对比色，都须注意总量的平衡，以寻求和谐和舒适的色彩环境。不过，这种“量”并不是简单的数量，如面积大小、明度或彩度等的差别，而是指对人眼的“刺激量”。

3. 心理功能

都市中的交通指示灯选用的色光是红、绿、黄，究其原因既有色彩的生理作用也有心理作用。事实表明，色彩引起人的兴奋速度以红色最快，绿、蓝次之，而黄色较明亮，白天尤为醒目且穿透力强。因此，交通灯用这三色，在具体用途上心理作用起了很大作用。红色让人联想到危险，如火、血之类，故红灯亮时禁止车辆通行；绿色能给人以安全、快适之感，让人想到的是有蓬勃生命力的草地、植物等；而黄色有轻快、镇定作用，光感强，常用来表达光明、注意等信息。色彩的联想可以是具象的、直接的，也可以是抽象的、间接的。尽管人们对色彩的心理联想存在着种种差异，但不排除有相当的共同之处，尤其是比较直接的，如对色彩的冷暖、轻重、远近等感觉方面几乎没有什么不同。正因为如此，色彩调节技术才具有普遍意义。众所周知，鲜艳色彩搭配适当，能有效增进儿童思维能力的发展。花园式工厂不仅美化了环境，也有利于生产效率的提高。资料表明，色彩调配得当，工人不易疲劳，劳动生产率可提高 10%～20%。总之，对公共空间中色彩的不断地探究可能会使用途更为广泛[1]。

---

〔1〕 张为诚，沐小虎编著《建筑色彩设计》2000 年第 15～18 页

4. 色彩在公共空间室内设计中的作用实例

色彩既然是一种视觉元素，在公共空间室内设计上主要作用还是造型方面。在造型方面，色彩作用还因为建筑室内外环境、功能等差异而显示出不同的特征。室外环境中光源主要是自然光即太阳光，夜间才是人工照明。在建筑上，色彩处理侧重表现材料的固有色，强调的是块面效果，也就是为远距离观赏着想。而公共空间的室内就不同了，色彩设计更注重灯光作用以及对材料的影响，选用材料强调质感或纹理，便于近距离观察。前者以突出形体、增强识别为色彩设计的主要目标，而后者在公共空间室内环境中更注重营造氛围，突出功能以实现房间的功能目标。室内更适合于近距离观赏，因此，细部是不能忽视的。实际上，色彩在建筑中的作用并不仅限于造型方面，还有热工方面的作用，比如，被动式太阳房集热板外表面涂黑，可以提高吸热效率，而遮阳板则相反，选用抛光白色铝板则有利于反射日光。

根据信息在视觉上传达的原理，色彩作为一种视觉符号，它所能传达的信息不外乎有四大功能：

（1）物理功能：主要是建筑热工方面的作用。

（2）识别功能：主要指建筑群体环境中色彩可用作为标识与区分的手段，划分空间层次，显示不同功能区域，表明其用途，对使用者有导引作用。

（3）美感功能：主要体现在单体造型上，色彩有调整比例、掩饰缺陷的作用，能够突出室内形体的特点，烘托功能，也能够加强材料、灯光等的表现力，这在室内环境中尤为突出。比如，法国国家图书馆公共阅览室的色彩处理，强调木材本色，油漆和灯光都加强了本色的表现，同时也营造了一个静谧、舒适的读书环境。

（4）情感功能：主要指由色彩联想引发的文化象征作用。人们对于色彩的爱好、选择不是随意的，而是受制于民族、地域、宗教、民俗甚至个人的文化修养、审美习惯、职业等因素，有一种约定俗成的现象或规律值得我们注意和研究[1]。

色彩的联想把观念、情感等内容引入后，久而久之成为色彩的象征，以致上升至文化层次，从而就有民族、个人之间的种种差异。

在这个章节中，我们引入五个利用比较单纯颜色进行公共空间室内设计的实例，希望读者通过这些实例领悟与理解到关于颜色设计与颜色调和的更多知识（色彩范例见附录1）。

第四节　公共空间室内装饰材料

设计的独创往往不仅限于造型本身，而更多的是由材料应用的创新、结构方法的创新所带来的新的造型。

室内设计师虽然接触到多种装饰材料，但设计作品绝不是各种材料的堆砌，设计师应合理而巧妙地利用不同材料来体现自己的设计，并且要经常注意材料的变化，在可能的条件下，争取使用最新的环保材料和地方材料，以为创造健康、安全、优美的室内生活空间提供基本保障[2]。

---

〔1〕张为诚，沐小虎编著《建筑色彩设计》2000年第19页

〔2〕杨捷《室内设计趋势与装饰误区》

装饰材料对室内设计最终效果至关重要，相同的造型、照明、色彩，不同的材料表现，会形成不一样的空间品质。如果因为价格方面的原因选错材料还可以理解，若是由于对材料了解的偏差和审美判断有误造成损失就很遗憾了。所以学习和了解材料方面的相关知识很重要。我们在关注材料自身质量的同时，也应当关注材料自身的艺术表现力，不论是什么材料，它都要服务于属于它的实体空间，有了它让空间更具有表现力，更能够为处于空间中的使用者提供理想的服务。

一、解读材料感受材质的美

材料几乎在所设计的每个项目中扮演了非常重要的角色。材料为我们了解周围的世界提供了一种基本途径。材料是方案、构思等概念得以实现的物质基础和手段。材料不仅仅是结构的外在表现，作为设计本身的骨骼和皮肤，其体现环境特征，而且材料的本身拥有自身的设计语言，包涵着某种含义，表达出某种思想。材料与设计的结合有时甚至是关系室内设计成败的关键。谁也不能否认材料的创新和运用又是另一种独特而巧妙的设计。有的单就材料应用的不同变化就能给人带来不小的精神震撼，装饰材料是室内空间设计升华的物质保障。

人类是在发掘和认识材料中提高设计意识的，我们希望通过对材料的认识过程，发现更多的可利用材料，了解到以前未知和不熟悉的材料，从根本上改变以往传统上对材料的运用手法，而达到提高设计水平的根本目的。

过去人们往往习惯通过对设计语言的分析来阐释设计的演进，然而这其中材料及其观念的变革起着至关重要的作用，因为材料使设计得以存在和彰显，并且得以物质呈现。

当前设计领域的弊病是相互雷同，少有创新和个性，设计构思局限封闭，从而使设计陷于一般的水平，而这也和材料选用的雷同不无关联，不同的空间而相同的材料表现也会给人似曾相识的感觉。所以，在设计创作范畴，要探索新构造、新技术，开拓新的材料来源，以期在环境艺术设计中能出现不同形式的空间界面。其实，材料选择的优劣及呈现和业主与设计师的自身修养有着很大关系，设计师能力之间的层次差别也会在其设计的空间中体现出来。

一般来讲，提起材料，不同生活背景的人会有着不同的反映。比如同样是花岗石，一位工程师所关心的是材料的技术性能（密度、吸水性、抗冻性、抗压强度、耐磨性）及化学成分；一位家庭主妇最关心的是此材料是否含有放射性元素，能否形成对家人的伤害及其价格因素；一名工人对材料的反映首先是其加工特性、规格和等级；一位设计师会首先关注材料能给人带来什么样的视觉效果和对于空间的塑造能力、艺术表现力，以及人的视觉、心理反应等。

1. 材料的分类

室内装饰材料可分为实材、板材、片材、型材、线材等。实材也就是原材，主要是指原木及原木制成的规方，以立方米为单位。板材主要是把由各种木材或石膏加工成块的产品，统一规格为1220mm×2440mm，板材以块为单位。片材主要是把石材及陶瓷、木材、竹材加工成块的产品，在预算中以平方米为单位。型材主要是钢、铝合金和塑料制品，在装修预算中型材以根为单位。线材主要是指木材、石膏或金属加工而成的产品，在装修预算中线材以米为单位。室内装饰材料按装饰部位分类则有墙面装饰材料、顶棚装饰材料、地面装饰材料；按材质分类有塑料、金属、陶瓷，玻璃、木材、涂料、纺织品、石材等种类；按功能分类有吸声、隔热、防水、防潮、防火、防霉、耐酸碱、耐污染等种类。

2. 室内装饰材料的功能

（1）保护功能：现代室内装饰材料，不仅要创造室内的艺术环境给人以愉悦的视觉感受和身心的舒适感，同时还应兼有绝热、防潮、防火、吸声、隔音等多种功能，起着保护人体和建筑物主体结构，延长其使用寿命以及满足某些特殊要求的作用。通过装饰材料，使主体结构表面形成一层保护层，不受空气中的水分、氧气、酸碱物质及阳光的作用而遭受侵蚀，起到防渗透、隔绝撞击，达到延长使用年限的目的。

（2）使用功能：所选用的一切材料都应以创造一个能提高生活水准的环境为宗旨，也就是物质功能，即材料的使用功能。轻质高强、性能优良与易于加工是理想装饰材料具有的特征。许多人工合成材料具有优良的物理、化学、力学性能，又便于粘贴、切割、焊接、塑造等加工。

（3）声学功能：有些材料能辅助墙体起到声学功能，如反射声波或吸音、隔音的作用。

（4）装饰功能：室内的装饰效果是由材料质感、色彩构成。材料的正确使用可形成某种氛围，或体现某种意境。

3. 室内装饰材料的质感

实体由材料组成，从而引出质感的问题。所谓质感，即材料表面组织构造所产生的视觉感受，常用来形容实体表面的相对粗糙和平滑程度，它也可用来形容实体表面的特殊品质，如石材的粗糙面，木材的纹理等。不同的质感，有助于实体的形体表达其不同的表情。材料的质感是丰富室内造型、渲染环境气氛的重要手段，不同的环境由于材料质感的差异，其装饰效果很不相同（图 2-94、图 2-95、图 2-96）。

图 2-94　竹子淳朴的质感

图 2-95　砖墙坚硬的质感

图 2-96　木材细腻的质感

每种材料的质感都存在两种基本感觉类型，即触觉和视觉。触觉质感是真实的，在触摸时可以感觉出来；视觉质感是眼睛看到的。所有的触觉质感也给人们视觉质感，一般不需要触摸就可感觉出它外表的触感品质，这种表面质地的品质，是基于人们过去对相似材料的回忆联想而得出的反应。有时，完全相同的造型，材料不同时会产生完全不同的效果，甚至尺度大小，视距远近和光照，对材料的质感上的认识都成为重要的影响因素。

材料的质感主要表现为软硬、冷暖、粗细、明暗等。如木、竹、触感较暖，金属、石材触感较凉，麻、布、皮革等质地柔软等等。

各种材料无论贵贱，都有其各自的特征与美感。大理石的华贵，混凝土的粗犷，木材的亲切都可以创造出好的室内设计作品。问题的症结不在于材料的贵贱，而在于设计师对于材料的体验把握与正确运用。

二、室内装饰材料的种类

人们生活在空间环境中，随时随地都会接触到各种材料，材料对任何人来讲都不会陌生，而设计材料学却是一门非常广博而不易精通的学问。这是由于一方面自然材料种类繁多，人造材料日新月异。另一方面，材料的结构奇巧莫测，材料的处理变化万端。本节所涉及的是多用于表层的主要装饰材料的介绍。对于装饰材料来说，只有在充分认识了解它的特性、种类、优缺点之后，才能真正地掌控它。因此设计师一定要对材料有充分的认识和把握才能更好的将其运用到实际的设计中去。

图 2-97　木材加工过程中的切分方式

1. 木材装饰

木材是一种质地精良、感觉优良的天然材料。一方面它的强度较高，韧性特佳，不仅易于施工，而且便于维护。木材也有缺点，最为显著的是容易造成胀、缩、弯曲和开裂现象，同时有节疤、变色、腐朽和虫蛀等弊病（图 2-97）。

常见的实木板是采用完整的木材制成的木板材。这些板材坚固耐用、纹路自然是装修中上佳之选。但由于此类板材造价高，而且施工工艺要求高且容易变形，所以在装修中使用反而并不多，实木的板材一般多用于收口。

木材种类繁多，虽有色彩深浅的变化，但是选择时主要应考虑它的硬度、纹理及价格，色彩效果可通过色精擦色达到满意的木色效果。常用的木材种类繁多，以下简单介绍几种常用木料。

（1）柚木：柚木具高度耐腐性，在各种气候条件下不易变形，易于施工等多种优点。含有极重的油质，这种油质使之保持不变形，其密度及硬度较高，不易磨损，且带有一种特别的香味，能驱虫、鼠、蚁、防腐。锯、刨等加工一般较容易，胶粘，油漆和上蜡性能良好（图 2-98）。

柚木从生长到成材最少经 50 年，生长期缓慢，又因考虑环保而禁止砍伐，所以以缅甸进口的为多。近年来，世界柚木资源出现萎缩，一些柚木出产国开始对柚木原料限制出口，所以柚木的价格较为昂贵。

图 2-98　柚木

（2）水曲柳：是比较常见的木材，其特殊而无规律的纹理有着出神入化又巧夺天工的艺术效果，能给人以回归自然的原始心态和美的艺术享受。水曲柳材质略硬，木纹清晰，有光泽，无特殊气味，耐腐、耐水性能好，木材工艺弯曲性能良好，材质富于韧性。锯刨等加工容易，刨面光滑，着色性能好，具有良好的装饰效果。水曲柳价格比较便宜，刷清油后颜色比较黄，但是只要细心加工，充分展现水曲柳的木纹效果，完全可以创造优雅不俗的装饰效果。水曲柳可以漂白，褪去黄色，使曲柳颜色变浅；使木纹上染有黑或白色，可创造出一种现代感（图 2-99）。

（3）胡桃木：胡桃木分黑胡桃木，灰胡桃木，红胡桃木。胡桃木是一种中等密度的坚韧硬木材，易于用手工工具和机械加工，其木质干燥缓慢，木质很细腻，不易变形，极易雕刻，色泽柔和，木纹流畅，耐冲撞摩擦，打磨蜡烫后光泽宜人，容易上色，可与浅色木材并用，尺寸稳定性较强，能适合气候的变化而不变形。胡桃木可以制作成高级家具，用柔美的线条，外加一些带装饰性的雕刻设计，来展现室内浪漫而典雅的风格（图 2-100）。

图 2-99　水曲柳

图 2-100　胡桃木

（4）竹：竹为速生材种，生长期大大短于木材，不易变形。经高温蒸煮与碳化，不生虫、抗潮耐水，柔韧性能好，材料为植物粗纤维结构，密度大，硬度高，纹理自然、优雅，生长半径比树木小，受日照影响不严重，色差小。可循环利用，是一种可持续发展的材料。在室内设计中能体现自然的感觉（图 2-101、图 2-102）。

图 2-101　竹子为材料构成的墙体

图 2-102　竹质材料制成的隔断

2. 常用油漆

木材的应用一向离不开油漆的存在，搭配使用可以形成多种丰富变化。

（1）清漆：清油是指在木质纹路比较好的木材表面涂刷的油漆，操作完成以后，仍可以清晰地看到木质纹路，有一种自然感。漆膜干燥迅速，一般为琥珀色透明或半透明体，十分光亮。常用的清漆有：酯胶清漆、酚醛清漆、醇酸清漆、虫胶清漆、硝基清漆。

（2）混油：混油是指在对木材表面进行必要的处理（如修补钉眼、打砂纸、刮腻子）以后，在木材表面涂刷有颜色的不透明的油漆，采用油料、颜料、溶剂、催干剂等调合而成。漆膜有各种色泽，其质地较软，适用于室内一般金属、木材等表面，施工方便，使用广泛。

3. 人造板装饰

（1）防火板

防火板是将多层纸材浸于碳酸树脂溶液中，经烘干，再以高温加压制成。表面的保护膜处理使其具有防火防热功效，且可防尘、耐磨、耐酸碱、耐冲撞、防水、易保养，有多种花色及质感，是目前越来越多使用的一种新型材料，防火板的厚度一般为 0.8mm、1.0mm 和 1.2mm。

（2）铝塑板

铝塑板是一种新型装饰材料，以其经济性、可选色彩的多样性、便捷的施工方法、优良的加工性能、绝佳的防火性而广为人们所青睐。铝塑板是由经表面处理并涂装烤漆的铝板作为表层，聚乙烯塑料作为芯层，经过一系列工艺处理，选用高分子膜热压复合而成的新型装饰材料。它平整度好，颜色均匀，色泽光滑细腻，无色差，易于加工成型。铝塑板可以切割、裁切、开槽、钻孔，也可以冷弯、冷折、冷轧，还可以铆接、螺丝连接或胶合粘接等。

图 2-103　中密度板做顶棚装饰材料

（3）中密度板

中密度板是以木质纤维或其他植物纤维为原料，施加脲醛树脂或其他适用的胶粘剂制成的优质人造板材。它以稳定的性能明显优于其他人造板，并集轻质、高强、隔音、隔热、不变形、平整度好、不爱裂、粘合力强、易于加工等特点于一体。但也有韧性差、怕潮等不足（图 2-103）。

（4）装饰面板

装饰面板是用木纹明显的高档木材旋切而成的厚度在 0.2mm 左右的薄木皮，以夹板为基材，经过胶粘工艺制作而成的具有单面装饰作用的装饰板材，厚度为 3cm。其广泛用于装修的表面装饰。装饰面板是目前有别于混油做法的一种高级装修材料。常见木皮有樱桃木、枫木、白榉、红榉、水曲柳、白橡、红橡、柚木、花梨木、胡桃木、白影木、红影木等多个品种。

（5）集成板

这是一种新兴的实木材料，采用优质进口大径原木经深加工而成，是像手指一样交错拼接的木板。由于工艺特殊，集成板的环保性能优越。这种由实木制作的板材可以直接上色、刷漆。

4. 石材装饰

石材是一种质地坚硬耐久，感觉粗犷厚实的材料。一方面，石材具有耐腐、绝燃、不蛀、耐压、耐酸碱、不变形等特性。另一方面，多数石材的色彩沉着，肌理粗犷结实，而且造型自由多变。但是也有施工较难、造价昂贵、易裂、易碎、不保温、不吸音和难于维护等缺点（图 2-104、图 2-105）。

图 2-104　石材加工厂（一）

图 2-105　石材加工厂（二）

（1）花岗岩：花岗岩属火成岩。其特点为构造密实度、硬度大，耐磨、耐压、耐火及耐大气中的化学侵蚀。其花纹为均粒状、斑纹及发光云母微粒。花岗岩一般为浅色，多为灰、灰白、浅灰、红、淡红等，是室内装饰中高档的材料之一。在成品板材的挑选上，由于石材原料是天然的，不可能质地完全相同，在开采加工中工艺的水平也有差别，所以多数石材是有等级之分的。其中矿物颗粒越细越好。花岗岩多用于地面、台面的装修。可加工成粗面板材其表面平整、粗糙、具有较规则加工成条纹的板材。主要有由机刨法加工而成的机刨板；由斧头加工而成的剁斧板；由火焰法加工而成的烧毛板等，表面粗犷、朴实、自然、浑厚、庄重。也可加工成镜面板材，经粗磨、细磨、抛光而成的，表面平整，具有镜面光泽的板材，豪华气派、易清洗（图 2-106、图 2-107、图 2-108）。

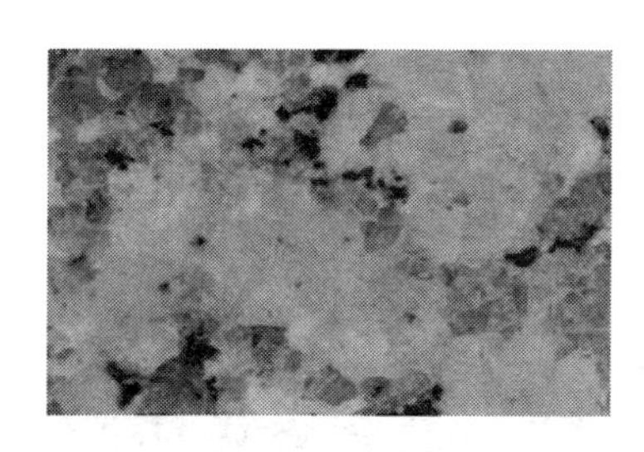

图 2-106　玫瑰红

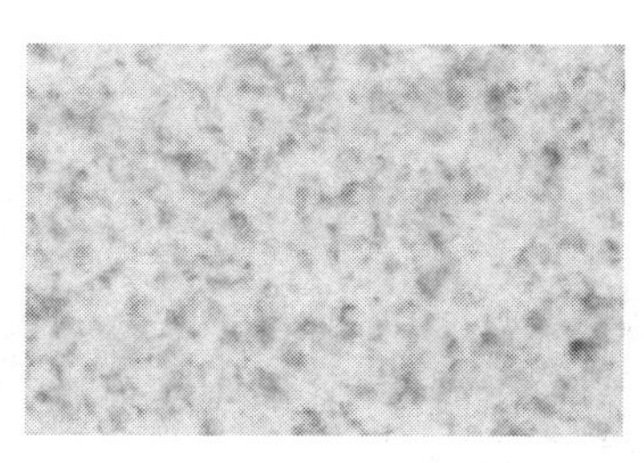

图 2-107　美国灰

图 2-108　山楂红

花岗石板材的规格尺寸很多，常用的长度和宽度范围为300～1200mm，厚度为10～30mm。《天然花岗石建筑板材》标准规定同一批板材的花纹色调应基本调和。

(2) 大理石：大理石是指变质或沉积的碳酸盐的岩石，组织细密、坚实可磨光，颜色品种多，有漂亮自然的条状纹理。大理石抗压性高，吸水率小，易清洁，质地细致是一种较高级的室内装饰材料。大理石的缺点是不耐风化，在环境中会很快和空气中的水分、二氧化碳起反应，使其表面失去光泽，变得粗糙，所以常用于室内（图2-109）。

(3) 洞石：洞石是一种地层沉积岩。意大利、土耳其和伊朗是盛产洞石的国家。意大利洞石在使用上有着非常悠久的历史，历史之悠远，古典气息之浓厚，艺术感之强烈都是首屈一指的。天然洞石有着与花岗岩、砂岩等其他石料不同的特点。它具有吸湿、干燥、保温、防滑的优点；其材质坚硬，不易风化，是花岗岩、大理石所不能取代的，比较适用于墙面的装饰。

(4) 砂岩：砂岩是一种沉积岩，是由石粒经过水冲蚀沉淀于河床上，经千百年的堆积变得坚固而成。后因地球造山运动，形成今日的矿山。砂岩是一种亚光石材，不会产生因光反射而引起的光污染，又是一种天然的防滑材料。而大理石、花岗石是光面石材，只有光才显示装饰效果。砂岩是零放射性石材，对人体无伤害，而大理石、花岗石都存在微量放射性，长期生活在其中对人身会有所伤害。从装饰效果来说，砂岩创造出一种暖色调的风格，素雅、温馨，又不失华贵大气。在耐用性上，砂岩则可以比拟大理石、花岗石，它不会风化，不会变色。砂岩颗粒均匀，质地细腻其耐用性好。

(5) 板岩：是一种易于劈解成薄片、质地较硬、表面粗糙、多层次的石材，色彩以蓝灰色为主，也有带绿、红和黄色倾向。它品质坚硬、色泽古朴，纹理粗犷豪放，给人一种朴实、自然的亲近感。防滑、易加工、可拼性强，其组合后的整体效果印象深刻，耐人寻味，给人一种返璞归真，回归大自然的感觉。它不含对人体有害的放射元素。是一种价格低，效果佳的装饰石材，也可加工成不同的尺寸，适于装饰墙面和地面铺装（图2-110）。

(6) 人造石：是由天然碎石粉末、高级水溶性树脂、碎石黏合剂合成。可以加热处理做弯曲，可以拼接和设计出不同的花色，可以很容易的修边、保养和翻新。人造合成石材样式繁多，外观漂亮，但硬度差，易有划痕，而且化学材料成分居多，不环保且价格较贵。

(7) 鹅卵石：天然鹅卵石取自于河床，颜色主要有灰色、青色、暗红三大色系，经过清洗、筛选、分拣等工序，造价低廉但运费高。装饰效果极其朴素，施工有一定难度，可先用水泥沙浆铺底，再将鹅卵石凝结在混凝土的表面。鹅卵石适用于反映自然朴实的环境当中（图2-111）。

图2-109　橘皮红大理石

图2-110　板岩

图2-111　鹅卵石

5. 玻璃装饰

玻璃是一种透明性极高的人工材料，它以多种物质的混合物经1550℃左右高温熔成液体，后经冷却而成的固体。玻璃的透明性好，透光性强，而且具有良好的防水、防酸和防碱的性能，适度的耐火、耐刮的性质。玻璃表面具有不同的变化，比如色彩及磨边处理，同时玻璃又是一种容易破裂的材料，如何固定与存放是需要特别考虑的。玻璃具有极佳的隔离效果，同时它能营造出一种视觉的穿透感，在无形中将空间变大，例如在一些采光不佳的空间，利用玻璃墙面可达到良好的采光效果。

(1) 叠烧玻璃：是一种手工烧制的玻璃，它既是装修材料又有工艺品的美感，其纹路自然，纯朴，能现出玻璃凹凸有致的浮雕感，有着奇妙的艺术效果。

(2) 镜面玻璃：可以反射景物，起到扩大室内空间的效果。用镜面将对面墙上的景物反应过来，或者利用镜面造成多次的景物重叠所构成的画面，既能扩大空间，又能给人提供新鲜的视觉印象，若两个镜面面对，相互成像，则视觉效果更加奇特（图2-112）。

图2-112 镜面玻璃的扩大空间效果

(3) 有机玻璃：是热塑性塑料的一种，它有极好的透光性、耐热性、抗寒性和耐腐蚀性，其绝缘性能良好，在一般条件下尺寸稳定性能好，成型容易。缺点是质地较脆，作为透光材料，表面硬度不够，容易擦毛。

(4) 磨砂玻璃：是采用机械喷砂、手工研磨等方法将普通玻璃板的表面处理成均匀毛面。其可以遮挡人的视线，由于表面粗糙，使光线产生漫射，使室内光线柔和。喷砂处理和酸蚀是对表面进行均匀、无光泽半透明的处理。缺点是表面的一些微凹痕容易滞留一些污物和油性物质，这使得其很难清洁。

(5) 钢化玻璃：是由平板玻璃经过“淬火”处理后制成，其比未经处理的强度要大3～5倍，具有较好的抗冲击、抗弯、耐急冷、急热的性能，当玻璃破碎裂时成圆钝的小碎片不致伤人。一般用大尺寸的整块玻璃装饰时，都必须进行钢化处理。钢化玻璃的钻孔、磨边都应预制，因为施工时再行切割、钻孔则十分困难。

(6) 玻璃空心砖：是一种用两块玻璃经高温高压铸成的四周密闭的空心砖块。玻璃砖主要用以砌筑局部墙面。最大特色是提供自然采光而兼能维护私密性，它本身既可承重，又有较强的装饰作用，具有隔音、隔热、抗压、耐磨、防火、保温、透光不透视线等众多优点。玻璃砖晶莹剔透、不含有毒原料，可自由组合图案、色泽丰富、便于清洗。玻璃砖施工便利，玻璃砖为低穿透的隔音体，可有效地阻绝噪音的干扰。玻璃内近似真空状态，可使玻璃砖成为比双层玻璃更佳的绝热效果，更是节约能源的最佳材料（图2-113）。

图2-113 多种样式的玻璃空心砖

（7）琉璃：作为新型装饰材料，可做成隔断、屏风、墙体、门把手等。它的主要特点是具有流动、多彩的美，和灯光配合风格古朴华贵，使用效果更好。上海新天地的“透明思考”餐厅，其间的装饰就是采用现代琉璃为主要材料，近千块色彩斑斓的方形琉璃砖拼砌出盛唐的辉煌气韵。目光所及、手足所触，琉璃无所不在。

（8）PC阳光板：它的柔性和可塑性使之成为安装拱顶和其他曲面的理想材料，其弯曲的半径可能达到板材厚度的175倍。PC阳光板具有良好的化学抗腐性，在室温下能耐各种有机酸、无机酸、弱酸、植物油、中性盐溶液、脂肪族烃及酒精的侵蚀。PC阳光板在可见光和近红外线光谱内有最高透光率、抗紫外线，防老化。视颜色不同，透光率可达12%-88%。阳光板的最突出特点，是能避免对人造成伤害，对安全有极大保障。PC阳光板质量轻，是相同玻璃的1/12～1/15，安全不破碎，易于搬运，安装，可降低建筑物的自重，简化结构设计，节约安装费用。

6. 金属材料

金属为现代室内设计的重要材料，它不仅质地坚硬，抗压、弯强度大，而且对热与电的传导性强，防火和防腐性能佳，通过机械加工方式可制造成各种形式的构件和器物。金属的缺点是易于生锈和难于施工（图2-114、图2-115、图2-116、图2-117）。

图2-114　各种规格的型材

图2-115　钢板交错形成的格栅墙

图2-116　拉丝钢板拼接而成的墙体

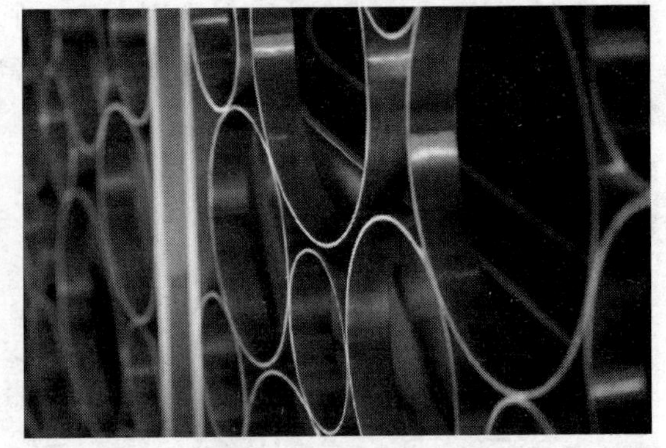

图2-117　金属装饰墙

（1）钢材：钢材按外形可分为型材、板材、管材、金属制品四大类。普通钢有圆钢、方钢、扁钢、六角钢、工字钢、槽钢、等边和不等边角钢及螺纹钢等。角钢俗称角铁、是两边互相垂直成角形的长条钢材；槽钢是截面为凹槽形的长条钢材；螺纹钢是指用于钢筋混凝土配筋的直条或盘条状钢材。钢材作为构件造型运用时又可获得极佳的现代感。

（2）不锈钢：不锈钢为不易生锈的钢，其耐腐蚀性强，强度大而富于弹性，表面光洁度高，在现代室内设计中的应用越来越广。但不锈钢并非绝对不生锈，故保养工作十分重要。目前有一种不锈钢马赛克的产品正在热销中。

（3）铜材：铜材表面光滑，光泽中等，经磨光后表面可制成亮度很高的镜面，铜常被用于铜制装饰件、铜浮雕、门框、铜栏杆及五金配件等。常用的铜材种类有青铜、黄铜、红铜、白铜等。

三、材料运用中潜在的问题

装饰材料在使用过程中必须考虑很多与艺术无关的技术问题，比如材料的品质、污染、防火、防水、资源环保等，这些方面直接影响到材料的选定。可以用在室内环境中的材料很多，但要合理运用则比较困难。所选装饰材料应具有与所处环境和使用部位相适应的耐久性，以保证装饰工程的质量；应考虑装饰材料与装饰工程的经济性，不但要考虑到一次投资，也应考虑到维修费用，因而在关键性部位上应适当加大投资，延长使用寿命，以保证总体上的经济性。

1. 材料在使用中可能出现的变化

许多材料在新的时候和旧了以后效果是不一样的，如涂料、油漆在多年后会脱落变色，作为设计师应了解这方面的基本常识，使得设计效果能长时间地保持良好的效果，若有变化，也应是设计师早有预见的，有随时翻新的可能，而不是彻底拆除。影响材料的变化的因素除了材料自身的问题外，很多时候是由于气候的冷暖变化、太阳光照射形成的环境变化，风沙雨雪所引起的风化、大气污染对材料的影响等。这时，我们应当了解材料的不同属性，在可能的情况下选用耐用性能良好的材料。

（1）冷暖带来的材料变化

众所周知，物体遇热会膨胀，遇冷会收缩，材料也是这样。材料自身的性质在外部温度发生变化时会随之发生改变。作为设计人员，应该充分了解装饰材料由于温度变化而可能发生的各种变化和可能出现的问题。

如木材随大气温度的变化会产生膨胀或收缩，严重时会出现翘曲与开裂。所以对天然木材的干燥是重要的生产环节，因为木材的收缩与膨胀变形，一般只出现在含水率0%～30%的范围时，而大气中的水蒸气含量的变化就能促使木材变形。木材在干燥的空气中存放时会蒸发水分，反之遇到潮湿的空气则吸收水蒸气。所以木材的变形与大气温度和相对湿度有关。温度的变化常会带来连锁反应而引发木材的变形。

（2）光照带来的材料变化

阳光是地球上任何生物赖以生存的保障，它带来光明和温暖。可是过度的光照和由光照产生的蒸汽也会带来伤害，尤其对材料会造成严重的破坏，每年造成难以估计的经济损失。损害主要包括褪色、发黄、变色、强度下降、脆化、氧化、亮度下降、龟裂、纹路模糊及粉化等。对于直接暴露在阳光下的材料来说，其受到光破坏影响的风险最大。

在室内一般光照主要是对于与窗户距离较近的一些材料影响最大，由于材料长期处于光照下而产生褪色现象，并且与室内其他相同的材料形成色差，主要表现在木饰面和一些壁纸、涂料、织物等材料上面。

（3）时间的推移带来的材料变化

一些材料本身的颜色会随时间的推移发生变化。如白纸时间长了会变色发黄；常用于玻璃砖勾缝的白水泥在一段时间后容易变黄；一些塑料的颜色也会变浅等等。这些问题大都是由于材料与空气发生了氧化作用引起的。在使用中应结合材料的物理特性进行综合处理。如某些金属材料受水气侵蚀后更易出现生锈的现象，这就需要我们采取相应的措施，比如进行防锈处理。

2. 材料使用中的基本特征

（1）变脏和变色

一般明度高的色彩容易变脏，彩度强的色彩容易变色，特别是在设计时应注意对阳光照射到的部位的材料要慎重选择。设计室内大面积色彩时应考虑一定的变色幅度。另外，人们常接触的部位容易变脏，如踢脚应用不引人注意的耐脏色彩，在人手部经常触摸处应采用硬质及易于清洁的材料或软质耐脏的材料。

不易变色的材料是石材、陶瓷、砖瓦及水泥等；容易变色的材料是纺织品、木材、壁纸、油漆涂料等材料及部分金属、塑料等。

（2）材料的易洁性

材料表面抵抗污物作用保持其原有颜色和光泽的性质称为材料的耐沾污性。材料表面易于清洗洁净的性质称为材料的易洁性，它包括在风、雨等作用下的易洁性（又称自洁性），及在人工清洗作用下的易洁性。良好的耐沾污性和易洁性是装饰材料历久常新，长期保持其装饰效果的重要保证。用于地面、台面、内墙以及卫生间、厨房等的装饰材料就应考虑材料的耐沾污性和易洁性。

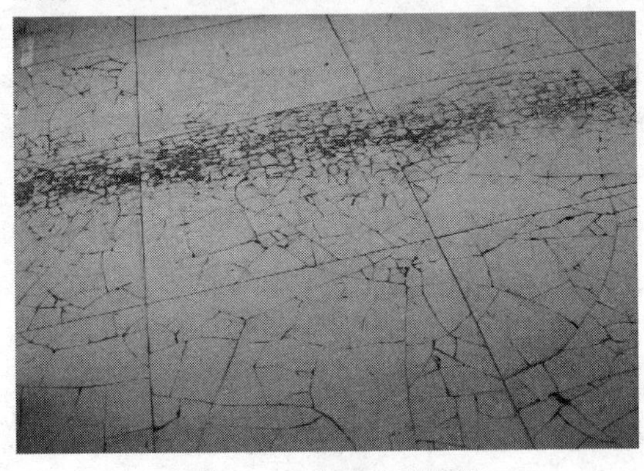

图 2-118　瓷砖碎裂磨损

（3）材料的磨损

材料在具体使用过程中也会不断发生磨损以致本身发生某些变化。铜质雕塑在人们经常抚摸的地方会闪闪发亮，而其他部位则会因年久而呈现暗淡的墨绿色。皮质沙发的扶手处，时间久了鲜艳的表层皮革会脱落。对于这一问题，常见的解决办法是，在易磨损的部位用一些耐磨材料进行收边保护（图 2-118）。

3. 材料的物理性能

（1）强度

强度是指材料在受到外力作用时抵抗破坏的能力。根据外力的作用方式，材料的强度有抗拉、抗压、抗剪、抗弯（抗折）等不同的形式。

（2）硬度

硬度所描述的是材料表面的坚硬程度，即材料表面抵抗其他物体在外力的作用下刻划、压入其表面的能力。

（3）耐磨性

耐磨性是材料表面抵抗磨损的能力。材料的耐磨性能，除与受磨时的质量损失有关外，还与材料的强度、硬度等性能有关，此外与材料的组成和结构亦有密切的关系。表示材料耐磨性能的另一参数是磨光系数，它反映的是材料的防滑性能。

（4）吸水率

吸水率所反映的是材料能在水中（或能在直接与液态的水接触时）吸水的性质。

（5）辐射指数

辐射指数所反映的是材料的放射性强度。有些建筑材料在使用的过程中会释放出一些放射性元素，这是由于材料所用原料中的放射性核素含量较高，或是由于生产过程中的某些因素使得这些材料的放射性浓度被提高。当这些放射性的强度和辐射剂量超过一定限度时，就会对人体造成损害。特别值得一提的是，由装饰材料这类放射性强度较低的辐射源所产生损害属于低水平辐射损害（如引发或导致产生遗传性疾病），且这种低水平辐射损害的发生率是随剂量的增加而增加的。因此，在选用材料时，注意其放射性并尽可能将这种损害减至最低。

（6）耐火性

耐火性是指材料抵抗高热或火的作用仍保持其原有性质的能力。金属材料、玻璃等虽属于不燃材料，但在高温或火的作用下在短时间内就会变形、熔融，因而不属于耐火材料。建筑材料或构件的耐火极限通常用时间来表示，即按规定方法，从材料受到火的作用时间起，直到材料失去支持能力、完整性被破坏，或失去隔火作用的时间，以小时或分钟计。如无保护层的钢柱，其耐火极限仅有 0.25h。

（7）耐久性

耐久性是材料长期抵抗各种内外破坏、腐蚀介质的作用仍保持其原有性质的能力。材料的耐久性是材料的一项综合性质，一般包括耐水性、抗渗性、抗冻性、耐腐蚀性、抗老化性、耐热性、耐溶蚀性、耐磨性或耐擦性、耐光性、耐沾污性、易洁性等许多项。对建筑装饰材料而言，主要要求颜色、光泽、外形等不发生显著变化。

4. 材料的造价问题

材料的选择与确认对于一个工程项目的经济投入也会形成影响。经常是要屈从于设计预算，这是极现实的问题。虽然多采用价格低廉且合理的材料要远强于豪华材料的堆砌，但更加完美地体现理想的设计效果终究离不了优质的材料。一般来说，质量好的材料，造价也会相应的比较高。但并不等于低预算不能创造合理的设计，关键是如何运用。在同等效果的情况下应考虑工程所需材料的造价。以马赛克为例，大体可分为高、中、低三个档次。一些带有拼花效果的马赛克要加上手工的拼贴费用，每平方米的售价会比那些同档次无拼花的马赛克高出不少。因此，设计师重点要使选购的装饰材料能够准确地表达出设计的意图与效果，了解材料市场的行情，在不同的设计条件中选用最恰当的材料用以表现最佳效果。

材料的优劣可以直接影响到空间的品质。市场上便宜的材料与贵的材料存在这样一些规律：同材同质的材料一般材料的大板贵、小块便宜，如石材、瓷砖等；材料用得多寡形成了实心材料贵、薄片便宜，如木材、石材；由于运输等消耗，进口的材料贵，国产的材料便宜些，这一规律几乎涵盖所有的材料。作为设计师要尽可能地降低所选择装饰材料的价格，以节省总体工程成本，并且要挑选那些绿色环保、质量过硬的建筑装饰材料，以满足业主的要求，同时达到良好的工程效果。

5. 材料的污染问题

室内设计装修的目的是提高生活品质，但伴随装修而来的环境污染也悄然而来，其中建筑装饰材料是室内污染物产生的主要来源之一，在各种致癌源中独占鳌头，因此为消除室内污染对人体带来的危害，设计师在考虑设计材料选用时要注意选择有环保质量认证的材料，拒绝使用假冒的廉价材料。选用的材料应是视觉、触觉宜人的材料；可再回收循环利用的材料；可耐久使用的材料；天然、健康、绿色的材料。

（1）甲醛

甲醛（HCHO）是一种无色易溶的刺激性气体，甲醛具有强烈的致癌和促癌作用，国际癌症研究所已建议将其作为可疑致癌物对待。甲醛对人体健康的影响主要表现在嗅觉异常、刺激、过敏、肺功能异常、肝功能异常和免疫功能异常等方面。

室内空气中的甲醛来源有以下方面。甲醛的集中来源就是装修中应用的大芯板、多层板等材料。在板材生产中甲醛是为了使胶粘剂增加牢固性和减低造价添加的有毒成分。大芯板、中密度板、胶合板等人造板材内大量使用了胶粘剂，因为甲醛具有较强的粘合性，还具有加强板材的硬度及防虫、防腐的功能，所以用来合成多种胶粘剂。目前生产人造板使用的胶粘剂以甲醛为主要成分的如脲醛树脂。板材中残留的和未参与反应的甲醛会逐渐向周围环境释放，是形成室内空气中甲醛的主要来源。其次，用脲醛泡沫树脂作为隔热材料的预制板、贴墙布、贴墙纸、化纤地毯、泡沫塑料、油漆和涂料等也含有有毒成分。另外，一些人造材料（各种人造板材、壁纸、地毯、胶粘剂）在高温时会散发比平时更多的有害气体。例如，夏季甲醛等物质的浓度高于冬季。特别是在室内，甲醛夏季浓度是冬季浓度的3～4倍。

设计装修应尽量减少人造板材尤其是大芯板的使用。例如，$100m^2$ 的房间不要使用超过20张大芯板。减少使用人造板材的方法之一就是少做造型，多选择实木、竹子、藤或环保玻璃、铝等材料，即使选择大芯板也要购买正牌产品，往往价格特别低的材料在环保方面问题严重。

（2）苯

苯是一种无色、具有特殊芳香气味的液体，目前室内装饰中多用甲苯、二甲苯代替纯苯作各种胶、油漆、涂料和防水材料的溶剂或稀释剂。人们通常所说的“苯”实际上是一个系列物质，包括“苯”、“甲苯”、“二甲苯”。苯属致癌物质，医学界公认，苯可以引起白血病和再生障碍性贫血。人在短时间内吸入高浓度的甲苯或二甲苯，会出现中枢神经麻醉的症状。苯化合物已经被世界卫生组织确定为强烈致癌物质。

室内空气中苯的主要来源是那些建筑装饰中大量使用的化工原材料，如涂料、填料、油漆、天那水、稀料、各种胶粘剂、防水材料，以及一些低档和假冒的涂料。设计时尤其是住宅的室内设计应该尽量减少这些含污染材料的使用。

（3）氡

氡是天然产生的放射性气体，无色、无味，不易察觉。现代居室的多种建材和装饰材料都会产生氡。氡对人体健康的危害主要表现为肿瘤的发生和诱发肺癌。

众所周知，天然石材中存在放射性危害，它对健康的危害主要有两个方面，即体内辐射与体外辐射。体内辐射主要来自于放射性辐射在空气中的衰变而形成的一种放射性物质氡及其子体。氡是自然界唯一的天然放射性气体，氡在作用于人体的同时会很快衰变成人体能吸收的核素，进入人的呼吸系统造成辐射损伤，诱发肺癌。而体外辐射主要是指天然石材中的辐射体直接照射人体后产生一种生物效果，会对人体内的造血器官、神经系统、生死系统和消化系统造成损伤。

(4) 氨

氨是一种无色且具有强烈刺激性臭味的气体，是一种碱性物质，它对接触的皮肤组织有腐蚀和刺激作用。可以吸收皮肤组织中的水分，使组织蛋白变性，并使组织脂肪皂化，破坏细胞膜结构。长期接触氨部分人可能会出现皮肤色素沉积或手指溃疡等症状；氨被呼入肺后容易通过肺泡进入血液，与血红蛋白结合，破坏运氧功能。

室内空气中氨的来源其主要来自建筑施工中使用的混凝土外加剂，特别是在冬季施工过程中，在混凝土墙体中加入以尿素和氨水为主要原料的混凝土防冻剂，这些含有大量氨类物质的外加剂在墙体中随着温度、湿度等环境因素的变化而还原成氨气从墙体中缓慢释放出来，造成室内空气中氨的浓度大量增加。另外，室内空气中的氨也可来自室内装饰材料中的添加剂和增白剂。

6. 材料的声学问题

当室内噪声高于120dB时，人耳就会感到不舒服，长时间处于高噪声环境下会对人的听力造成直接伤害，而剧场、歌舞厅等一些特殊场所对室内的声环境又有更高的需求。因此合理的声学设计对于一个舒适的室内空间是十分重要的。不同的材料对室内声效的影响很大，经常可以发现在一些餐厅、饭馆中由于大量使用反射强的材料，没有考虑使用吸声类材料，结果使得室内噪声声强级提高，连人们面对面交谈也需要大声喊叫。

(1) 反射材料

易在室内产生噪声，影响室内的声环境效果。反射材料的特征是表面光滑、质地坚硬，如石材、金属、玻璃、瓷砖等。

(2) 吸声材料

可减少室内噪声，防止回声，以获得良好的音质。但使用过度则会导致混响时间过短，产生音质上的缺陷。吸声的材料是各种穿孔板、纤维材料、玻璃棉、岩棉、织物、木材纤维等。根据材料表面开孔尺寸大小及空隙率不同，吸声性也不同。开孔越多，孔径越小，则吸声效果越好，还可将多孔材料内填充吸声纤维。在室内利用吸声材料或悬挂的空间吸声体吸收声能够降低噪声，是建筑环境噪声控制技术的一项重要措施（图2-119、图2-120、图2-121）。

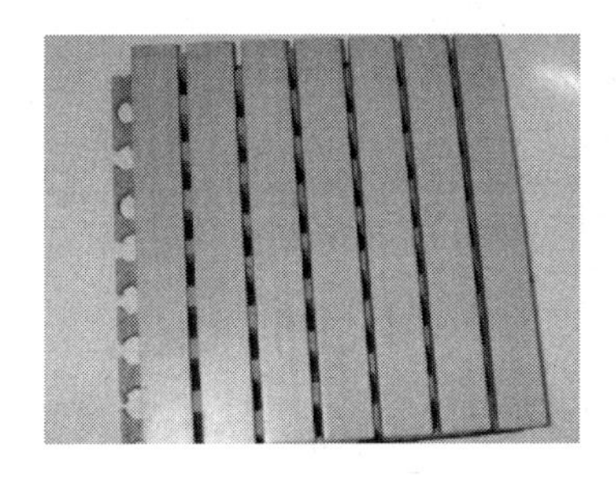

图2-119 木质吸音板

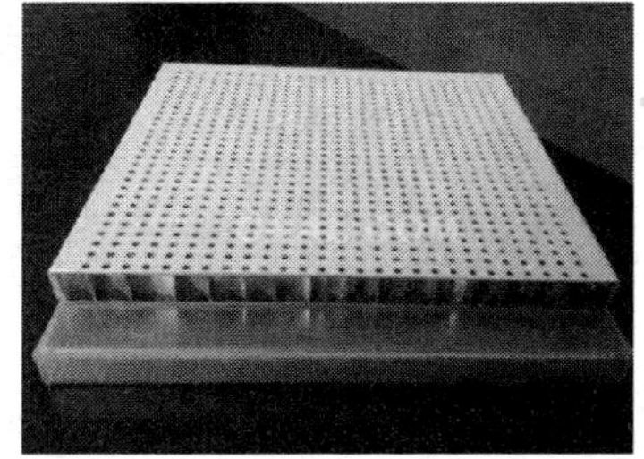

图2-120 穿孔铝蜂窝板

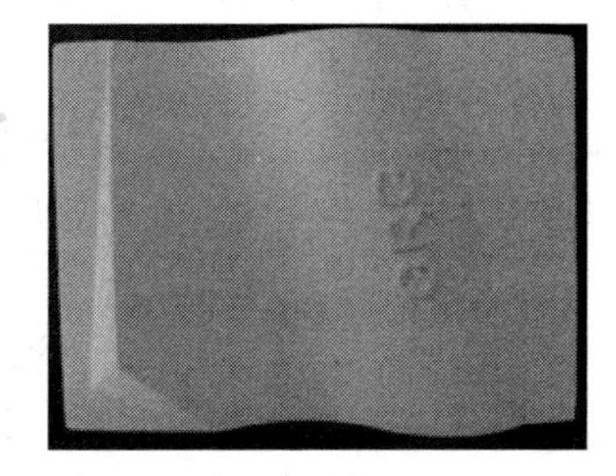

图2-121 GRG材料

(3) 隔声材料

其作用是消耗、吸收噪声。当声波入射到材料表面时，入射声能的一部分被反射，另一部分进入材料的内部被吸收，还有一部分透过材料进入材料的另一侧。当大部分声能进入材料（被吸收和透射）而反射能量很小时，表明材料的吸声性能良好。对于隔声材料，要减弱透射声能，阻挡声音的传播，就不能如同吸声材料那样多孔、疏松、透气，相反，它的材质应该是重而密实的，如钢板、铅板、砖墙等类材料。对隔声材料材质的具体要求应是密实无孔隙和容重较大。

建筑室内表面包括地面、墙面和顶棚。传统的装饰材料是石材、板材及抹灰。由于这些材料的物理性能对声波会产生强烈地反射。如果在这种空间里开会、听报告或欣赏音乐，听众虽然感到声音很响，但音质不够理想，因此一般的室内装修都需要考虑作适当的吸音处理，特别是音乐厅、影剧院、录音室、演播厅、监听室、会议室、体育馆、展览馆、歌舞厅、KTV 包房等公众场所，因为这类建筑对音质都有特殊的要求。用现代技术研发生产的吸声材料为改善室内音质和吸声降噪提供了一条有效途径。

7. 材料的防火问题

近年来由于装饰材料使用不当所引起的火灾事故也在持续增长。数据统计显示，大部分火灾的扩大和蔓延是由于室内装饰材料造成的。如果火灾发生时，在火源附近为没有任何防火性能的材料，则极易被点燃，并导致室内火势迅速蔓延，从而造成疏散困难和人员伤亡。反之，使用具有防火性能的材料，火焰就无法经由材料扩散，火势就会受到限制或延迟，这些都有助于火灾的扑灭，并且为人员逃生争取时间。因此，设计师需充分了解各种材料的特点及其燃烧性能，并在设计中正确合理地利用材料。

通过检测各种材料对火的反应敏感程度，《建筑内部装修设计防火规范》将材料燃烧性能分为四级，即：不燃性材料、难燃性材料、可燃性材料、易燃性材料，并用 A、B1、B2、B3 表示。

（1）不燃性材料——A

受到火烧或是高温作用时不起火、不燃烧、不碳化的材料。如花岗石、大理石、水磨石、水泥制品、黏土制品、瓷砖、钢铁等。

（2）难燃性材料——B1

受到火烧或是高温作用时难起火、难微燃、难碳化，当离开火源后，燃烧或微燃立即停止的材料。例如：纸面石膏板、矿棉吸声板、玻璃面装饰吸声板、岩棉装饰板、铝箔复合材料、防火塑料装饰板、难燃墙纸、多彩涂料、硬 PVC 塑料地板等。

（3）可燃性材料——B2

受到火烧或是高温作用时立即起火或微燃，且离开火源后仍继续燃烧或微燃的材料。如各类天然木材、木质人造板、竹材、装饰薄木贴面板、木纹人造板、墙布、天然材料壁纸、人造革、PVC 卷材地板、木地板、氯纶地毯、纯毛装饰布、经阻燃处理的其他织物、木制品等。

（4）易燃性材料——B3

受到火烧或是高温作用时立即起火，并迅速燃烧，且离开火源后仍继续迅速燃烧的材料。如未经阻燃处理的塑料、纤维织物等。

8. 材料的资源问题

绿色设计也称为生态设计，虽然叫法不同，内涵却是一致的。其基本思想是，在设计阶段就将环境因素和预防污染的措施纳入设计之中，将环境性能作为设计目标和出发点，力求使设计对环境的影响为最小。绿色设计强调尽量减少无谓的材料消耗，重视再生材料使用的原则。绿色设计在今天，不仅仅是一句时髦的口号，而是切切实实关系到每一个人的切身利益的事。这对子孙后代，对整个人类社会的贡献和影响都将是不可估量的。

在材料设计中，应注意减少不必要的材料和资金的浪费，这就需要我们调动自身的资源“智慧”去弥补这个空缺。要对有限的物质资源进行最合时宜的设计。为了节约资源，较稳妥且经济的方法是，在大量使用的基材上包覆一层高级材料的薄层，这种改变饰面效果的做法是仅改变表皮材料，而给人感到的却似乎是整体材料的改变。如微薄木贴皮板材的应用，就是要达到此种功效。装饰面板是用木纹明显的高档木材旋切而成的厚度在0.2mm左右的微薄木皮，以夹板为基材，经过胶粘工艺制作而成的具有单面装饰作用的装饰板材。它是在普通胶合板上覆贴一层名贵树种木皮而成，厚度为3mm，被广泛用于装修的表面装饰（图2-122、图2-123）。

图2-122　旧船木翻新使用

图2-123　利用各色绒线装饰的柱子

四、室内环境中的常用材料的应用

通过市场调研可以认识到装饰材料并不是简单的拿来就用，而是要进行花色的挑选，材质的挑选，还有对其强度、防腐能力，是否对人体和环境有害，怎样安装等方面进行挑选，还要符合设计原有的味道，当有些材料可能会找不到，还要进行方案调整。

一般在建材市场看到的装饰材料已是半成品了。除了原材料有自身的属性特征，例如木材的温馨感、亲和力，石材的高贵，金属的酷，而经设计师对原材料的半成品进行的加工又赋予了材料的其他情感。同样是瓷砖，不同肌理、图案、色彩带给人的感受是完全不同的。在铺装时也可采用不规则的形状或斜向的排列，构成一幅独具风味的艺术拼贴画。由于这种装饰方法对贴面砖的要求较低，所以造价不会太高。打破固有的规则，于松散的状态下、于无定势中彰显个性是瓷砖铺装方面的突破。

装饰材料和服饰一样有着自己的流行趋势，更新换代很快，品种也会越来越丰富。随着科技的发展，新型装饰材料层出不穷，除了为室内形象上的突破和创新提供了更为坚实的物质基础外，也为充分利用自然环境、节约能源、保护生态环境提供了可能。然而，当一种新的材料面世的时候，人们往往对它还不很熟悉，总要用它去借鉴甚至模仿已可见的形式。随着人们对新技术和新材料性能的掌握，就会逐渐抛弃旧有的形式和风格，创造出与之相适应的新的形式和风格，充分挖掘出新材料和新技术的潜力（图2-124）。

在设计中即使是同一种技术和材料，到了不同设计师的手中，以及不同的使用方式，也会出现不同的性格和表情。目前装饰材料中出现了许多合成材料，其可塑性非常好，其

图 2-124　瓷砖装饰

仿木材和石材等的效果，几乎可以假乱真。当下装饰材料市场上出现了许多技术含量高、无污染、可循环利用、智能化等新的材料，它们美观实用，清洁环保，很受欢迎。传统材料早已进行了更新，马赛克、壁纸不再是以前那幅模样，也是种类繁多、色彩纷呈。老工艺新的设计处理，使它们变得异常新鲜。其实，室内装饰材料在长时间的发展中，加工工艺和复合式概念的渗透比材料本身的变化多得多，同种材料在不同的加工工艺下展现出崭新的面貌，被设计成各种各样的外观及加入各式的加强功能，或以全新的或以代替模拟某种不合理材料出现，以适合不同的环境，满足各种品味和需要。

1. 墙面材料。墙面最终用什么材料去表现需仔细考量。一般材料的选用最常见的是涂料和壁纸，不过在一些主要墙面的处理上，可以采用多种多样的表现手法，对设计师而言其具有充分的创作空间。

（1）涂料墙面：涂料是指一种液态材料，它通过某种特定的施工工艺涂覆在墙体表面，经干燥固化后形成牢固附着，具有一定强度，有装饰和保护墙面的功能。它色彩丰富，可任意调制各种色彩，施工效率高，是室内装修中大量使用的装饰材料之一。常用的为水溶性涂料，它以水为溶剂，无污染，有一定的透气性。底漆一般作用是促进面漆的附着力，阻止涂料过多地渗透到基材里面影响附着力。面漆是涂装中最终的涂层，具有装饰和保护功能。目前市场上最常见的是“多乐士”、“立邦”、“大师”、“华润”等品牌。这类漆特点是有丝光，看着似绸缎，一般要涂刷两遍（图 2-125）。

图 2-125　涂料装饰墙面

（2）壁纸墙面：壁纸品种繁多，施工方便，易更换，是装饰墙面比较好的装饰材料。它具有相对不错的耐磨性、抗污染性，便于保洁等特点，是应用最广的内墙装饰材料之一。现在有些壁纸引进了高科技含量，与室内的整体融合更加紧密。壁纸的种类和质量也处在不断地变化更新之中。壁纸主要的种类有：手工金银箔壁纸、织物壁纸、天然材料壁纸、塑料壁纸。金银箔壁纸是以金色、银色为主要色彩，面层以铜箔仿金，铝箔仿银制成的特殊壁纸，金属箔的厚度为 0.006mm～0.025mm，具有光亮华丽的效果。织物壁纸采用天然的棉花与纱、丝、羊毛类等为表层而制成的高级织物壁纸。天然材料壁纸以草、麻、竹、藤、木、叶等天然材料干燥后压粘于纸基上，无毒无味、吸音防潮，保暖通气，风格自然质朴具有浓郁的乡土气息。另外，塑料壁纸所用的塑料绝大部分为聚氯乙烯，简称 PVC 塑料壁纸。PVC 塑料壁纸，具有花色品种齐全、耐擦洗、防霉变、抗老化、不易褪色等特点，目前比较受推崇。

（3）黑板墙面：用黑板作墙面装饰，能同时具有两种功效，一方面具有实用功能，可以在它上面写留言和提醒语，供孩子们涂鸦等，另外，白色粉笔的图形文字同时还具有装饰作用，所以在环境中放置部分黑板墙面能给公共空间提供一个富于创造性的背景（图 2-126）。

（4）软包墙面：具有吸湿、隔音、保暖、富于弹性等特点，毛麻、丝绒、锦缎、皮革装饰的墙面华贵典雅。一般是在胶合板上裱贴一层 10mm～20mm 厚的塑料泡沫，再将织物包贴于其上，分块拼装于墙面（图 2-127）。

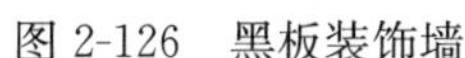

图 2-126　黑板装饰墙

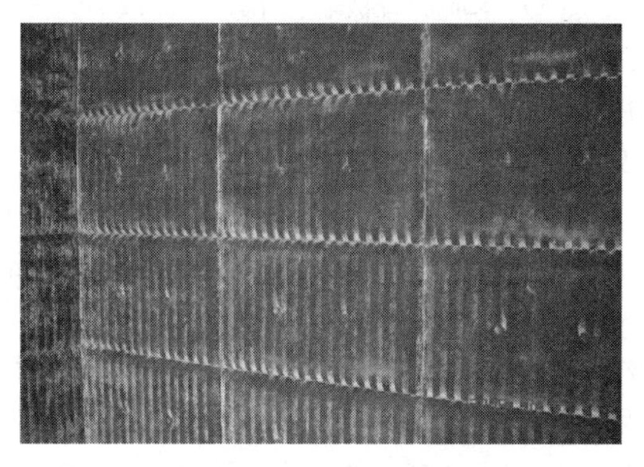

图 2-127　软包装饰墙

（5）水泥板墙面：带圆孔的水泥板墙面不加任何装饰，墙面上的圆孔极具装饰效果，它不同于普通水泥板，表面非常光滑，棱角分明，无任何装饰，只是在表面涂一层或两层透明的保护剂，显得十分天然、庄重。固定于室内墙面，同样起到装饰作用。

（6）马赛克：马赛克的种类多样，有传统的陶瓷马赛克、大理石马赛克，有近年来流行的玻璃马赛克，玻璃马赛克是由天然矿物质和玻璃制成，质量轻，是优秀的环保材料，耐酸、耐碱、耐化学腐蚀，是最适合装饰在近水域的建材。玻璃马赛克一般色彩鲜艳、绚丽、典雅。它不同于其他瓷砖和大理石材，零吸水率使其成为最适合卫生间等墙面装饰的理想材料，不易藏污垢，耐碱度优良且颗粒颜色均一。由于不像其他瓷砖只有表面施釉，所以历久弥新。玻璃的色彩斑斓给马赛克带来蓬勃生机。尤其使用混色系列，可以变幻出更多的色彩，华丽却不媚俗。其丰富的色彩不仅在视觉上给人以冲击和美感，更赋予了空间全新的立体感。另外还有一种鲍贝马赛克是由天然的鲍鱼壳制作而成，选用天然珠宝磁片（珍珠贝、鲍鱼贝、图画石、斑点石、铁石、虎眼石、蓝金砂、紫萤等稀有天然材料），经加工后制成，令平凡的室内焕发出堂皇的气派（图 2-128）。

图 2-128　马赛克装饰墙

（7）玻璃纤维壁布墙：玻璃纤维壁布是由石英砂、苏打、石灰和白云石等天然原料，高温下熔融拉制成纤维，进而纺成各种规格与强度的玻璃纱，最后织成的特殊装饰布。可用于几乎所有表面平滑的墙壁上。除最普通的砖墙、水泥墙和石膏板墙表面外，还可用于木质、陶瓷、塑料、金属以及其他众多光滑的材料表面。具有特殊的加固墙壁的功能，通过玻璃纤维的作用，可使墙壁上细小的裂缝不至于扩大。材料寿命极长，它可多次被涂饰涂料并可用洗涤剂进行冲洗，仍能保持花纹的立体感。具有极高的强度，耐碰撞、抗磨损和刮擦。因由天然的无机材料制成，不会滋生微生物和寄生虫，有效防霉，有极佳的阻燃性，不积静电，不会散发有毒气体，确保使用者的安全，适用于各种场合。丰富的织纹和图案组合，壁布表面呈现出不同的凹凸状，具有强烈的立体感和良好的吸音效果。

（8）木质吸音板墙：木质吸音板不但能降低噪音，而且能使混响时间达到国家声学设计标准。使音质更加丰满，清晰，富有立体感，还具有很强的装饰效果。基面采用密度板，饰面采用天然木皮，底面采用防火吸音布。基面油漆采用防火清漆。它既具有木材本身的装饰效果，又具有良好的吸声性能，有各种颜色、各种样式供选择，是理想的环保新型装饰材料。

2. 地面材料

地面材料的选用主要应考虑耐磨、易清洁，风格、色彩与室内氛围协调。

（1）花岗岩地面：花岗岩质地坚硬、光洁度好、易清洁，给人高雅华贵的感觉。由于结实耐磨，价格昂贵，故一般适用于人流量多的公共场所。花岗岩的表面处理可以磨光还可以烧毛等多种表面处理，设计时可根据风格需要选择加工。另外花岗岩还可以根据设计的需要加工成各种拼花图案，以改善室内空间的平淡效果。

图 2-129　地砖地面

（2）地砖地面：地砖有耐重压、易于清洗等优点，尤其在公共空间中较为实用。地砖有釉面砖、玻化砖等多种材质，釉面砖是一种单面上釉的陶质薄砖。釉面精致富于防水特性，并易于维护，但抗冲击性弱，隔热与隔音差。由于面砖具有耐热、防水和易清洗的特点，它理所当然地成为卫生间必不可少的装饰材料。一般好的地砖厚度在 8mm 以上，且防滑，当釉面沾上水后反倒变涩，而且表面不规则细微凸起的花纹圆滑过渡，不会积存污垢，易于清洁（图 2-129）。玻化砖是一种强化的抛光砖，它采用高温烧制而成。质地更硬更耐磨，主要用于地面的装饰材料。光滑、色泽浅淡，洁净感强，它的价格也较高，并存在不防滑和容易渗入有颜色液体等缺点。

（3）强化复合地板：强化复合地板的特点是耐磨性、抗压性强，表面装饰层花纹优美，色泽均匀，铺装快捷，但弹性和脚感不如实木地板。这种地板由表层、芯层、底层三部分组成。表层由耐磨并具有装饰性的材料组成，芯层是由中高密度纤维板或刨花板组成，底层是由低成本的层压板组成，目前饰面已逐渐改为用含有耐磨层的三聚氰胺树脂浸渍装饰纸，故严格地讲，强化复合地板不能称其为木地板。

（4）木地板地面：木材因其色泽柔和、纹理丰富，能给人们带来浓浓的暖意。它除了具有观赏性外还是室内铺地最实用的材料之一，并经得住日常磨损。适用于公共场所中高档或较为私密的空间中，至今木材仍以其优良性能保持了其几个世纪以来室内铺地材料首选物的地位（图 2-130）。

（5）地毯地面：地毯由于保暖性好，看上去比较松软，能降低噪音，踩上去又舒服，所以它在众多地面材料中保持了一种独特的地位。地毯的主要原材料分为天然及化纤材料。天然材料主要为羊毛、椰丝纤维、黄麻等，因为耐磨性差，通常少量地运用于公共空间。化纤材料主要为尼龙、丙纶、腈纶、涤纶等，其中尤以尼龙为佳，尼龙是人工合成纤维中最坚韧耐磨的，且具有易清洗、防静电、防尘、防污及防火安全等卓越品质。是公共空间中首选材质。目前对纤维进行的种种“耐脏”处理，已使得地毯对污迹的耐抗能力大大增强，地毯一般用来铺地，被踩在脚下，所以在选择纹样时应注意不宜用严肃的主题性题材，地毯图案不宜太花太杂，凹凸不能太大，立体感不能太强，图案构图力求平稳、大方、安静（图 2-131）。

图 2-130　木地板地面

图 2-131　地毯地面

（6）榻榻米：榻榻米是日本传统风格的地面铺装材料，它是采用优质生态稻草经过净化、熏蒸、防腐、防虫处理，用日本传统工艺精工制作而成的垫子。榻榻米平坦光滑、草质柔韧、透气性好、色泽淡绿，散发自然清香，赤脚走在上面，可按摩通脉、活血舒筋。榻榻米具有良好的防潮性，冬暖夏凉，有调节空气湿度的作用。榻榻米可在较小的范围内展示最大的空间。榻榻米铺设的房间，隔音、隔热、持久耐用，而且其搬运方便，更换简单、清洁容易，可用于日式风格的各种公共空间中（图 2-132）。

图 2-132　榻榻米地面

（7）水泥自流平地面：以水泥为基材的地面自流平材料适合于商业地面如商场、剧院、超市等。施工时可以手工也可以泵送，具有良好的平整度，施工效率快，表面耐磨不起砂。色彩鲜艳，有红色、白色、黄色、灰色、绿色、深灰色等多种颜色可供选择。水泥自流平是由水泥、细骨料及添加剂经一定工艺加工而成的，在现场加水搅拌后即可使用的高强、速凝材料。使用面极其广泛且施工操作简单迅速，用料省，面层薄而耐磨，美观大方。

（8）塑胶地板：塑胶地板在欧美国家非常流行，具有舒适的脚感和良好的防滑性能，美观且安全。现今已有大量医院、健身房、办公场所使用这种新型环保、吸音的弹性地材产品。塑胶地板分为同质透心卷材、复合卷材，具有良好的吸收和降低噪音功能。多种标准色可供选择，更可订制颜色，并能够拼接各种图案，施工方便、易清洁、易保养、耐磨性好、寿命持久，而且环保。

3. 顶面材料

屋顶下面的天棚（俗称吊顶）其主要作用是用来遮盖建筑的一些结构（如桁架、梁、管线等）和调节空间（特别是竖直方向空间的尺度）。同时也具有调节光线和形成视觉美感的作用。

（1）石膏板吊顶：轻钢龙骨石膏板吊顶是由纸面石膏板和轻钢龙骨系统组成，由于其成本低、易造型，能够迅速简捷安装，并能制作多种不同造型（图 2-133、图 2-134）其防火性能好，易施工队而被广泛应用于各类工程吊顶上。但施工工艺相对复杂，而且在满刷高档乳胶漆时石膏板会有或大或小的裂缝，在大面积石膏板吊顶上，尤其突出。此裂缝虽不影响功能使用，但却影响其美观。

图 2-133　天棚石膏板线脚

图 2-134　GRG 材料做的吊顶

（2）硅钙板吊顶：是公共空间室内中常用的一种吊顶形式，它的优点是安装简便快捷，在投入使用后，还能随意打开对顶部进行电路或设备的检修而不会破坏外观的效果。

（3）铝格栅吊顶：轻盈简洁、大方美观、安装简便，可将灯具、空调气口、换气口等均隐蔽于铝格栅内，最大限度满足灵活配置的设计需求。有方格、长方格、多种型号供选择。可广泛应用于大型公共建筑以及室内装修，成为当今大量采用的集美观、装饰于一体的金属天棚（图 2-135、图 2-136）。

图 2-135　格栅吊顶（一）

图 2-136　格栅吊顶（二）

五、装饰材料的应用延展

装饰材料多样化是保证风格多样化的基础。合理处理标准化与多样化的矛盾，研究材料深加工性，从而形成在材料的材质、结构、色彩、肌理、连接等方面的多样选择。各种装饰材料由于其材质及制作工艺的不同，会呈现出不同的质感，但通过室内设计师的编排和组合，再由施工加工后，就会呈现出不同的“表情”。这些装饰材料的“表情”，必须与整个空间的风格相统一，否则就会给人不协调的感觉。有的室内空间，在装饰完工后才发现装饰材料的美学效果和功能效果方面具有副作用。如选用天然大理石装饰内墙，由于装饰工艺本身不仅是施工而且是一种对于材料合理运用的“再创作”，在切割和镶嵌过程中必须考虑到天然大理石的纹理，处理得好时可收到好的艺术效果，但如镶嵌水平低可能弄得杂乱无章，不但无艺术魅力可言，反而显得粗俗甚至使人反感。

1. 室内设计如何选择与利用材质

一切材料在一定程度上都有一种质感，而材料的肌理越细，其表面呈现的效果就越平滑光洁，而即使很粗的质地，远处看去也会呈现某种相对平整效果，只有在近看时才可显露出质地粗糙程度。在选用材料时，空间中有些位置没必要非得用高档豪华材料，相反一些普通而又适宜的材料反而会显得恰如其分，相得益彰。选材应注意与场所内涵相一致，不同的室内环境选材应有所不同，所以选材的真正任务，在于对这二者的协调，因为材料能够烘托环境的气氛，也界定着环境的品质，而这些都基于对此材料特性的熟悉和正确使用。

人们利用材料的质感在很大程度上是为了满足精神方面的要求，如大量使用不锈钢、磨光花岗岩等反光性能强的材料，无非是要衬托环境豪华、夺目，使人们的情绪更加活跃和激动，而大量使用竹、藤、砖石等材料，则是要环境典雅、宁静，造成一个耐人寻味的氛围，而大量使用新材料，有展示经济实力、显示科技进步的意义，有意使用传统地方材料，则是更多追求与历史和自然的联系（图 2-137、图 2-138）。

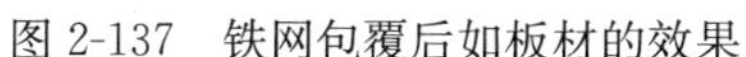

图 2-137　铁网包覆后如板材的效果

图 2-138　小鹅卵石加铁网装饰柱子

设计中利用材料质感时要注意一些问题。如用粗糙材料做的界面尺寸宜大不宜小，距人宜远不宜近，因为此时面积大或距离远看上去较为均匀，否则会使人感到粗糙。而光洁材料做的界面则宜小不宜大，因为面积小看起来较精致，过大容易暴露材料本身的缺点或显得空洞。

2. 材料的组配

材料是媒介。是表情，它们共同的组合塑造了空间的气质。在材料上的选择不一定要价格昂贵，但一定要有整体考虑，无论木材、石材、金属材质都要搭配得当。一个环境中一般是由多种材料所组成，组配的好能够提升环境气氛，反之会给人不协调的感觉，所以材料之间的组配是很重要的。材料的不同组配能加强环境的性格特征，反之也能消减环境的性格特征。例如采用特殊的皮制材料进行装饰，配合木质、钢铁以及棉麻等原始感觉的材料，使得整个环境有着豪放的“西部”感觉，充满了冷静自我的个人意识色彩，材料无所谓好坏之分，主要是依据情况需求而定，材料的单一元素无法进行评判，只有材料的恰如其分的配置才能界定材料的好坏。

材料的不同组配能加强环境的性格特征。一个环境一般是由多种材料所组成，不同材料之间的组合可以使空间元素更加丰富，且具有不同的表情，组配得好能够提升环境气氛，反之会给人不协调的感觉，所以材料之间的组配是很重要的。材料是媒介，它有专属的表情，它们共同的组合塑造了空间的气质。

在许多情况下，材料语言是复合性的。所谓复合，大多是指两种或三种材料紧密结合产生的材料语言。这种材料语言虽非单一材料，但常常被视为一体，仍有明显的单纯性，复合材料语言也产生于相同材料的相互连接中。

设计材料的美感体现通常是靠对比手法来实现的。多种材料运用平面与立体、大与小、简与繁、粗与细等对比手法产生相互烘托、互补的作用。不同的材质带给人不同的视觉、触觉、心理的感受。在设计过程中，要精于在体察材料内在构造和美的基础上选材，贵在材料的合理配置和质感的和谐运用。

关键是把材料本身具有的肌理美感，色彩美感，材质美感用巧、用好。根据功能的、经济的、实用的、艺术的、合理的“异质同构”，层次分明相得益彰，可起到点石成金化腐朽为神奇的作用。

(1) 相似材料的组合

相似材质配置是对两种或两种以上相仿质地材料的组合与配置。同样是铜的材质，紫铜、黄铜、青铜因合金成分的不同，呈现出有细微差别的色彩和质感，运用相似材质对比易于体现出材料的含蓄感和精细感，达到微差上的美感。又如同属木质质感的桃木、梨木、柏木。因生长的地域、年轮周期的不同，而形成纹理的差异。这些相似肌理的材料组合，在环境效果上起到中介和过渡作用。或采用同一木材饰面板装饰墙面或家具，可以采用对缝、拼角、压线手法，通过肌理的横直纹理设置、纹理的走向、肌理的微差、凹凸变化来实现组合构成关系（图 2-139）。

(2) 多种材质的组合

多种材质的配置是数种截然不同的材质搭配使用。如亚光材质与亮光材质，坚硬的材质与柔软的材质，粗犷的材质与细腻的材质等的配置对比，相互显示其材质的表现力和张力，展示其美的属性（图 2-140）。

3. 开创性的使用材料

虽然材料种类繁多加之每种材料又具有无数的颜色变化，但无论如何可选择的材料范围其实也不大，分析使得大家都选择相同的材料的原因，可能主要出于造价方面的考虑，因为好的材料由于价格昂贵，一般设计很难选用。

图 2-139　相似材料的组合　　图 2-140　多种材料的组合

室内设计成功的关键是追求个性化和多样化，而相同的材料不同的用法，就成了区别一般化的极好办法。首先我们应跳出传统的取材框框，用艺术家的眼光来看待材料。作为一名设计师不能局限于流行的用材或一些现成的材料，要勇于发现、协调材料之间的关系，变废为宝，开拓材料的新空间，尝试采用非常规装饰材料。每种材料都有它本身的性格，没有严格的好坏之分，不同场合对材料的要求不同，要看在什么地方用。尤其是要对现处在“边缘”的一些材料，包括身边的一些非常规材料更加关注，发掘其中所蕴含的发展前途，只有这样，已成过去的常规材料才能越来越发展，而现在的“边缘”材料很有可能就是未来的主流。

以自我创意作为出发点才能设计出与众不同的室内风格。没有任何一种材料是必须淘汰的，只有适用与不适用之分。任何一种材料都是具有两面性的。有些似乎绝对不可能用于装饰材料的材料，却意想不到的被制成了装饰材料，一些毫不沾边的东西意外的组合，却能出现奇特的与众不同的效果（图 2-141、图 2-142、图 2-143、图 2-144）。

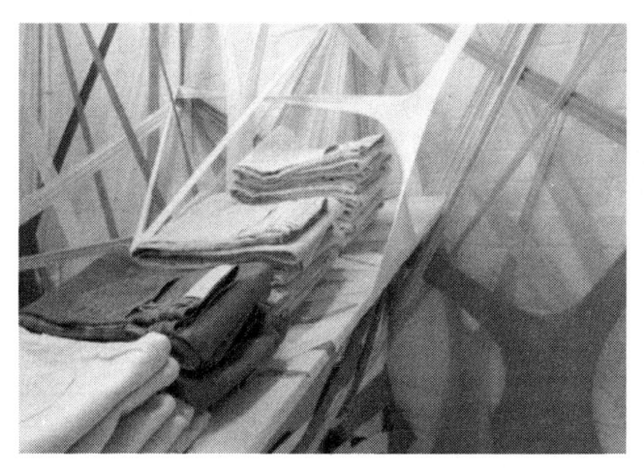

图 2-141　开创性地使用丝袜做展架结构的服装店

图 2-142　藤条在现代建筑中成为令人惊叹的构成体

在人们周围的生活中存在着两种类型的材料：一种是常规型的材料，也就是经常要用的材料，另一种是反常型、偶然使用的材料。那些所谓常规型的材料能否做出好的空间效果，能否再大量使用似乎成了问题。其实正相反，如果设计师能把这类材料用好就更为难得了。很多大师级的设计师专门爱用别人常用的材料，如果用得好、用得妙、用得有新意，那将是不同一般的成功之作。当然，这就需要设计师有更高的艺术造诣了。

图 2-143　使用绒线与镜子搭配装饰的墙面

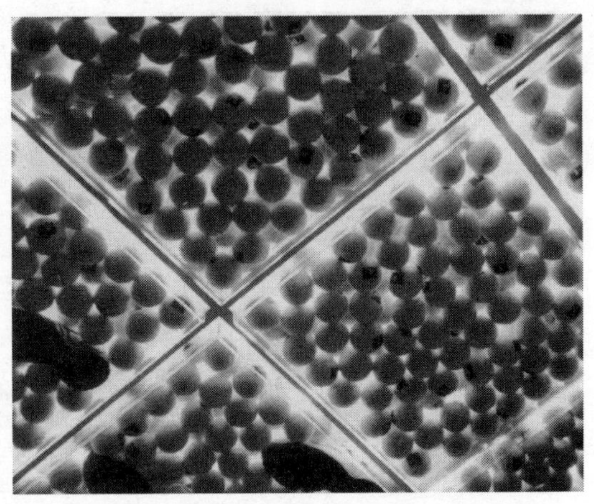
图 2-144　别出心裁使用网球装饰的天棚

其实环境设计成功的关键是追求个性化和多样化的结果，而相同的材料、不同的用法就成了区别于一般化的极好办法。首先我们应跳出传统的取材限制，用艺术家的眼光来看待材料。运用材料。

设计师的敏感性突出表现在对客观事物的洞察能力上。发现新型材料的特性或取材的范围往往来自于生活中的每个角落，创作者应尝试各种途径去发挥材料的最大极限，或软、或硬、或轻、或重，不管使用常规的或非常规的手段和技术，甚至使用破坏性的手段，如烧、溶、腐、碎等，其最终目的就是力求发挥其材料的特殊属性并为我所用。这种方式与其说是创作者给材料赋予了新的生命，倒不如讲是材料给了设计师创作的灵感（图 2-145）。

（1）瓷砖的另类贴法

同样是瓷砖，不同肌理、图案、色彩，带给人的感受是完全不同的。可采用不规则的形状或斜向的排列，构成一幅独具风味的艺术拼贴画。由于这种装饰方法对贴面砖的要求较低，所以造价不高。打破固有的规则于松散的状态下，于无定势中彰显个性是瓷砖铺装方面的突破。说到以瓷砖为建筑材料，不得不提一位大师，那就是身为西班牙建筑师安东尼奥·高迪（Antonio Gaudi)。他对于瓷砖的把握可以说已经到达了炉火纯青的境界。这位伟大建筑师具有西班牙式的浪漫思想以及对于色彩和图案与生俱来的敏感（图 2-146）。

图 2-145　钉子的另类用法

图 2-146　瓷砖拼接细部

(2) 镜子顶棚

图 2-147　镜面顶棚

当镜子被当作装饰材料时，它在视觉上会扩大空间给设计带来无穷的创作魅力。近几年设计师为弥补空间高度的不足，将其大量运用在顶棚上。顶棚镜的应用完全是对镜面传统功能性的颠覆，它有效地增加了空间的透视感，使人有种在现实与幻觉中穿行的感觉（图 2-147）。

(3) 建筑结构材料的应用

建筑结构上常用的材料也可以作为室内装饰材料予以应用。经过对材料市场的调查，不难看出市场中的大部分的材料价格比较昂贵，相对低廉材料的种类是很少的。在这少数种类中多是建筑结构方面的材料，那些较高价位的材料也并不完全可以用到任何环境中作为装饰。现在市场上有许多装饰材料的花样、规格、色彩等很俗套，较有档次的材料又都依赖进口，因此价格昂贵，一般的工程项目承受不起。所以设计师可以从一些廉价的材料入手，在廉价材料上做文章，在设计中加进自己巧妙的想法，将材料和空间共同设计，以进一步取得好的视觉效果。例如，砖头、普通木材、玻璃、铁丝网、槽钢、加气混凝土等就都是好的装饰材料。

图 2-148　材料的肌理变化

(4) 材料肌理的应用手法

材料质感的粗糙程度可以唤起人们对材料表面的触觉，这也就是肌理效果。改变材料表面的肌理效果，这往往是利用低档材料去追求材料豪华、贵重效果的一种方法，在满足功能的前提下，以获得室内设计最终的视觉效果（图 2-148）。

肌理变化可说是较为简便的方法。以某种材料为主，局部调换另一种材料，或者在原材料表面进行特殊处理，使其表面发生变化（如抛光、烧毛等）都属于肌理变化。有时不同材料肌理的效果可以加强导向性和功能的明确性，不同材料肌理的运用可以影响空间的效果，而且用肌里变化还可组成图案作为装饰。

a. “水泥”这种价廉、方便、坚固的人工合成材料再一出现在现代建筑中就建立了自己一统天下的地位。而又是因为水泥这种建材的“价廉”的特性，所以往往人们不把它作为装饰材料来应用，其实水泥也可以在特定的场合中展露自己特有的装饰效果。

b. “黏土砖”是一种建筑材料，由普通的黏土制成一定形状，风干后，经过炉窑高温焙烧而成。普通黏土砖为长方体，其标准尺为 240mm×115mm×53mm，它有的呈红色，有的呈青色，可以作为一种装饰材料和特殊的建筑立面进行小范围使用，往往可带来特殊的情境氛围。

c. “加气混凝土”是将70%左右的粉煤灰与定量的水泥、生石灰胶结料、铝粉、石膏等按配比混合均匀，加入定量水，经搅拌成浆后注入模具成型，经固化后切割成坯体，再经高温蒸压养护固化而成制品。它是一种轻质的建筑材料，具有保温、隔热、可锯、切、钉、钻等特点，剖开加气混凝土制品从切面上看，加气混凝土制品是由许许多多个大小不等的气孔和气孔壁组成的结合体，其具有较强的可塑性，硬度较高，能抵抗一定程度的硬物冲击，防水防火性能较好，价格相对低廉，浅灰色的表面小有孔洞，经过对其外形简单塑造，就可以成为一种新颖的室内墙面装饰材料。

第三章　公共空间室内设计课题

第一节　商业空间室内设计课题

一、商业空间的基本特性

商业是流行文化的基础，其大众文化的消费结构、趣味及时尚的需求是室内设计定位的出发点。同时，文化及主题的介入对于商业品位的提升也是至关重要的。因此，这时就需要对空间的主题加以延伸，进行多元化的考虑，除要考虑设计语言外，还可能更多地要考虑许多额外因素，如消费群体的适应性、文化现象等，要让商业空间变得更年轻化，要讲求时尚，讲究积极的生活态度。商业环境中的各种元素虽零散分布在各个空间中，但每一个元素却会彻底影响消费者的消费行为与体验。

随着市场竞争的日益加剧，商业空间的设计越来越成为在商业竞争中一个重要的影响因素。同时随着体验经济时代的到来，商业空间的完美设计使商家能在顾客进入其商业空间的一瞬间就可以以其全新的体验而紧紧地抓住顾客的心。

1. 服务消费者的场所

随着人们生活水平的改善，在购物观念上发生改变的同时，所处的购物环境也悄然地发生着变化。拥挤、叫卖的消费环境越来越少见了，而是被安静、时尚的消费空间所代替（图 3-1）。人们在消费的同时也感受到了商家所提供的“免费享受”，购物环境不仅引入了国外最新的空间设计理念，也将最新的设计方法与思路融入了商家的品牌文化当中。

图 3-1　三宅一生大阪概念店

作为商业空间设计更看中的是如何利用有效空间去表达更多的商业内容。过去，消费者在逛街购物的时候，所接受的都是商家给强加的某种消费信息，如今的消费者，早已不满足于单纯寻找自己需要的物品，而是更在乎购物时的心情。时尚前卫的空间环境，动感流畅的音乐风格，素雅舒适的柔和灯光，这一切无不让徜徉其中的消费者乐不思返。

如今，商家对于商品早已经告别了简单地罗列和单调地介绍，更多的是着意于商业空间的利用和视觉的传达效果。消费是一种感受，更多的设计是针对我们的消费者，应该最终是服务消费者的，一个好的购物环境和空间和很好的商业氛围，消费者在充分享受购物氛围的同时，也许会变得主动地去接受和了解来自商家的各种销售信息。

商业环境中的公共空间，首先要为休息和停留创造条件，为购物者提供聚会与独处的场所，座椅是最基本的设施，适当的餐饮设施，如餐馆、酒吧和咖啡座也必不可少，同时，还能用于举办一些公共活动，如乐队演出、时装表演、节日庆典和展览等，这是空间社会化的重要体现。

2. 品牌汇集和立足的场所

商业环境在提供商品的同时也推出了不同的品牌，在残酷的市场竞争环境里，消费者往往乐意地购买具有品牌个性的产品，因为品牌个性切合了消费者内心最深层次的感受，以人性化的表达触发了消费者的潜在动机，选择代表自己个性的品牌，从而把品牌价值突显出来。正是品牌个性的这种外在一致性，才使得消费群体在这个多元的社会里，找到了自我的消费个性，这也是品牌个性化的必然（图 3-2）。

图 3-2　ZOMMA 概念服装店

品牌通常是一家企业的名称、商标或是符号，用以将自己的产品同竞争对手区分开来，通过品牌来提升企业在消费者面前的价值感，通过品牌来创造商品与商品之间差别，同时也将企业的价值提升。品牌的核心价值是存在于看不见的资源（消费者的意识形态）里的，是企业非常重要的财产之一。当市场趋于成熟，同类产品“同质化”的情况下，企业就是靠品牌来赢取市场。

通过对国外众多知名品牌运作的调查研究表明，个性化才是品牌立足市场的根本。品牌的个性化不仅仅是指产品的风格，同时也包括卖场风格、品牌形象等各个方面。只有产品风格、卖场风格以及品牌形象一致时，品牌的性格才容易显露出来。而对于卖场风格的重视，恰恰是近几年品牌运营过程中出现的新趋势。

3. 商家竞争的场所

商业空间是人类活动空间中最复杂与多元的空间类别之一。商业竞争力有很大的比重来自于环境的经营，这里所说的环境不仅包含商业环境，更加入创意环境以构成空间竞争力、商业竞争力。

商业环境不仅仅是买卖、经营、购物之所，它是整个城市生活的重要舞台，承接、发送大量来自四面八方的信息，是汇集商品收纳资金之地，是体现竞争的环境。随着商业环境的发展成熟，单一的购物空间也在发生着变化，越便宜越好的时代过去了。商业设施的魅力在于娱乐性，多种选择，空间舒适。许多消费者以逛为主，没有明确的消费目的，需要新鲜刺激的事物激发其购买欲望。所以提供更丰富的空间，更复杂有趣的路线，更多内容行为，事件的交叉混合，对于漫无目的的消费者，它更有刺激性和诱惑力（图 3-3）。

目前商家的促销战场已是硝烟弥漫，不同促销手法也是数不胜数：打折、返券、积分、限时抢购、会员制度等推出一系列竞争手段。促销需要给消费者展现一个非常到位的消费场景，才能引发其购买欲望，而成功的装饰陈列正是能为产品提供一个消费场景，卖场不再是一个简单的消费场所，为此一些可灵活使用的空间设计也在大量出现。

此外，商业场所不再只是销售商品的地方，越来越多的商业环境已附设咖啡馆、用餐空间。大胆引入高级餐饮连锁，并附设美发中心，以及具知性感觉的书店等等。

图 3-3　Prada 旗舰店

除了宽敞的购物空间，店内也纷纷加入舒适休闲的家具设施。在店堂中央设置大型沙发，试穿区设舒适座椅并运用柔和色彩设计，以为提升购物的舒适感加分。

二、品牌专卖店的特征

不同的零售业态有不同的基本特征，零售业态是商业活动中的具体形式，有很强的互补性，同时又彼此竞争。随着消费需求及其满足方式的不断变化，出现了零售业态的不断创新及业态间的渗透，使得业态间的界限日益模糊。然而，一种业态之所以能够成立，是因为其有区别于其他业态明显的特征，承担着不同的功能与任务，或满足顾客某一方面的特殊需求，或提供顾客某一方面的特殊利益。所以消费需求在不断地变化，新兴零售形式也在不断地出现。不同商业业态竞相发展进一步挤占市场份额。近几年受众多因素的影响，商品流通领域中不同业态发展变化较快，各商业网点在服务质量和功能方面上档次、上规模，形成了一个大中小型相结合，多种经济成分和运行方式相并行的商品市场网络。百货商店、大型综合超市、仓储商店、大型购物中心、折扣店、大型专业店、小型专卖店等不同商业形态以各自不同的特色吸引着广大消费者。除了上述几种主要业态，以无店铺经营为特征、以网络技术为基础的网上购物（E-Shop）在我国也获得了一定的发展。各种商业业态已经逐步建立起各自的经营特色。

商业空间室内设计项目众多，作为室内设计学习的开始，选定一个小型并且有趣的设计来做较为合适。以下将主要针对品牌专卖店的设计内容加以介绍。

1. 认识品牌专卖店

西方把专卖店［exclusive shop］解释为专门经营或授权经营某一品牌商品的零售业态。品牌专卖店的销售体现在量少、质优、注重品牌声誉，从业人员必须具备一定的专业知识，并提供专业性服务等方面。

在我国的《辞海》中对“专卖店”的释义是，专门经营某一品牌商品的零售商店。这种销售形态在 20 世纪 50 年代后得到普遍发展。因其主要经营单一的名牌商品，既有利于促销，又受到很多固定消费者的欢迎（图 3-4）。

“专卖”英文 monopoly，原意垄断、垄断产品、独占，是指业主独占某商品的经营、

图 3-4　专卖店

生产、销售权，使该品牌在市场上具有很强的独立性，从而垄断该品牌的销售，这种销售方式通常以专卖店的形式表现出来。

专卖店是指以销售某一品牌系列商品为主。专业经营或授权经营，注重品牌声誉，并提供专业性知识服务。一般店面面积较小，采取柜台销售或开架面售方式。商品具有较高的加价率。顾客以中高档消费者和追求时尚的年轻人为主。销售空间的设计崇尚个性，宽泛的风格跨度游离于时尚与艺术之间，能充分展现设计师的哲学理念和艺术气息，诠释精品化优雅姿态，演绎个性化生活哲学。

近年来，“专卖店”成为一种新兴的营销方式并得到了迅速发展。“认牌购物”正在成为一种时尚。

2. 品牌专卖店的特点

(1) 拥有统一的品牌形象，以连锁经营为主要经营形式

品牌形象是专卖经营的基础，对品牌专卖店尤其重要。没有统一的企业品牌形象，就没有专卖连锁经营，也形成不了品牌连锁专卖店。形象对于专卖经营企业是一种资产，一个良好的、统一的企业形象是专卖经营企业生存与发展的必要条件之一。

品牌的价值占据了许多成功公司市场价值中的很大部分。培养消费者的品牌忠诚，以促进其重复的购买行为。同时品牌形象的价值提供了限制竞争者进入目标市场的竞争优势，高知名度品牌体现的质量及由此取得的消费者深刻的品牌认知成为竞争对手难以逾越的障碍。

(2) 品牌形象个性突出，识别性强

为了和其他品牌竞争市场，品牌专卖店都具有其独特的形象设计，力求突出于周围环境，标新立异，引人注目。这是因为专业单一化必然要求商品具有个性化，个性化首先体现在商品识别设计上。现今专卖店形象设计已成体系，以便与同类其他品牌抗衡。在设计中要注意特定品牌形象在专卖店设计中的体现和运用，让品牌形象、精致的产品和专卖店特有的形式统一、合理的出现在消费者面前（图 3-5、图 3-6）。

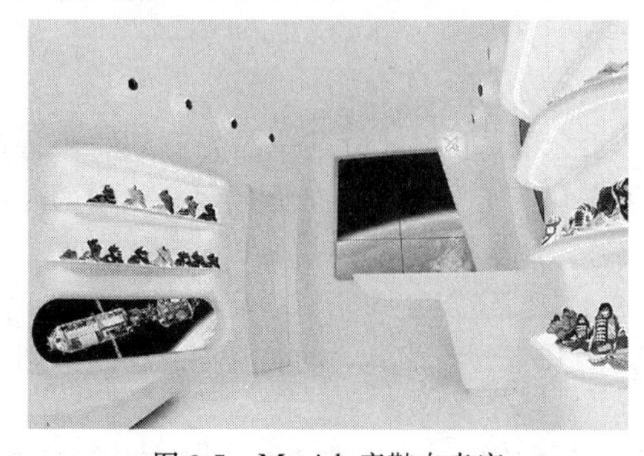

图 3-5　Munich 童鞋专卖店

图 3-6　Diesel 艺术店

3. 品牌专卖店的分类

(1) 连锁店 (chain store)

出售相同或系列商品的零售组织。在店内布置、售后服务、人员培训诸方面有着一体化的风格。具体形式为由其总公司控制分布在各个销售网点的多家零售商店。

(2) 店中店 (子店) (shop in shop)

英文也可略称为 (in shop)。顾名思义，就是商店里面的商店，多开在百货店等大规模零售店内。店中店的店堂布置有自己独特的风格以突显品牌文化特色，不过它们很少被允许自己设计背景音乐和售货员制服。商店的优惠活动它们有时也不得不参加。大型商店巨大的客流量往往是吸引生产商进驻店中店的主要原因。潜在的商机带给他们几倍于受约束的补偿。

(3) 精品店 (boutique)

专门出售各种精美服饰商品的小型商店。1929 年由法国设计师卢西恩·勒隆 (Lucien Lelong) 所创。精品店的销售以较小的群体为目标消费者，常以高级时装、饰品、珠宝、皮包、手套、领带、皮鞋和化妆品为商品。20 世纪 50 年代，精品店开始风行世界各地。

(4) 旗舰店 (flagship shop)

旗舰顾名思义是舰队中的精神堡垒，拥有最壮观的外形与设备，旗舰店往往是该品牌在一个国家最大的店，拥有最完整的商品种类，服务人员必须经过相当的教育训练。贩售并不是旗舰店最大的目的，更重要的是营造出该品牌与众不同的特性，提供最完善的商品服务，并呈现与国际同步流行的概念。它是加快实施品牌形象工程，加大品牌形象店建设步伐，促进连锁经营发展，树立知名品牌形象，扩大市场份额的有效手段。它以概念性的店面装修、个性化的产品陈列、宽敞舒适的购物环境以及周到细致的导购服务融进人们的购物生活之中。

(5) 概念店 (concept shop)

在《辞海》中概念一词被解释为反映对象的特有属性的思维形式。它的形成标志了人的认识已从感性上升到理性，概念不是永恒不变的，而是随着社会历史和人类认识的发展而变化的。因此，这个颇为古板的词摇身一变，成了时髦用语，和各类名词互相组合，如概念汽车、概念商店、概念生活、概念设计等等。对于品牌来说，概念店无疑是一个新的卖点，大多数品牌对概念店提出了新的要求，它是指品牌在店铺里增加了它未来的风格、发展方向和消费诉求，以引导消费者建立对该品牌的产品设计、营销模式、管理手段的理性认识 (图 3-7)。

图 3-7 服装概念店设计

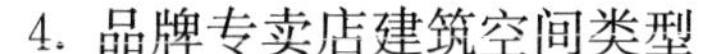

4. 品牌专卖店建筑空间类型

(1) 一面临街的品牌店

在品牌专卖店中一面临街的店居多，它是一种临街沿红线连续布置的直线型外部空间形式，这种形式的设计难点在于，由于它与城市的关系被挤压为一层二维的面，它们所要传达的信息也全部汇聚于此，所以应注意突破店铺立面的平面感。

(2) 两面临街的品牌店

两面临街的品牌店，是指同一店铺中有两个面朝向街道，例如位于马路拐角处的店铺。虽然两面朝向街道，但设计的重点应放在主干道的一侧或转角处，显然店铺的转角部位是视觉反映最敏感、最具有识别性、诱导性的空间，当店铺临街面不大时，可在转角处设入口，当店铺临街面较大时，可设两个以上入口。

(3) 独立式建筑

独立实体式建筑物对于商业街区景观的影响是三维的。此类专卖店多为实力较强的品牌旗舰店，国外此种情况较多。“旗舰店建筑以自身形象作为文化符号与那些奢华的商品一起构成一组完整的信息，被纳入奢侈品牌的传播系统中，向消费者传递时尚诱惑。”例如赫尔佐格和德梅隆（Herzog & de Meuron）设计的普拉达（Prada）东京旗舰店；伦佐·皮亚诺（Renzo Piano）设计的东京爱马仕（Hermes）连锁店。这种类型商店或旗舰店建筑成为奢侈品代言的极具商业性和吸引力的广告，与品牌统一成为一个审美的整体。

三、提升品牌形象的设计重点

专卖店设计从品牌核心形象出发，构建起立体化的品牌形象体系，为品牌量身定制个性化形象展示方案，全面提升品牌的市场竞争力，达到品牌升值服务的效果。这种立体化的品牌形象设计包括：建筑空间设计（建筑外观、大门）；品牌店内部展示设计（货架、展柜、楼梯）等，这些都是形成品牌空间视觉形象的重点部位。

1. 品牌专卖店建筑外观设计

品牌专卖店的建筑外观设计也是另一种时尚，与时装、皮包一样，是对造型的不同理解和诠释，“服装和建筑本质上并没有不同，都要服务于高贵的名字，创造那种难以捉摸的神秘气质。”[1] 有许多建筑师的灵感也出自于时尚产品，从他们的作品中可以看到他们对时尚的表达能力，既是个人风格的体现，又是在建筑用地的限制下巧妙的设计。因为，品牌专卖店一般是在市中心的黄金地段，场地条件的限制是一个不容回避的客观原因，作为超高密度城市空间里的极端代表，这些建筑边界别无选择地必然占满用地。

现在更多的顶级时尚品牌会邀请顶级建筑师设计他们的专卖店。像赫尔佐格与德梅隆、妹岛和世与西泽立卫、库哈斯等知名建筑师，都设计过顶级的品牌专卖店建筑。

2. 品牌专卖店入口与大门的设计

店门作为建筑中一个不可缺少的元素，任何时候都是一个重要的设计符号和构成元素。店门的作用是诱导人们的视线，并产生兴趣，激发想进去看一看的参与意识。怎么进去？从哪进去？这就需要正确的导入，使顾客一目了然。

店门及门把手在店铺设计中经常拿出来单独设计，这是由于店铺建筑较小，自然要从小处着眼，所以像门把手这样小的设计当然也不能够放过，它同时也是整体中的一部分。它的题材可以汲取标识、文字、动物、人物造型等内容，造型上有方的、圆形的、长条的，方向上有竖向、横向、斜向的，在材料上更是多样，可以是木质、玻璃、铜质、不锈

---

〔1〕 樊可《消费世界的都市奇观——简析旗舰店建筑现象》建筑学报. 2006. 8

钢、铁艺等等。由于人手直接触摸，所以表面需处理光滑、细腻，凹凸感强，适宜近距离观看，更要有利于形成店门特色。

3. 品牌专卖店接待台的设计

接待台是顾客进店后接受服务的第一场所。其职能主要是迎接顾客，并且回答顾客一些简单咨询，计算顾客的费用并收费，接听电话回答咨询。接待台在专卖店中应是主角，它的位置一般多近于入口，这样有利于与顾客交流和问询。也有设置于入口正前方主题墙前，使人一进门就能看到。一般根据商品流量的大小，决定接待台的位置。一般流量大的店接待台近入口，流量小的高档店接待台较隐蔽。接待台的造型除满足书写、音响控制等功能的需要外，也要有特点，它应是整个专卖店的视觉中心。进行交易和相关资料的保管也在接待台，并且有的专卖店还在接待台前摆放几款当周特价品。接待台造型设计要实用，与品牌风格相符合。

4. 品牌专卖店商品的展示方式

（1）科技展示

a. 屏幕形式

随着电子技术的发展，各大品牌零售店开始选用 LED 屏幕来进行展示，成为一个无形产品的展示方式。它富有动感的画面和快捷的更新速度，可以吸引大量的流动视线。其占用极少的室内空间，唯一的不足之处就是无法满足观者的触觉体验。

b. 投影形式

相比较屏幕形式，投影形式来得更加随意且具有不限定性。这种不限定性来源于光影的通透感和飘忽感，甚至可以映照在产品上增强观者的互动性，进行双重展示。例如：HBO 作为一个日用品牌，其产品种类繁多，因而其专卖店的室内空间设计需简洁明了，除了运用了大面积的玻璃和白色货架，还使用了科技展示来表现品牌和产品的精神内涵。

（2）模拟展示

由于一些产品的特殊性要求，需要将现实场景引入到室内，为观者模拟一个逼真的环境来增强产品的感官体验。例如：Ferrari 意大利店，在室内模拟部分的赛车跑道来展示新型法拉利赛车，仿佛让人置身于呼啸奔驰的 F1 赛场，无疑能够激起观者的购买欲。

（3）珠宝、手表展示

珠宝和手表系列产品不仅体积小而且成本十分昂贵，因而，在展示方式上不能够选用一般开敞式的展架和展柜。在做全封闭式的展柜和展架时，不仅要考虑安全性还要考虑艺术效果（图 3-8）。

（4）日常用品展示

随着我们对生活品质的追求，也激发了日常用品品牌的不断发展。例如化妆品品牌、药品品牌、隐形眼镜品牌等，由于这些产品种类的庞杂，在展示方式上更多的倾向于一种形式，如展架。产品或整齐地排列，或者配以少量的其他装饰作为辅助展示。例如药店 Casanueva 西班牙店和隐形眼镜 Magic 的东京店（图 3-9）。

墙面和版面上的展示陈列区域，一般是从距离地面 70cm 起，顶上高约 320cm，因观众的视角限制，一般陈列高度不宜超过 350cm。经常使用的展示高度是 70～240cm 之间的区域。墙面和版面上最佳陈列区域是在标准视线高以上 20cm、以下 40cm 之间这个 60cm 宽的区域内。将重点展示的展品及版面设在此区域，比较容易获得良好的效果。

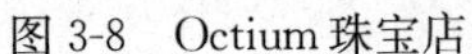

图 3-8　Octium 珠宝店

图 3-9　Magic 东京店

5. 品牌专卖店时装的展示方式

(1) 叠状展示

即是将服装产品有规律的叠放在一起展示。一般分为展柜式、展架式和展台式。时下的专卖店空间多采用组合的形式，将展柜、展架和展台有机地组合起来，使专卖店形成一个丰富的流动空间，具有一定的戏剧性。

a. 展柜式

按照货架的尺寸依附于室内立面，将产品整齐地排列成系列或有规律的颜色韵律。这样的展示形式可以突出产品的量感，给顾客一种视觉冲击。例如：UNIQLO 优衣库，这个品牌的专卖店在展示方式上采用了展柜自选式展示，不仅在视觉感官体验上效果独特，还给予购物者既畅快又应接不暇的购物体验（图 3-10）。

b. 展架式

与展柜形式相比其展示空间较为开敞，展架形式比较灵活多样，使得产品的展示更加具有多样性和随意性。而采用本身就具有强烈造型感的展架也成为现阶段的一个趋势，由一个流动跳跃的造型串联起室内空间的每一个角落，有时甚至会延续到室外使得空间达到最大化利用。产品按照造型构件的轨迹进行放置，打破了一般室内空间的水平垂直韵律（图 3-11）。

c. 展台式

也可称为岛式展示。在空间的入口处、中部或后部，配置特殊形式的展台，在形式上没有限制，几何形、不规则形、具象物体都可以。多用于展示重要的、限量的或当季新品。需要注意的是，其高度不宜太高，否则会破坏视觉与空间的连续性，使人产生疏离感（图 3-12）。

(2) 悬挂展示

顾名思义，就是将产品挂置于展示构件上，按照分类需要沿着构件排列悬挂。一般分为悬挂式和悬吊式。如对产品本身而言又可细分为产品正挂和产品侧挂（图 3-13）。

a. 悬挂式

简洁的支架支撑在地面上给予产品多角度展现。其多以按照一定的顺序成组或是单体的方式来呈现。如果单体出现，则适于展示特别的、昂贵的或者精致的产品（图 3-14）。

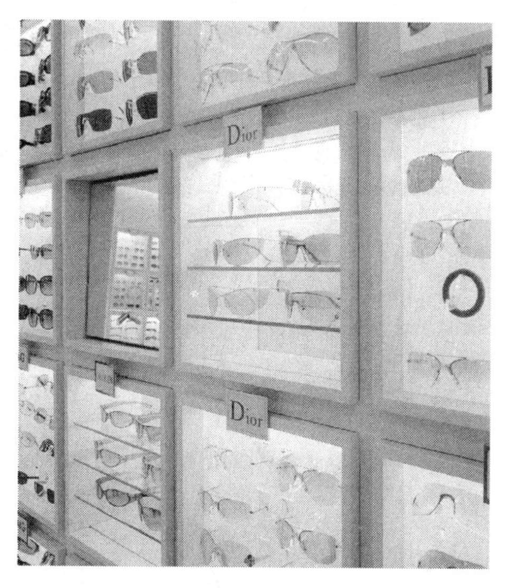

图 3-10　眼镜店货架

图 3-11　外滩 SOTTO 专卖店

图 3-12　Patrick Cox 专卖店设计

图 3-13　悬挂展示

b. 悬吊式

在顶面安装活动卡扣与悬挂构件相接来悬吊产品，展示轨道多会沿着顶面或结合立面造型来布置（图 3-15）。

（3）人模展示

人体模特分为三种：仿真人模、雕塑人模和抽象人模。

a. 仿真人模

亦是传统的服装模具，即模特的形象与人基本相似，无论是脸部五官还是肢体部件。适用于橱窗展示、店内主题性陈设以及需要营造气氛的展示和陈列（图 3-16）。

图 3-14　悬挂式支架

图 3-15　悬吊式展示

图 3-16　仿真人模

b. 雕塑人模

雕塑人模常见有黑、白、灰等单色模具，形象偏向艺术雕塑，所以比较抽象冷峻，缺少仿真人模的真实感。其可以融入到背景和产品的戏剧性展示当中去，能够较好的烘托和展示产品（图 3-17、图 3-18）。

图 3-17　雕塑人模

图 3-18　抽象人模

c. 抽象人模

抽象人模只具有人体的三围，甚至只是和一般的衣架结构类似，这种类型的人模具有很强的趣味性，一般在比较前卫时尚、潮流度比较高的零售店使用，可以加强和突出产品的特性。

6. 品牌专卖店试衣间的设计

在服装专卖店中的空间构成中，试衣间是决定服装销售状况的一个重要环节。作为顾客而言，买不买只有试了才能决定。让顾客感到试衣舒适、提高购买兴趣是试衣间设置的主要目的。试衣间设计首先需注意的是隐私问题，不要令顾客感到尴尬，每个人在试衣服的时候都要经历不可示人的阶段。所以在试衣间的设计上应该着重考虑保护顾客隐私，应设置封闭式独立试衣间，每间试衣间的占地面积一般不低于 $1m^2$，高度以不低于 2m 为宜。试衣间的数量，应根据服装卖场的面积和顾客流量、服装的档次决定，高档服装店的试衣间少，中档服装店的试衣间多。高档的服装店，可分设男、女试衣间，面积也可增大。试衣间的墙面要整洁，有挂衣钩、座凳和搁物板等设施。试衣间内最好安装镜子，这样当顾客穿上效果不好的衣服时就不会被其他人看见（图 3-19、图 3-20）。

图 3-19　专卖店试衣间

图 3-20　另类的试衣间

7. 品牌专卖店橱窗的设计

商业的展陈设计重点在橱窗，而设计的重点就在于怎样做出有创意的橱窗。橱窗有传递信息、展示产品、营造格调、吸引顾客这四个方面的功能。橱窗不仅是门面总体装饰的组成部分，而且是专卖店的展厅，它是以本店所经营销售的商品为主，巧用布景、道具，以背景画面装饰为衬托，是进行商品介绍和商品宣传的艺术形式。消费者在进入专卖店之前，都要有意无意地浏览橱窗，所以，橱窗的设计与宣传对消费者购买情绪都有重要影响。

橱窗作为店面设计的重要组成部分，具有不可替代性，作为一种艺术的表现，店面橱窗是吸引顾客的重要手段。综合的陈列橱窗是将许多不同类型的产品综合陈列在一个橱窗内，以组成一个完整的橱窗广告。这种橱窗陈列由于商品之间差异较大，设计时一定要谨慎，否则就会给人以凌乱的感觉。一个橱窗最好只做某一专卖店的一类产品广告。

背景是橱窗制作的空间，形状一般要求大而完整、单纯，颜色上尽量用明度高、纯度低的统一色调，也可用深颜色作背景。背景颜色的基本要求是突出商品，而不要喧宾夺主。道具包括布置商品的支架等附加物和商品本身。支架的摆放越隐蔽越好。

橱窗设计的灵感其实不需要毫无根据的冥思苦想。它主要来源于三个方面：第一，直接来源于时尚流行趋势主题；第二，来源于品牌的产品设计要素；第三，来源于品牌当季的营销方案（图 3-21、图 3-22）。

8. 品牌专卖店内部的楼梯设计

不是所有的专卖店都在二层设有购物空间的，倘若有的话，楼梯的设计就变得非常重要了。专卖店的楼梯犹如大门的延伸，具有引导顾客光临、驻足的作用，故应使人有舒适安全的感受。除了有目的的购买，在没有自动扶梯的情况下，一般消费者是不情愿上楼的，所以专卖店中的楼梯设计应不同于一般公共空间，它要根据服务对象来确定其尺度和造型。若是客用楼梯，一般造型应独特，要与整个专卖店风格一致，并且楼梯应尽可能使顾客在浏览商品的同时很自然的过渡到上层的空间，达到扩大销售空间的作用，而员工楼梯则要注意隐蔽，避免顾客误上楼梯。

图 3-21　造型别致的橱窗

图 3-22　巧用道具的橱窗效果

另外，考虑适应度要高，专卖店的楼梯设计最好分为两段，以减轻攀登的难度。在设计楼梯时，坡度尽量平缓，具体要根据实际情况来决定。

楼梯主要由受力的梁、踏步、扶手及栏杆组成，若将这些主要构件有机地联系起来考虑，将设计出各种优美的造型。其中楼梯扶手、栏杆将起到围护和装饰的作用，常常是设计中的一个焦点，是评定一个楼梯设计好坏的关键组成部分（图 3-23、图 3-24）。

图 3-23　Hermes 专卖店楼梯设计

图 3-24　楼梯设计

四、统一品牌形象的相关要素

1. 与空间统一形象的视觉识别设计

视觉识别设计是品牌识别的重要内容，规范的外观表现将有助于对品牌内涵的表达。一个成熟品牌给人的第一感觉应该是具有高度美感的视觉享受。所以像迪奥（Dior）、香奈尔（Chanel）、古琦（Gucci）等这样的国际品牌才能够让人耳熟能详。无论从品牌的字体、标准色、产品风格，还是从品牌的终端形象推广上，这些品牌都做到了保持绝对的统一性。

视觉识别设计是对人为及自然环境间所有图像要素的企划、设计，以突显商业环境视觉识别之特殊性。首先是专卖店的标志字体设计、标准色、包装袋、办公用具和标准的应用，一直贯彻到专卖店的各个角落，以使整个视觉识别系统既统一又有变化，既有整体的一致性，又富于个体的特征和趣味，又要避免单调和简单的重复。品牌要显示强势影响力，它应有一个完整的视觉形象系统，而终端的品牌VI视觉管理则是营造终端销售气氛的基础。

包装袋是专卖店对外形象的另一个传播媒介，它能起很好的广告宣传作用，包装袋不单单只是装提物品而已，它已经成为企业形象的表现，有些包装袋则更被提升到艺术的层次（图3-25）。

2. 界定品牌专属的标准色彩

品牌专卖店为确定统一的视觉形象。应制定出标准色，用于统一的视觉识别。标准色具有科学化、差别化、系统化的特点，标准色是用来象征产品特性的指定颜色，是标志、标准字体及宣传媒体专用的色彩。在品牌传递的整体色彩计划中，具有明确的视觉识别效应。

色彩的选定一定与这个品牌的历史、品牌理念相关。例如范思哲（Versace）品牌，色彩根据古希腊黑像式“安法拉罐”中，黑、金黄、棕、白几种色彩的组合，在现代空间中一脉相承。当然色彩的比例也十分重要，不同的色彩比例反映出的空间效果是大相径庭的。

以一种或几种色彩为专卖店的专用色，当人们看到这种配色的标志或产品时就会很容易联想到此种品牌产品。一般色彩比形体更能吸引人们的视线，因此在设计中，应充分考虑到顾客阶层、性别、年龄。如，粉色＋紫色给人以女性空间的暗示，颜色饱和属于年轻人的用色，高纯度的色彩组合一般是儿童的用色。另外，在选用配色的同时，要注意此种色彩搭配是否与产品内容、性质相符。

3. 选用符合品牌特质的材料

专卖店建筑用自己的语言表达着对时尚的诉求。通过增强视觉效果形成对空间独特的体验，对细部不厌其烦的刻画，是对世界顶级服饰品牌所要求的高贵优雅的有力回应。

材料在很大程度上与建筑师的美学取向息息相关，可以说设计师不是被动选择材料，而是主动参与设计成型工艺，这使得时尚建筑能拥有更大的创新应用。每位大师出于对各品牌不同的理解与自身风格的不同，但都会运用材料做出最好的诠释。

一些新材料的出现为专卖店设计提供了强大支持，也丰富了人们审美的预期，同时也摆脱了对空间依赖性，可能选择一种简单的建筑形体。例如在东京都港区由妹岛和世和西泽立卫设计的迪奥（Dior）专卖店（图3-26）。妹岛说他们参考了大量的迪奥产品资料，被那些优

图3-25　包装袋设计

图3-26　东京Dior专卖店

雅的带有迷人褶皱的经典女装所打动，从而启发他们去设计一种类似纤维质感的建筑表皮。迪奥的服装特质为：伶俐、优雅、轻盈；层次、淡雅、公主气质；青涩、含蓄、保守；为了体现迪奥风格，妹岛在半透明材料上做文章，利用透光度不同的玻璃，形成微妙的光帘效果。最终定下了双层表皮的设计，外层是透明度高的层压玻璃，内层是褶皱状的丙烯酸纤维板（Acrylic）。

新材质尤其是高科技材质的利用会给人耳目一新的感觉，设计师经常会改变一种材质给人的一贯印象，把它做出全新的视觉效果出来。另外，还可以探索新老材质的结合。材质没有优劣之分，不锈钢、铝、木头……都可以激发出它们有神采的那一面，关键是要看在什么情境下放置和组合。

4. 专属专卖店空间的照明设计

专卖店空间的照明非常重要，灯光可突显店内所陈列的商品的形状、色彩、质感，吸引路人注意，引导其进入店内。因此卖场灯光的总亮度要高于周围建筑物，以显示明亮、愉快的购物环境。专卖店的照明由一般照明、重点照明和装饰照明三部分构成，处理好它们之间的比例关系，是营造良好照明环境的基础。通常重点照明是一般照明照度的 3～5 倍，以强调商品的形象，且使用强光、方向性强的光源加强商品表面的光泽及商品的立体感和质感，利用色光突出特定的部位和商品。光源色温应与商店内部装修材料的色彩、质感相配合。经营不同的商品，对照度值有不同的要求。经营小件的、精密的商品需要较高的照度值，一般大件商品照度值可低些。光源使商品显示出来的方法有两种：一种是把商品的色彩正确显示出来的方法。经营服装、布料、化妆品等需要正确显示出其色彩，应选用显色性高的光源；另外一种是利用在一定的波长内发出强烈光线的光源，强调特定的色彩和光泽，使商品显得更为好看的方法，例如用聚光灯照射金首饰会显得更纯。

光线可吸引顾客对商品注意力，因此卖场的灯光布置应着重把光束集中照射商品，使之醒目，应在商品陈列摆放位置的上方布置灯光，刺激消费者的购买欲望。越是高档的商品越要明亮。走进一家照明好的和另一家光线暗淡的店铺会有截然不同的心理感受：前者明快、轻松，后者则必显压抑、低沉。

不同位置的光源也会给商品带来的气氛有很大的差别。

(1) 从斜上方照射的光。这种光线下的商品，像在阳光下一样，表现出极其自然的气氛。

(2) 从正上方照射的光。这种光可制造一种非常特异的神秘气氛，高档、高价产品用此光源较合适。

(3) 从正前方照射的光。此光源不能起到强调商品的作用。

(4) 从正后方照射的光。在此光线照射下，商品的轮廓很鲜明，需要强调商品外形时宜采用此种光源。

(5) 从正下方照射的光。能造成一种受逼迫的、具有危机感的气氛。

在以上不同位置的光源中，最理想的是“斜上方”和“正上方”的光源。为防止因照明而引起商品变色、褪色等类似事件的发生，应注意商品与聚光性强的灯泡之间的距离不得少于 30cm，以免光线的热量、灼烧导致商品褪色、变质。

五、品牌专卖店的设计步骤

1. 掌握品牌概念抽取形象元素

品牌专卖店的设计首先应有一个很好的概念，这是需要从品牌本身的历史、产品特征、品牌理念、受众人群、基地条件等许多方面来切入，提取最佳的信息并转化为较有说服力的、便于空间传达的设计理念。

例如范思哲（Versace）世界著名时装品牌，由詹尼·范思哲（Gianni Versace）1978年创立。出生于意大利的范思哲从小深受古希腊文化的影响，对以宏伟豪华见长的新古典建筑情有独钟，就连品牌标志也是希腊神话中的美艳非凡的蛇妖美杜莎［Medusa］。范思哲品牌产品有很多传承品牌精神的绝好实例，如它喜欢在很多产品设计中运用古代希腊的“回形纹”。所以，对这样的一个品牌定位应更多地从希腊、古典建筑、美杜莎几个方面去寻找形象元素。

又如雷姆·库哈斯（Rem Koolhaas）和大都会事务所（OMA）往往从其他非图像角度去诠释概念。他们以这个时代少有的敏锐政治触角和涉世意识，在实践中融入对全球化、国际政治、市场、消费行为、媒体文化的观察和批判，与普拉达（prada）试图在当代文化背景下重新定义购物概念的想法不谋而合，所设计的普拉达旗舰店成功地创建了一个时尚风向标的崭新商业模式，在明星建筑师帮助下奢侈品牌实现了更高的商业价值（图 3-27）。

图 3-27　Prada 专卖店

2. 合用又时尚的空间平面布置

每个品牌专卖店的空间构成各不相同，面积的大小、形体的状态千差万别，但任何品牌店无论具有多么复杂的结构，一般说来都由三个基本空间构成。第一个基本空间是商品空间，如展台、货架、橱窗等；第二是店员空间，如接待台、库房等；第三是消费者空间，如试衣间、人流通道等。设计的结果也就是这三大块的不同组合，合理的布局可以提高专卖店空间有效的使用水平。

奢侈品专卖店与一般品牌专卖店的平面功能略有不同，它一般有比较充裕的空间去安排展示区、互动沟通区、图书区、私人会客区等。这样一个空间更像个家。

入口是专卖店设计的重点部位，其位置与大小需根据店铺营业面积、客流量、地理位置、店面宽度、产品特点及安全管理等因素确定。同时，它既是专卖店与街道的中介空间，又是人流集散、停留空间的节点，如果设计不合理，就会造成人流拥挤或商品没有被顾客看完便走到了出口。好的出入口设计要能合理地使消费者从入口到出口，有序地浏览全场，不留死角。

接待台是顾客进店后接受服务的第一场所，其职能是迎接顾客，并且回答顾客一些简单咨询，计算顾客的费用并收费。接待台在专卖店中应是主角，一般根据商品流量的大小，决定接待台的位置，一般流量大的店接待台近入口，流量小的高档店接待台较隐蔽。

如位于纽约的阿玛尼（Armani）品牌店，平面为两个同方向的出入口，展柜排列整齐，功能分布清楚。接待台的位置有效地利用了空间的夹角，很好地弥补了空间的不足（图 3-28、图 3-29、图 3-30）。

3. 合乎空间诉求的形体塑造

虽然销售的终端都是产品，但每一个品牌的理念与特性都是不同的。即便都是销售衣

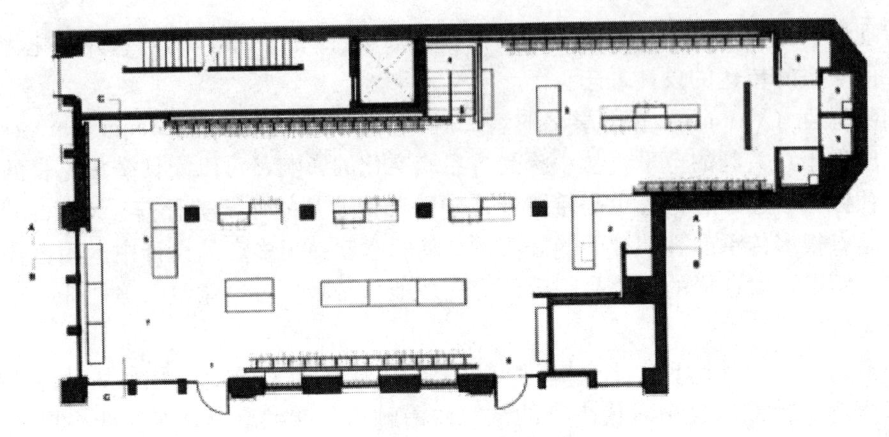

图 3-28　Armani 专卖店平面

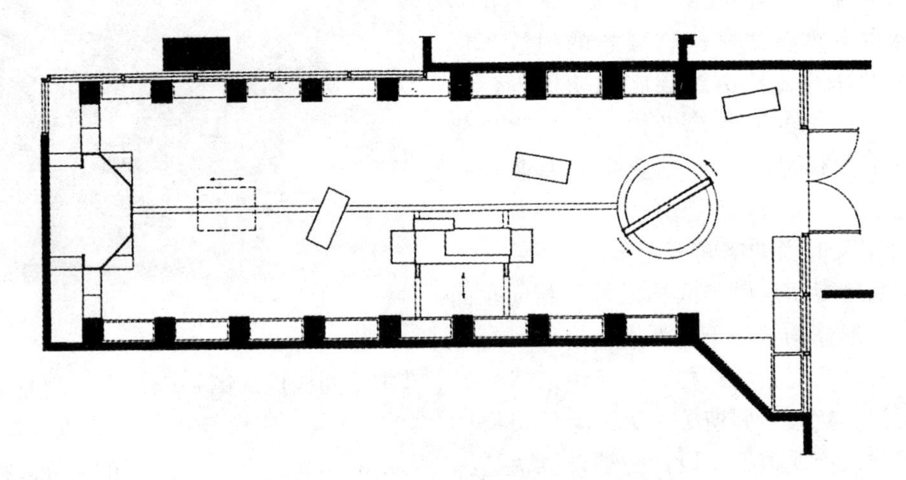

图 3-29　可灵活调整展售方式的平面

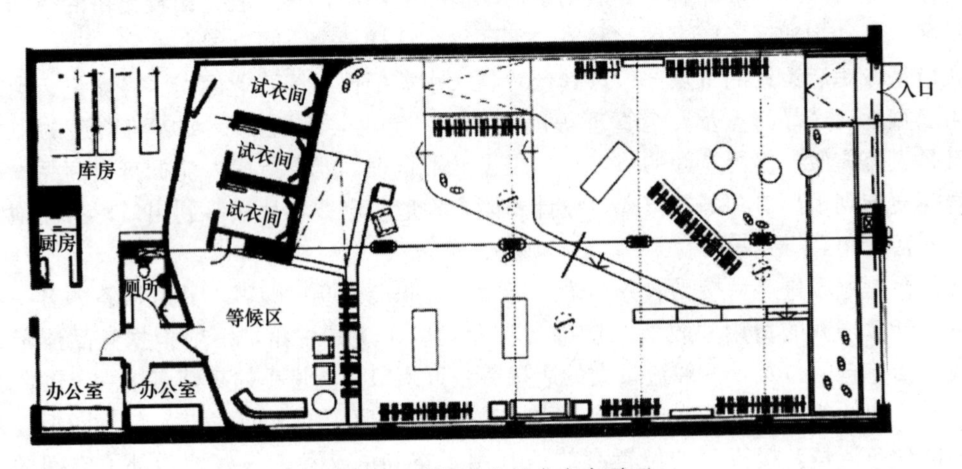

图 3-30　动线丰富的专卖店平面

服、即使相同的品牌也会在不同的时期做出与时俱进的调整，空间特征有时也会随之改变，尤其对相同的品牌也可以有不同的诠释方式，这也就给空间塑造带来挑战和机会。

例如世界著名时装品牌阿玛尼其中一种（Emporio Armani）服装特性是没有男性女性的绝对界限，也不拘于正式与非正式，简洁而耐人寻味，即具有厚重的雕塑感，又具有柔软的真丝、丝绸的下垂感。依据这个品牌特征就可以设计出具有此特质的包容性空间形象。比如借用蚕茧的自然属性作为塑造空间的设计语言，无论是平面的排布还是空间展架、展柜、休息凳的塑形（参见第四章第一节实例二）。

又如美国著名自行车品牌崔克（Trek）的设计图形概念来源于城市错综交叉的高架桥，希望在品牌店中实现同样丰富跃动的空间体验，同时也是产品销售环节中不可缺少的试骑体验场地的建构，设计贯穿于完美的动态流线与理性的功能排布（参见第四章第一节实例三）。

4. 从整体出发直至细致入微

品牌专卖店的设计除了有光鲜的独立建筑形象、耀眼的室内空间、形态各异的展架展柜以外还应对一些细部予以考虑和设计，达到统一形象的目的。这里指的是一些小件家具和包装袋、门把手等一些琐碎的小设计。若没有限定地去创作这些小东西是十分费力且不易的一件事，但在整体设计构思和框架出来以后，这些就变得相对容易操作，只要符合整个设计概念即可，并不需要它从中“跳”出来。往往设计的成功也在于细节的考虑，所以，品牌专卖店设计很能考查一名设计师从整体到局部的设计掌控能力。

如为世界著名时装品牌亚历山大·麦昆（Alexander Mcqueen）设计的空间和其他细节方面的设计（家具、包装袋、员工服饰等），能够形成统一的系列感（参见第四章第一节实例一）。

第二节　办公空间室内设计课题

办公机构是人类社会生活发展到一定程度的产物，是给他人提供商业性或社会性服务的机构。相对于购物、餐饮、娱乐、医疗、住宅等人类活动所使用的其他功能空间，办公空间则为人们提供了行政管理以及专业信息咨询等事务处理的室内场所，因而其环境的规划与设计亦相对较为理性，讲求事务办理的系统性与速度。

随着社会竞争的不断发展，人们滞留在工作空间的时间也越来越长，办公室已不仅仅是创造财富与价值的工作空间，也成为人们交流信息、扩大交往的社交场所，所以办公环境的设计要以人为本，讲求环境气氛的舒适、自然。同时，办公环境还是一间企业或机构宣传其机构形象或企业文化的主要窗口，因而，办公环境的整体装饰要符合行业从业人员的整体审美情趣，在遵从约定俗成的行业形象基础上，进行富于个性的设计开发。

总体而言，办公空间的规划与设计在空间分配、材料使用、灯光布置、色彩选择、用品配置等各个方面均要满足工作性质的机构业务处理的系统性与效率要求，同时也要符合人类正常的行为习惯，从而创造一个理性、高效、舒适且富于情趣的工作环境。

一、办公空间的基本特性

任何一个办公机构的设立均是社会需求的结果。时至今日，人类通过各种交换形式获取自身在物质以及精神方面的需求，同时满足他人的要求。办公机构的设立就是为社会整体交换提供一个信息供求与管理的操作平台，使交换更加公平、快速，从而创造更多的商业与社会价值。因此，办公空间的本质就是为人们提供一个通过劳动进行信息处理、交换，从而创造价值的群体工作场所。

1. 信息交流的场所

在人类社会发展史上，办公室的最初设立就是为将劳动过程中的文字记录工作迁入室内空间，保证以纸张、墨水为工具的信息记录完好无损，同时便于文件的收藏、复制和查找使用[1]。作为无声、可视的实体媒介，纸张的传递既便于对内（工作机构内部的同事、部门之间）、对外（与合作机构或客户）的信息宣传、交流，又可在传递过程中保持文件的机密性。办公空间为这种最初级也是最基本的工作信息处理提供了固定的室内场所。人们以办公室为基地，将机构内部业务控制范围以内的信息向外传递给合作伙伴和客户，也将外部的反馈加以集中、整理，以便改进以后的工作（图 3-31)。

随着社会的不断发展，现代办公机构的功能已从传统意义上信息的处理、储存空间转化成为更加注重信息的交换、分享的场所。在现代社会中，工作不仅是人们创造财富的手段，也成为人们更新知识、与人交流的媒介。科学技术的发展为办公机构提供了更快捷、简便的信息处理与交换的工具，为信息的搜集与分享提供了更多的选择渠道，但与此同时，机构内部的重要情报也更容易被外界或竞争者获取。因而，现代办公空间的规划与设计要注重对内、对外的不同程度的私密性与开放性的结合，既要保证对外信息的有效传递，还要防止机密情报的外泄，同时，保持内部知识的自由交流与分享（图 3-32)。

图 3-31　办公空间

图 3-32　私密性与开放性的空间

2. 群体工作的场所

办公机构的基本作用是将人们所需的物质或精神上的供求按照性质、功能的不同进行分门别类的处理，以方便同一行业内事务和知识的管理与咨询。当今，发达的信息交流系统和信息处理工具更为室内环境下的事务处理提供了更为独立的可能性。但与此同时，社会财富与价值的创造已不是个人劳动所能够完成的工作，详细的社会分工使得个体劳动更加需要通过团队性的整合才能显现其意义。各种行业、部门的从业人员只有分工合作、统

〔1〕（英）安迪·雷克 著《弹性工作完全指南》剑桥：英国外务办公室合作事务所. 2004，第 34 页

一管理才能将社会信息进行相对完整而有价值的集中、分析与交流。因而，现代办公机构的工作是团队性的，办公空间亦是群体性价值创造的场所。

任何一个办公机构按照性质、业务范围均是由有多个部门而组成的，同时，同一部门的工作人员也会有行政管理上的级别差异。因此，在进行现代办公空间的规划与设计时既要注重环境的群体性，便于团队成员之间的沟通与合作，使得群体工作在和谐、统一的基础上进行，又要注意空间的个体性，满足每位员工在空间工作时必需的生理和心理上对于个体空间范围和领域的要求，保证员工的工作环境独立而不受干扰，从而为整体的群体工作贡献其特殊而具个性的价值（图 3-33）。

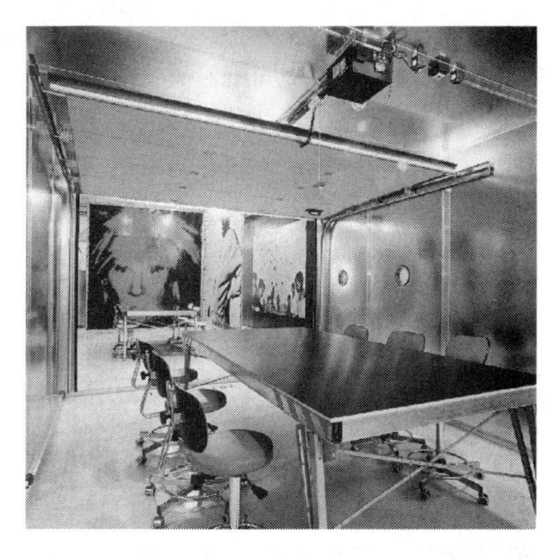

图 3-33　既注重群体沟通又保持个体独立

3. 能动的空间

室内环境下的办公工作以高效率的提供服务、创造价值为主要目的，其空间规划与设计也应该是从如何能够快速地传递信息、完成专业咨询服务出发。传统的办公室是以静态的书面工作为主，人们在部门主管的监督之下坐在固定的位置，以便于行政上的管理与操作。而现代办公环境更注重工作质量，尤其是在某些专业咨询性服务机构或者以创意为主要业务的信息提供机构，人们的工作状态更倾向于员工之间的动态交往，办公环境的规划也不再固定于同一种模式之下，人们的工作地点也可随着团队化与更具个性的工作方式之间的不断转换而流动于办公的内、外空间的任何角落。同时，先进的高科技办公系统使得流动的员工可以随时随地得到相应的技术支持与管理上的服务。因此，现代办公环境的规划与设计在机构基本部门的空间框架相对固定的基础上，更注重动态的信息交流，力求打造一个更宽松自由的工作环境，以便使员工在更宽松的状态下充分发挥其主观能动性与集体工作精神，创造更多的商业与社会价值（图 3-34、3-35）。

图 3-34　英孚教育上海总部室内设计

图 3-35　丹麦玩具品牌乐高办公室设计

二、办公空间的性能分类

人类社会发展到今日，社会分工已越来越系统而明确。与其他社会生产活动不同之处在于办公机构的工作性质更倾向于在室内环境中进行事务的管理与文案操作。办公空间环境按照机构的业务侧重范围可分为行政管理性、专业咨询性以及综合性等不同功能性质。办公机构可以是独立存在的经营单位，也可以是某一大型企业或公共服务行业中负责行政管理部门的总体集合。所以，办公空间既可以完整的同一机构占据整个建筑，如政府机关，又可以附属在某一机构的建筑体之中，如医院、银行的行政管理或业务发展和研究部门等等。小型办公机构还可以是一栋商业建筑中的某一单元。因此，办公空间的设计要根据其功能性质以及周围环境进行整体规划。

1. 行政管理性办公空间

行政管理性办公机构主要是指以国家机关、企业、事业单位的行政职能部门，或者是以事务管理为主要业务的服务性私人机构，如法律事务所、旅行社、信息咨询公司等机构。行政管理机构的办公业态以文案处理为主，各部门以及上下级之间的工作分工明确，讲求系统、快速、高效。

2. 专业咨询性办公空间

专业咨询性办公机构主要是指能够提供专项业务服务和咨询的机构办公部门，如传统上的音乐制作、舞蹈团体、电影机构、广告公司以及各种美术设计工作室等等，近年来，随着电子信息产业的发展，软件开发、传播媒体也逐步脱离开主体产业而成为提供更为专业和细致服务的机构。专业咨询机构以推销其创造性思维意向为主，其办公业态大多以交流、创造、制作为主体，除了普通的行政事务，各职能部门的工作多数呈平行关系，是同一流程的不同环节，各部门只有密切合作，才能完成最终的任务。

3. 综合性办公空间

综合性办公机构主要是指较大型的公共服务机构，如银行、保险、地产、餐饮、娱乐等机构的主体行政与后勤部分。整体而言，综合服务机构既有对外宣传、联络部门，又有内部行政管理、业务开发等部门，各部门之间既穿插上下级的等级关系，也运行流水线般的工作程序，而各个部门内部的工作业态则如同独立的行政管理或专业性办公机构一样，按照其工作性质讲求团队与个体、等级与系统性的协作。

办公机构的不同功能性质决定了不同机构的空间规模和人员数量。一般来讲，行政管理性办公机构的规模比专业性机构要大，特别是政府机构，其职能部门涵盖包括公共服务的各个方面，服务对象也包括了不同年龄、身份、背景的社会各个阶层人士。因此，其工作人员的数量庞大，所用空间亦常常占据了整个独立的建筑。同一功能性质的办公机构则依据其业务范围和工作状态来决定其所需空间尺度以及人员分配，比如同是综合性办公机构，但银行与保险有不同的业态需求。银行从业人员的工作场所是固定的，每个人都会有指定的办公位置，所以各部门所占空间可完全按照人员数量来安排，而普通保险从业员的工作岗位通常是流动的，一般不需要在机构中设立其固定的办公家具，所以其机构内部的空间分配需主要考虑日常行政管理人员的要求即可。

三、办公空间的功能分配

无论其业务范围、性质功能、规模、人员组成如何，任何办公机构均是由各个职能部门各司其职同时又互相配合而进行运作的。通常，办公空间按照职能可划分为主体业务空间、公共活动空间、配套服务空间以及附属设备空间等。各种职能部门由于其作用的大小在办公总体空间所占的比重各有不同，同时，各种功能作用的空间在安全、使用方面又有一定的专项范围要求，因此，合理地协调各个部门、各种职能的空间分配成为进行办公环境设计的主要内容。

1. 主体工作空间

众所周知，任何办公机构均有其主要的业务内容项目，负责完成其主要业务并由此创造商业或社会价值是该办公机构设立的意义和目的，所以任何围绕主要业务开展工作的空间都是办公环境设计的绝对核心内容。总体而言，工作空间可按照内部业务范畴划分为如财务、人事、信息处理、专业咨询等不同的部门区域。在小型软件开发、电子信息处理的产业机构中，用于储存与交换信息系统的数据中心有时也会占据一定的工作空间，以方便工作人员随时查找数据、检查系统的工作状态，同时，也可随时向客户展示其业务能力。

主体工作空间还可按照人员的职位等级划分为大、小独立单间、公用开放式办公室等不同面积和私密状况的分割状态。单间办公室或者是在开放式区域较为独立、封闭的工作空间一般适合部门主管或者会计师、律师等处理较为机密性文件的人员，其空间注重工作的个人自律性，而且工作的互动性较少。

开放式办公空间则是在同一空间之内利用家具将工作的单元空间进行集合化排列，比较适用于银行、行政等较为注重流水性或重复性事务处理的部门，同时也可用于设计、研发等互动性较强的团队性工作机构。开放式环境有利于员工之间保持良好的沟通、交流状态，但由于每个人的工作都处于公众视线之内，工作的自主性较小，也会降低个人的能动和积极性的发挥，所以，开放式办公空间中家具、间隔的布置，既需要考虑个人的私密性和领域要求，又要注意人员之间的交往的合理距离[1]。因而，主体工作空间划分的单元数量、尺度均要根据各部门机构的个性工作需求而定，以便于员工发挥其个体能动性，同时也方便团体工作的互相配合、协调。

各个业务职能部门由于工作性质、人员组成各有不同，对于部门总体的空间尺度安排也有所差异。而且，在同一部门中，工作人员的专业设备、文件储存以及来访客人的数量、级别也不尽相同。一般而言，办公状态下普通级别的文案处理人员的标准人均面积为 $3.5m^2$，高级行政主管的标准面积至少 $6.5m^2$，专业设计绘图人员则需要 $5.0m^2$[2]。

办公环境是人员相对密集且流动性较强的公众空间，所以从室内每人所需的空气容积以及办公人员在室内时的空间感受考虑，办公空间的顶棚净高一般在 2.4～2.6m 的范围之内，空气调节装置的位置不低于 2.4m[3]。

2. 公共使用空间

任何室内环境中，公共空间均是人们正常活动、交流、沟通的必备场所。从广义上讲，凡个人身体所占范围之外的所有环境空间均可称为机构的公共空间。若仅与主体工作空间相对而言，办公环境下的公共空间则指在从工作角度所涉及的所有人员可共同使用的空间，包括对外交流以及内部人员使用两大部分。对外交流的空间是指机构的外来人员所接触的空间范围，包括前台接待、电梯间、会客室以及能够展现机构专业性质、服务范围和企业文化的展示区域等等；机构内部人员使用的公共空间则包括内部走廊、会议、资料

---

〔1〕 梁展翔 著《室内设计》上海：上海人民美术出版社，2004，第 114 页

〔2〕 高祥生，韩巍，过伟敏 主编《室内设计师手册》北京：中国建筑工业出版社，2001，第 926 页

〔3〕 高祥生，韩巍，过伟敏 主编《室内设计师手册》北京：中国建筑工业出版社，2001，第 931 页

阅览、复印等不同服务功能的使用区域。

办公机构的对外交流空间是一间办事机构的“门面”，是使外部人员了解其业务范围和能力的最直接的媒介，很多外来人员是通过与一间机构的空间环境以及办事人员的接触而对其留有最初的印象。前台接待处作为内、外部人员进出机构的必经之地，它不仅是整体空间的交通枢纽，也是内外联络的集散之地——咨询、收发、监管等均为前台的服务内容（图 3-36）。在某些机构中，有时会因空间的特别规划安排而不设接待工作台，但是明示机构的标志以及名称的装饰墙面是门厅接待处的必要装置，可便使人们明确其所处的环境位置（图 3-37）。不同机构会就其空间的大小进行会客、会议、展示等区域的分配，但总体而言，这些区域通常会设置于前台接待区附近，便于接待人员随时进行内外联络，以提供咨询与服务。有些机构则利用简单必要的家具组合而成综合性外部服务区域，将接待、会客、展示等各种对外功能集中于一体，既节省空间，又节约服务的人力（图 3-38）。

图 3-36　E-Bay 办公室前台设计

图 3-37　装饰墙面设计

图 3-38　接待空间设计

会议空间是现代办公机构必不可少的公共功能之一，是机构谈判、决策、交流的主要中心空间。会议空间可按照使用对象分布在对外、对内、高层、部门内部等不同的空间位置，也可按照使用人数分为大、小等不同尺度，还可按照机密程度设计成封闭或开放等不同空间状态（图 3-39、图 3-40、图 3-41）。不同使用方式和功能状态的会议空间其设施配备与安排位置均有差异。用于商业谈判的会议室通常宽敞气派，且规整严肃，座位间距安排较大；机构内部讨论用会议空间则温馨随意，座位间距较近。无论大小、使用对象、功

图 3-39　会谈空间设计（一）

图 3-40　会谈空间设计（二）

图 3-41　会谈空间设计（三）

能状态如何，常规以会议桌为核心的会议室人均额定面积为 0.8m^2，无会议桌或者课堂式座位排列的会议空间中人均所占面积应为 1.8m^2[1]，这样才可保持在公共环境中个人心理和生理领域不受侵害。

机构内部人员使用的公共空间主要包括为办公工作提供方便和服务的辅助性功能空间。不同性质、规模的机构所需的辅助功能空间也不同。在创意性或知识密集型机构，如法律、设计事务所等，资料储存和阅览空间为必备区域，但普通行政事务机构却不一定设置此功能空间；某些机构会设立专门的复印、打印机房，有些机构则随工作需要将机器安置于各个部门的公共区域。因此，内部使用的公共空间是因需而设，其位置亦是视需而定，空间尺度范围只要符合人体工程学、使人们能够自如活动即可。

3. 配套服务空间

为保证工作人员日常工作的顺利进行，一般大型综合性办公机构内部会配备安全、信息提供、卫生管理等后勤服务空间，包括门卫、员工休息室、餐厅或茶水间、卫生间等等。随着社会的发展，办公机构越来越注重企业内部的文化形象。为了使员工有更强烈的企业归属感，在很多新型的大型集团化办公机构中，如美国微软公司，其后勤配套服务还提供休闲、娱乐、卫生、保健等项目，以保证员工工作、休息、娱乐的相互均衡，使工作人员在此环境中工作更加专心、高效，从而为企业创造更大的效益。

4. 附属设备空间

附属设备主要指保证办公环境正常运作的能源供应设备，如电话交换机、变配电箱、空调等设备。根据设备的大小规模、功能及其服务区域，附属设备用房的尺度、安置位置均会有所不同。通常，大型或危险指数较高的附属设备会远离公共办公区域，小型的设备则可就近安排在负责保管维修部门之中。例如，在大型办公建筑中通常会有独立而统一的变配电用房，而在小型的办公机构中，配电箱常常被安装在接待台或员工休息室的橱柜之中。

总体来讲，办公机构的功能分配是为了满足人们在工作时间内的各种需求，从而创造一个更有效率的工作环境。为此，各个办公机构的功能空间的布局会因机构的业务性质、人员数量而有所不同。有些机构会按照接待、会客、会议、业务工作、茶水、休息、卫生间等前后顺序来进行整体空间的安排，将主体工作部门安置于空间中心，服务性公共空间安排在角落或后部，这种空间的安排方式使空间整体顺序由对外开放性逐渐转化为内部私密性，越深入空间内部，私密性越强；而有些办公机构则会将复印、茶水、休息、卫生间等后勤服务性空间安排在中心位置，展示、会议室以及各部门工作空间均围绕此中心呈放射状或两侧分布，以便各个职能部门的工作不受外部环境的干扰，并且能够获得均等的后勤服务距离（图 3-42）。

图 3-42　办公休息区

然而，并不是每一个办公机构均需要安置一套完整的功能空间配备。很多现代化集合

---

〔1〕 高祥生，韩巍，过伟敏 主编《室内设计师手册》北京：中国建筑工业出版社，2001，第 926 页

型办公建筑已将门卫、餐厅、卫生间等配套空间作为公众服务项目存在并提供给空间使用机构，而且，为了方便能源和物资管理，变电、空调等附属设备也统一从属于建筑整体而预先进行了位置安排。总之，办公机构的功能空间布置要视机构的实际环境和需求情况而定。

四、办公空间的设计要素

如前所述，办公机构是由各种职能部门组合而成的，各个部门由于工作性质、规模大小的不同，在机构整体空间中所占比例与位置均有不同。因而，在进行办公机构的空间设计之初，设计师就要充分了解机构的性能与工作流程，以便合理地安排各部门的空间位置与比例，规划人流走线，保障各部门之间的工作密切配合。办公空间与其他室内环境相同，均是以人为本的实用性空间，所以其环境的布置装饰均要以人的心理、生理感觉为基础，创造一个集科学性、经济性、艺术性为一体的事务处理环境，才能保证整体的工作程序顺畅而高效地进行。

1. 办公空间的动态流线

办公机构是以创造商业价值或社会价值为宗旨的服务机构，其空间使用者在室内环境中的活动状态讲求快速、高效，以方便信息的迅速交流与传达。因此，办公空间中合理的动态流线规划是工作流程能顺利有效进行的基本保障，也是机构内部各职能部门进行联络、协调、沟通的物质条件。通常，办公机构的室内空间流线主要包括外来人员流线、内部员工流线和后勤物品流线，无论是单层的水平流线还是多层办公建筑中的垂直流线，各流线均应便捷通畅、自成一体，但又在适当的位置相互联系，形成完整的动线体系（图 3-43）。

一间办公机构的空间环境常常以一条主要通道为核心，用于联系各主要职能部门，同时也保证来自内、外各部门的人员以最短的距离进、出机构，因此，主体流线一般起始于机构进出口，然后连接至各部门的主要入口。由于办公环境是人群集中的公众区域，顺畅的疏散通道是保证紧急事件发生时人员安全的首要因素，所以安全疏散通道也属于主体流线的重要组成部分（图 3-44、图 3-45）。

图 3-43 办公空间中的流线

图 3-44 办公空间的主体流线（一）

图 3-45 办公空间的主体流线（二）

在大型办公空间环境中，为了保证紧急情况下人员的快速撤离，位于袋形流线尽端的房间与出口之间的距离不可超过 20m，位于直线型流线上的房间距出口不可超过 40m。作为办公机构中人员活动最频繁的区域，主体空间流线的规划要尽量保障人员往来的安全与便捷，保证个体活动的自如与连续性。一般单向通行的室内主体流线宽度至少要大于 1.3m，双向流线要大于 1.6m，净高最低为 2.1m，而且，注意避免景观植物、办公用品随意摆放至主体流线通道上，以便保障通行的速度与顺畅[1]。

办公空间中的对外服务部门，特别是接待、会客、展示、会议室等区域，一般会安排在距离出入口较近的位置，以避免外部环境对内部工作的干扰，也避免机构内部机密信息的外泄，同时，由于外部联络部门集中了对于机构内部空间结构布局不甚了解的外来人员，对外空间通常也要规划在主体通道范围之内，以方便通行，同时保证紧急情况下外来人员的安全。在办公机构的内部工作环境中，各职能执行者正常的工作、生活通常是沿着内部流线而进行的，其中既包括各部门内部的交通走道以及从各部门通往复印设备、内部会议室、仓库、资料阅览等区域的工作流线，也包括连接卫生间、茶水间、休息室等后勤服务设施的生活流线。办公机构的内部流线尺度要因使用情况而定，但通常比主流线或外来人员使用的流线要窄小。若流线两侧为墙体或超过常人高度的间隔，则通道宽度不可小于 1.2m；若是高度低于常人视线的开放式间隔，通道的最窄底线可为 0.9m。

在大型或综合性办公机构中，每日正常工作所消耗的物品种类及数量是巨大的，后勤部门必须随时供应短缺的物资，同时，及时处理掉废物垃圾，以便保证机构的正常运作。后勤物品的运送处理因尺寸、形象、卫生等原因往往有其单独的运输流线，一般会避免与外部人员活动的空间相交叉，也会尽量避免经过工作区域内部，通常是经过内部人员使用的后门直接连接到如库房、茶水间等服务空间。办公机构的消耗物品种类繁多，其尺寸、重量、运输方式均变化不定，所以一般后勤物品通道的标准宽度为 1.2m，同时，地面需保持平滑，不同水平高度的地面需以缓坡衔接，尽量避免阶梯的出现，以方便大件货品的运输。

2. 办公机构文化的表达

办公空间是一间办事机构的“门面”，是使人们了解其业务范围和能力的最直接的媒介，很多人是通过办公环境以及与工作人员的接触而对其机构留有最初的印象。因此，办公空间的规划与设计不仅是创造一个适宜内部员工工作的室内环境，更是对外表达一间机构文化内涵的最直接的窗口。

办公机构文化是机构内部的思想观念、思维方式、行为规范以及业务范围、生存环境的总和，不同机构由于功能性质以及经营理念的不同，机构文化的特征也不尽相同。一般而言，公益性机构注重亲和力，商业性机构注重服务，媒体性机构注重信息的快速传递，创意机构注重个性表达等等。办公机构的文化特性在空间环境的视觉传达方面是通过色彩、造型、材质等装饰要素对于环境气氛的营造来实现的。尽管办公环境在色彩的表达、造型的设计与材料的选取方面均无固定的格式，但一般同一属性的办公空间有其约定俗成的色彩范围与材料搭配。同时，由于办公室白领人员大多所受教育程度较高，对其工作环境有一定的个性审美要求，所以办公环境的界面与物品的装饰性通常围绕突出其机构的办

[1] 高祥生，韩巍，过伟敏 主编《室内设计师手册》北京：中国建筑工业出版社，2001，第 927 页

公性能与文化特征作统一的风格界定。

无论是行政性管理单位还是专业性咨询机构，现代办公空间的环境色彩均以简洁为主要目标，意在营造一个快速、高效的办事环境，即使在以创意为主、讲求个性的艺术性信息咨询服务机构，其色彩的选择也不宜过于纷繁复杂。通常，一个机构的室内空间会以一种或两种搭配的色彩作为整体环境的主导颜色，用家具、摆设物品或者局部界面的不同色彩和形状来点缀或活跃整体气氛。一般来讲，行政办公空间或者法律、医疗、软件开发专业类等较为理性的专业咨询机构的环境色彩适宜淡雅、安静，颜色多围绕浅色系进行选择，色相的对比不宜过于强烈，且空间流线笔直，界面或器具的造型简单大方，以显示其严谨、沉稳的行业作风和特点（图 3-46）。对于旅游咨询、艺术创意或者特色文化传播部门等注重感性宣传的办公机构而言，其空间的环境色彩运用往往纯度较高，而且明亮夺目，空间的划分有时是借用造型独特的屏风或间隔来实现的，从而形成不规则的活动流线，界面、家具以及灯具的颜色与造型组成也常常是前卫、大胆、个性十足，以充分传达出其娱乐大众的业务范围以及活跃的行业性格（图 3-47）。

图 3-46　严谨、沉稳的办公空间

图 3-47　个性十足的办公空间

机构文化是一个办公空间的精神集合，是抽象而无形的。很多现代办公机构将机构文化用具体的符号作为代表，以简单的颜色和形象组合反映出机构的性能和特点。因此，机构统一的标识系统也是空间环境设计时可以利用的装饰要素。标识的颜色可作为环境的主体或辅助色彩将不同的部门、空间整体性地统一起来，其抽象的几何形态有时也可作为空间规划和空间划分的构成依据和参考（图 3-48），同时，标识系统作为机构的视觉代表不仅要出现在接待、会客、会议室等对外窗口性空间，也可利用重复、渐变、求异等不同的排列组合方式将其作为点、线、面等装饰元素分布于空间的任何角落，从而与整体环境相结合，带来清晰的机构识别与认同，烘托营造办公环境的文化品位和空间的文化气氛（图 3-49）。

3. 办公环境的材料选择

材料的选取是室内设计过程中的重要环节，适当的材料选择是准确表达设计概念的关键因素之一。办公空间是人们工作的场所，内部环境的布置应以利于人们专心工作、提高人们的工作效率为前提，所以，办公空间的材料安排主要集中于环境中的各空间界面，如墙、柱、顶棚、地面，以及一些可影响环境气氛的大面积装饰性物品，如屏风、窗帘等等。

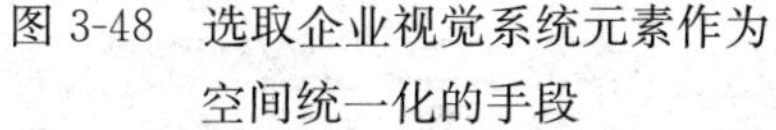

图 3-48　选取企业视觉系统元素作为空间统一化的手段

图 3-49　凤凰卫视办公空间

不同材料的质感、颜色以及表面肌理会给人们带来不同的心理及生理感受，为了避免过于繁杂的环境干扰，一般同一个办公环境之中应各选用一种材料作为墙、顶、地的主导体，在质感、数量上适当辅之以其他材质，或者同种材质的不同颜色进行合理搭配，使空间保持整体上的和谐统一。除非特殊要求，办公环境的材料选取不宜过于奢华，但在某些高层人员的办公室内，可适量选取一些能够显示经济实力和文化品位的特殊材质，以营造机构独特的文化气氛。

作为人员往来频繁的公共空间，办公环境中的界面一般选用易于清洁的材料，特别是墙壁和地面，大面积过于粗糙的表面容易集污纳垢，不利工作人员的健康。油性涂料、木制品、抛光石材、瓷砖等均为办公空间常用的界面材料，圈绒或簇绒地毯也可作为小型办公环境中的地面材质。

与购物、餐饮、娱乐等休闲活动所使用的性能空间不同，办公环境的材料选择应更注重整体室内空间中物理环境的要求。设计师在决定界面或物品所用材料时，除了考虑空间的装饰性需要之外，一定要考虑办公空间的光学、声学等技术层面的需求。

办公环境中材料的选取对于室内空间中光学环境会有很大影响。不同的材料在透光性能上的差距往往能够改变整个空间环境的舒适质量水准。金属、玻璃等现代感较强的材料，其超强的反射、折射和透射性能既能将光线扩散从而增加整体空间的亮度，但也会将光线集中某一局部，形成光晕破坏界面的完整，或者形成眩光影响员工的正常工作和身心健康。反之，纺织品或粗糙表面材质的强烈吸光性则会减少光线在空间的互相交错，但颜色过深也会降低环境的光亮度，影响员工的工作效率。因此，适当的材料选择以及数量控制是保持办公环境平和、稳定的光环境的要素之一。

如前所述，办公空间是人们群体工作的场所，也是重要的信息交流场所。正常人大多是依靠语言和声音进行相互交流的，同时，人们的各种行动所引发的器物碰撞或多或少会产生噪音，各种办公设备或后勤设备也会发出运行噪声，这些声音混合而成的持续的背景声音构成了办公空间的声环境。相对于生产性劳作场所而言，办公空间基本属于静态的工作场所，因此，办公空间的噪音标准为 50dB。环境声音过低，人们会感觉空旷、无助，超过此标准，人们则需有意识地集中精神来处理事务，或者提高说话的声音以获取注意，而过于嘈杂的环境则会让人产生烦躁、不安等情绪。众所周知，声音是靠声波、空气的震动而产生和传播的。在办公环境下，各种材质的界面对于声波震动的不同吸收能力不仅可以控制室内空间的声环境，还可以提高有效声音的质量。以常用材质来讲，光滑的固体性材质如石材、瓷砖、水泥、木板等吸声性较弱，容易将声音反射到空间各处而产生噪声，而粗糙的松软性表面如织品、地毯、沙砾、各种穿孔板材等则吸声性较强。因此，不同的办公环境需按照空间对于声环境的要求进行合理的材料组合与搭配。机构内部开放办公区的空间较大，但人员往来繁杂，且噪音较强，所以通常以地毯铺地、以穿孔金属板或者矿棉、木丝吸声板吊顶来吸收杂音，调和室内声环境（图 3-50、图 3-51）。

图 3-50　穿孔铝板天花既具吸音效果，又能避免眩光

图 3-51　地毯对办公空间的吸引作用

现代社会高新技术的开发利用使得建筑和室内的装饰材料的种类和性能日新月异，为设计师提供了更多室内装饰的界面选择。同时，由于办公环境的设计并不完全是设计师个性审美的表达，而是更倾向于理性的空间和实用性，因此，只有做到材料间合理的搭配才能创造一个集艺术性、实用性为一体的工作环境，使人们在优雅、愉快的空间中完成价值的创造。

4. 办公空间的照明系统

办公环境的照明系统设计主要强调功能性，灯具造型简洁、整体，光源的布置也是以背景性和环境性的均匀照明为主，以保证整体空间的视觉舒适度，使工作人员保持平和、稳定的良好工作状态。作为室内环境中的实用性空间，办公机构的照明系统主要由自然光源和人工光源组成。

由于大多数人的办公时间是在白天，而柔和的自然光是最适宜人类视觉系统工作的光线，同时，现代商业建筑的大面积采光口为自然采光提供了相当便利的先天性环境照明条件，合理的自然光源照明不仅保护工作人员的身体健康，而且又可为办公机构节省能源及财力消耗（图 3-52）。通常，单面采光的办公空间的进深不可大于 12m，在双面采光的空间中，对面采光口的相对间距不可大于 24m。对于办公空间中的不同功能区域而言，其自然采光口的尺寸要求亦因功用及性质而有所不同：会议室的照明亮度要求较高，其直接采光侧窗与地面的面积比例不小于 1∶8；设计绘图及资料阅览空间的窗地比例不小于 1∶5；一般性行政管理办公区域的窗地比例要求不小于 1∶4[1]。

图 3-52　自然采光的办公环境

由于办公环境中的工作多数以文案处理为主，因而工作

[1] 高祥生，韩巍，过伟敏 主编《室内设计师手册》北京：中国建筑工业出版社，2001，第 927 页

台面所需平均亮度较高，一般情况下，普通办公环境所需的平均照度为 300Lx，专业绘图桌面则需 500Lx 的照度。相对于走廊、卫生间等只需 50～100Lx 照度的公共活动区域而言，办公工作环境的照明亮度要求有时仅仅借助自然光亮是不能满足文件的阅读、审核等工作的需求，尤其是在远离采光口或者间隔板较高的位置，此时就需要人工照明系统进行亮度补充（图 3-53）。由于办公空间大多以高效、简洁为主体装饰风格，因此，办公空间中人工照明系统的光源大多来自顶部，或垂吊或嵌入于顶棚之中，以提供通透明亮的整体性的空间亮度，灯具的位置与亮度分布基本上是结合空间结构以及工作区域的分割而进行对应性布置，以保证每个工作位置得到均匀的照度（图 3-54）。此外，如质量检测、绘图、音乐监控等要求特别亮度的工作区域，则需要增加台灯、射灯等专属性的照明灯具来增加局部的环境亮度，但专属性照明的亮度与环境亮度的对比不宜过强，以免造成眩光、引起持续适应性视觉疲劳。

图 3-53　人工照明的办公环境

图 3-54　灯具的位置与办公区域结合

在办公空间中，除了配合正常的文案工作而设置的功能性照明灯具之外，照明系统也是装饰以及丰富空间层次的必要手段。对于色彩及材料相对单纯、淡雅的行政管理性办公环境而言，均匀的背景性布光照明系统会使空间显得平淡、无趣，此时，结合结构或灯具造型，利用照明系统的照射方式和光线照射角度补充适量的照明光亮，可以加强空间的立体感，增加空间装饰元素，从而达到活跃空间气氛的效果。对于讲求个性及风格的艺术创意工作机构而言，针对装饰墙面或物品而设置的加强性照明光源能够使物体的色彩、质感表现更加突出，使其空间装饰功能得以充分发挥。

办公空间的装饰性照明是为了活跃空间气氛而设置，但其作用始终要配合整体照明，服从空间功能的需要。连续闪烁的照明光源、引起眩光的照射角度或者造型会留下明显光影的灯具均会破坏平和的工作状态，应避免使用于主体工作空间。同时，办公灯具的选择还应考虑其电能消耗，以免增加过多的办公成本。

5. 办公家具的基本要求

与其他功能性家具一样，办公家具是配合空间的功能所附设的用具，其主要作用是为了满足读写、储物以及围绕公众办事机能所进行的会客、交流、休息、储存等活动的需求。因此，办公机构中不同的功能空间需设置不同的家具。谈判及会议室以会议桌和椅子为主；员工休息室以储存橱柜、餐桌、椅为主；工作区域的家具配置通常以桌、椅、储藏橱柜为主。工作家具在尺寸、数量上则根据不同的工作性质以及职位等级有所区别。比如绘图设计人员的工作台面往往较一般文字处理人员的要大，或者使用专门的绘图板面；高层主管人员的单间办公室通常会有沙发、茶几或展示橱柜组成的小型会客区域。

作为以健康的成年人为主要使用对象的实用性用品，办公家具首先要符合人体工程学的基本要求，即家具的尺度、结构、材料均要满足普通身材的成年人在工作状态时的行为规范。根据《中国成年人人体尺寸》（GB/T10000—88），中国成年男子的平均身高为165～170cm，女性为155～160cm，所以适宜的读写台面的高度应为750mm左右，办公座椅的高度应为400～450mm高；人们坐下时的腿部高度为600mm左右，所以桌下必须留出至少600mm高度的空间以放置腿部，方便人们以舒适的坐姿进行台面工作；同时，为了放置办公物品和进行工作，单人办公桌面最小为900mm长、600mm宽；而前台接待人员大多是站立谈话的，所以接待台面一般在1100～1200mm高度之间，宽度最小为250～300mm，以方便临时放置文件等物品；由于人们伸手可及的高度在600～1800mm之间，所以储藏性家具的常用空间均可以此为据，过低或过高的空间可用于储藏非常用物品或文件。另外，由于办公机构人员往来频繁，活动迅速，办公家具在结构及材料上应避免出现过于尖硬的棱角，以保证人员的行为安全。

其次，办公家具由于使用频率较高，磨损消耗较大，因此办公家具大多要求结构结实、耐用。现代化办公家具已大多采用容易清洁、维修、保养的金属、树脂或其他化学复合材料作为表面，传统高档的木制办公桌的桌面也多经过硬性喷漆处理，以便满足多人长期使用的实际要求（图3-55、图3-56、图3-57）。

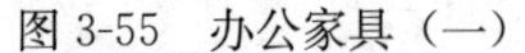

图3-55　办公家具（一）　　图3-56　办公家具（二）　　图3-57　办公家具（三）

办公家具在造型、色彩、材质等方面还可用于协调空间环境的设计风格。家具作为办公环境中的主体物件，其造型需要配合空间的整体风格来进行选择，同时，其风格形式也制约着整体空间的气氛。通常，大型的行政性管理机构的家具造型单纯、色彩柔和，以统一的风格突出其系统性的工作特点。而小型的专业咨询机构则需根据其业务以及机构文化特点来选择家具，比如透明或金属性材质为主的家具能体现年轻、现代的精神（图3-58），而造型单纯、简单的家具则感觉简洁、干练（图3-59）。

在办公环境中，家具还可用于分割工作空间、统一布局、组织流线。传统上一人一桌一椅一橱柜的家具分配形式已经组合而成一个基本的办公单位，并且隐性地界定出一个工作区域（图3-60）。现代化标准集合组件型的办公家具是根据人体工程学以及环境心理学

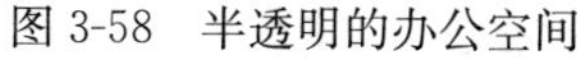

图 3-58 半透明的办公空间

图 3-59 单纯、简单的办公空间

所制定的标准配件的组合，因此，在色彩、形式、材料、尺寸方面更具有统一性。在开放型工作空间中，集合家具的不断重复、组合而形成有序排列，使得工作空间的整体环境布局整齐、风格统一；同时，利用高低不同的开放式隔断划分工作区域还可以使各部门之间界限明确，互不干扰；而隔断配合其他家具所留下的空白空间形成自然的过道或公共区域，从而清晰地指示出办公机构内部的流线方向（图 3-61）。

图 3-60 隐性地界定工作区域

图 3-61 开放型办公空间

第三节 餐饮空间室内设计课题

一、餐饮空间的基本特性

任何一个餐馆的设立均是社会需求的结果，是为社会提供了一个放松身心获得休闲感、享受良好服务、享受温馨、品尝美食的环境。如今人们用餐已非仅仅是果腹，而是包含了对环境、情调等一系列需要的满足过程，故而在餐厅中给予食客的，不仅是美食，更是美景。

随着人们生活的变化和饮食意向的变化，个人收入的明显提高，吃饭的目的也从一个为了填满空腹转变为生活享受。消费者除了享用美味佳肴，享受优质服务，同时他们还希望得到全新的空间感受和视觉要求，希望有一个能充分交流的区别于家的感受和特殊氛围。

通过食物的味道来评估饭店好坏的时代已经过去了。餐饮店不仅是一个利用空间和有关设施提供饮食的场所，而且是一个在进餐过程中可以享受有形无形的附加价值的空间。

餐饮很大程度上属于即兴消费，这些即兴消费行为一般都是在环境的感染下做出的，独特的空间往往能吸引顾客入店消费。现代的餐馆普遍看起来不像是吃饭的地方，更像是现代艺术馆。实际上，就餐者往往是对他们的设计感兴趣，而不是奔着他们的菜谱而来的。现在有些消费者希望有一个愉快的就餐氛围来提升整个就餐过程的感受。

1. 营造特色空间的场所

图 3-62　特色就餐氛围

餐馆的最初设立就是为了解决“吃”的问题，随着精神与物质需求的提高，人们厌倦单调乏味的生活，喜欢在饮食上趋向多样化，有的追逐有特殊风味的饮食，以享受某种美食为目的，有的希望体验异国他乡的饮食风情，有的追求某种情调与气氛，欣赏美妙的音乐，喝酒聊天享受没有压力，轻松自如的境界（图 3-62）。

设计“主题餐厅”，这是餐饮空间设计成功的一条重要途径。设计人要善于观察和分析各种社会需求及人的社会文化心理，由此出发，确定某个能为人喜爱和欣赏的文化主题，围绕这一主题进行设计，从外形到室内，从空间到家具陈设，全力烘托出体现该主题的一种特定的氛围。

2. 定位消费人群的场所

对设计者来讲，餐馆消费群体的定位是第一要素，它是设计者进行设计的第一依据。顾客是那些人，也就是客层对象的掌握十分重要。尤其是小型的餐饮店，由于无法吸引所有的客层前来消费，所以通过调查与分析，设定客层对象，有利于室内设计的风格、形象及造价的定位。深入分析客层的特征，针对所得、职业属性、年龄层、消费意识等因素来设定消费对象，进而根据其生活形态的特征，去设计他们所需求的空间环境。

有时以某个特定的消费人群为主要服务对象，以特色的室内陈设及饭菜吸引消费者。由于消费品位的不同及人们需求的多样化，各种经营形式都能获得发展的空间，餐饮环境设计也必然会更加多样化。

3. 餐馆就餐的多样需求

聚会、宴请、约会三种不同的需求为目的，对餐馆环境有不同的需要。“聚会”重在这个“聚”字。家人、朋友、加班聚餐等都属于这一类。这种吃不需要太多的讲究，“吃”是个形式，关键在“聚”背后的引申含义。逢年过节、生日聚会、升迁发奖，友人来访，随便找个理由都可以去趟馆子，这是一种礼节上的习惯。这种吃讲究个热闹。不需要太豪华和奢侈。“宴请”多以招待为主。这种吃不以“吃”的本质为主旨，关键在于这个招待背后的目的。所以，这种吃重在讲究一个排场，价钱昂贵，这种吃都有一个共同点，大多都是在“单间”进行。“约会”，这种吃的已经不是“物”，而是“情”。大多的时候，点的多，吃的少。以一个“吃”的借口“会”在一起，尽管大多的时候没有吃。适合这类的餐馆如茶餐厅、有餐饮服务的咖啡店，而且一定还要有柔软的沙发。

二、餐饮空间业态分类

根据所提供的食物名称进行分类的叫作“业种”，如吃烤肉的店叫“烧烤店”，以同一食品或烹调方法为主区分业种，就叫作业态，如“快餐”。现在比较流行以业种业态区分餐饮业或以两者复合型态区分餐饮业，仅仅以“业态”的区分方法难以区分具体类别。

1.“速食快走”的类型

(1) 快餐店

反映一个“快”字，用餐者不会多停留，更不会对周围景致用心观看，细细品味，所以室内设计的手段，也以粗线条，快节奏，明快色彩，做简洁的色块装饰为最佳。使用餐的环境更加符合时尚。要通过单纯的色彩对比，几何形体的空间塑造，整体环境层次的丰富等，而取得快餐环境所应得到的理想效果。

快餐是在人们对时间的价值越来越重视的背景下出现的，为迎合人们节约时间的需求而出现的一种简约的供餐方式，其显著的特点就体现在“快”上：制作时间短、交易方便、吃得简单。由于生活节奏加快，许多人不愿意在平时吃的方面花太多的时间，快餐店可满足这部分客人的需要。

中西方对快餐都有自己的定义。为消费者提供日常基本生活需求服务的大众化餐饮，其主要特征是：清洁卫生、具有时髦性，可带回家，制售快捷，食用便利，质量标准，营养均衡，服务简洁，价格低廉，经营方式包括店堂加工销售和集中生产加工配送、现场出售或送餐服务等。西式有麦当劳、肯德基，日式有吉野家等。食品提供时间在3min以内，自选食品，菜谱种类有限，这是快餐店的特征。

由于快餐厅一般采用顾客自我服务方式，在餐厅的动线设计上要注意分出动区和静区，按照在柜台购买食品→端到座位就餐→将垃圾倒入垃圾筒→将托盘放到回收处的顺序合理设计动线，避免出现通行不畅、相互碰撞的现象。如果餐厅采取由服务人员收托盘、倒垃圾的方式，在动线设计上与完全由顾客自我服务方式的会有所不同[1]（图3-63、图3-64）。

图3-63　快餐店

图3-64　伦敦OLIVOMARE海鲜餐厅

〔1〕邓雪娴．周燕珉．夏晓国著．北京：中国建筑工业出版社，《餐饮建筑设计》第214页、第215页

(2) 自助餐厅

自助餐是一种由宾客自行挑选、拿取或自烹自食的一种就餐形式。它的特点是客人可以自我服务，菜肴不用服务员传递和分配，饮料也是自斟自饮。自助餐可以分为两种形式，一种是客人到一固定设置的食品台选取食品，而后依所取样数付账；另一种是支付固定金额后可任意选取，直到吃饱为止。这两种方式都比一般餐厅可以大大减少服务人员数量，从而降低餐厅的用工成本[1]。这种就餐形式活泼，宾客的挑选性强，不拘礼节，此外，自助餐的安排必须让客人很方便而迅速地吃上饭，它可以在很短时间内供应很多人吃饭。

自助餐的餐厅，一般是在餐厅中间或一边设置一个大餐台，周围有若干餐桌。餐台旁要留出较大的空余地方，使顾客有迂回的余地，尽量避免客人排队取食。桌子可拼成几座小岛，分别放不同种类的食物。譬如，可以拼出一个主菜岛或者一个甜食岛，以节省空间，增强效果。有时为了方便顾客取用食品，可以将其中一部分食物放到几个地方供应。餐桌的安排要根据餐厅的形状大小来安排。桌椅不可安排的太密，因客人取食品需在餐厅走动，太密就会影响客人走动。

2.“慢饮停留”的类型

(1) 咖啡馆

咖啡厅一般是在正餐之外，以喝咖啡为主进行简单的饮食，或稍事休息的场所。它讲求轻松的气氛、洁净的环境，适合于少数人会友，亲切谈话等，咖啡厅形式多种多样，用途也参差不一。在法国，咖啡厅多设在人流量大的街面上，店面上方支出遮阳棚，店外放置轻巧的桌椅。喝杯咖啡、热红茶眺望过往的行人，或读书看报或等候朋友。咖啡厅的平面布局比较简明，内部空间以通透为主，一般都设置成一个较大的空间，厅内有顺畅的交通流线，座位布置较灵活，有的以各种高矮的轻质隔断对空间进行二次划分，对地面和顶棚加以高差变化。

在咖啡厅中用餐，因不需用太多的餐具，餐桌较小。例如双人座桌面有600～700mm见方即可，餐桌和餐椅的设计多为精致轻巧型，为造成亲切谈话的气氛，多采用2～4人的座席，中心部位可设一两处人数多的座席。咖啡厅的服务柜台一般放在接近入口的明显之处，有时与外卖窗口结合。由于咖啡厅中多以顾客直接在柜台选取饮料食品，当场结算的形式，因此付货部柜台应较长，付货部内、外都需留有足够的迂回与工作空间（图3-65、图3-66）。

图3-65　咖啡厅简洁的选餐台

图3-66　咖啡厅营造了轻松惬意的氛围

〔1〕邓雪娴，周燕珉，夏晓国著．北京：中国建筑工业出版社，《餐饮建筑设计》第211页

（2）酒吧

酒吧作为一种特定的环境空间，它除了满足人们的纯功能需要外，更需要表达某种主题信息来满足人们的精神文化需求。通过传达深层的主题信息，引出特定的文化观念和生活方式，创造出引人入胜的空间环境形象。

酒吧是个幽静的去处，一般顾客到酒吧来都不愿意选择离入口太近的座位。设计转折的门厅和较长的过道可以使顾客踏入店门后在心理上有一个缓冲的地带，淡化在这里的座位优劣之分。色彩浓郁深沉，灯光设计偏重于幽暗，整体照度低，局部照度高，主要突出餐桌照明，使环绕该餐桌周围的顾客能看清桌上置放的东西，而从厅内其他部位看过来却有种朦胧感，对餐桌周围的人只是依稀可辨（图 3-67、图 3-68、图 3-69、图 3-70）。

图 3-67　灰鹅酒吧灵动的光源造型

图 3-68　红酒吧运用红酒木桶作为酒柜造型

图 3-69　玲酒吧的潜艇舱与鲨鱼

图 3-70　星球酒吧充满外太空奇异景象

（3）茶馆

茶馆不仅是休闲的场所，也是人与人沟通的“桥梁”。茶馆设计应该符合现代消费观念，给客人提供清新、简洁的环境，让更多的人了解茶文化，热爱茶文化。

茶室布置应使之既合理实用，又有不同的审美情趣。一般品茶室，可由大厅和包间构成。茶艺馆在大厅中设置茶艺表演台，包间采用桌上茶艺表演。茶水房应分隔为内外两间，外间为供应间，置放茶叶柜、茶具柜、电子消毒柜、冰箱等。里间安装煮水器、水槽、自来水龙头、净水器、洗涤工作台。

茶馆设计应注重人与自然的和谐。在紧张、喧嚣、狭窄的城市生活中，亲和大自然成为人们的一种需要。茶馆要营造这种“意境”就需要虚拟与现实结合、远景与近物结合、室内与室外结合。竹子围成的篱笆小院，石头铺成的台阶，这一切使人感觉远离了钢筋混凝土的冰冷建筑，外面的燥热和喧嚣似乎就在这一刻戛然而止，俨然一个世外桃源，潺潺的流水伴着低悠的古筝曲，缠绵地飘忽于耳边，竹子、石头、假山、流水使人感觉就好像是置身于幽静的深山之中，淡淡的茶香和弥漫在空气中植物和着泥土所散发出来的清香一股脑的扑面而来（图 3-71、图 3-72、图 3-73）。

图 3-71　中式茶馆

图 3-72　茶禅味品茶馆

图 3-73　特色茶馆

3. “享受美食”的类型

(1) 烧烤火锅店

烧烤和火锅都是近年来日趋风行的餐饮形式。火锅和烧烤的共同特点是在餐桌中间设置炉灶，涮是在灶上放汤锅，烤则是在灶上放铁板或铁网，二者的异曲同工之处是大家可以围桌自炊自食。火锅及烧烤店在平面布置上与一般餐饮店区别不是很大，餐厅中的走道要相对宽些，主通道最少在 1000mm 以上。由于火锅和烧烤店主要向顾客提供生菜、生肉，装盘时体积大，因而多使用大盘，加上各种调料小碟及小菜，总的用盘量较大。此外桌子中央有炉具（直径 300mm 左右），占去一定桌面。因此烧烤、涮锅用的桌子比一般餐桌要大些。桌面应在 800～900mm×1200mm 左右。

火锅、烧烤店用的餐桌多为 4 人桌或 6 人桌，对于中间放炉灶来说这样的用餐半径比较合理。2 人桌同 4 人桌相比，所用的设备完全相同，使用效率就显得低。6 人以上的烧烤桌，因半径太大够不着锅灶，也不被采用，人多时只能再加炉灶。因受排烟管道等限制，桌子多数是固定的，不能移来移去进行拼接，所以设计时必须考虑好桌子的分布和大桌、小桌的设置比例。火锅及烧烤用的餐桌桌面材料要耐热、耐燃，特别要易于清扫[1]。另外烧烤火锅店在设计上需要特别注意的是排烟问题，应安排有排烟管道，每张桌子上空都应有吸风罩，保证烧烤时的油烟焦糊味不散播开来。

---

〔1〕 邓雪娴. 周燕珉. 夏晓国著. 北京：中国建筑工业出版社，《餐饮建筑设计》第 200 页、第 205 页

(2) 西餐厅

西餐泛指根据西方国家饮食习惯烹制出的菜肴。西餐分法式、俄式、美式、英式、意式等，除了烹饪方法有所不同外，还有服务方式的区别。法式菜是西餐中出类拔萃的菜式，法式服务中特别追求高雅的形式，例如服务生、厨师的穿戴及服务动作等。此外特别注重客前表演性的服务，法式菜肴制作中有一部分菜需要在客人面前作最后的烹调，其动作优雅、规范，给人以视觉上的享受，达到用视觉促进味觉的目的。因操作表演需占用一定空间，所以法式餐厅中餐桌间距较大，它便于服务生服务，也提高了就餐的档次，高级的法式菜有十三道之多，用餐中盘碟更换频繁，用餐速度缓慢。豪华的西餐厅多采用法式设计风格，其特点是装潢华丽，注意餐具、灯光、陈设、音响等的配合。餐厅中注重宁静，突出贵族情调。西餐最大特点是分食制，按人份准备食品，西餐一般以刀叉为餐具，以面包为主食，形色美观，多以长形桌为主（图 3-74）。

图 3-74　高雅的西餐厅

西餐厅的设计常以西方传统建筑模式，并且常常配置钢琴、烛台、好看的桌布、豪华餐具等，呈现出安静、舒适、幽雅、宁静的环境气氛。西餐厅色彩柔和，营造出舒适诱人的氛围。

西餐的厨房更像一间工厂，有很多标准设备，有很多计量、温度、时间的控制，厨房的布局也是按流程设计的，有对菜品的样式、颜色的严格要求。西餐烹饪因使用半成品较多，所以粗加工等面积可以节省些，比中餐厨房的面积略小，一般占营业场所面积的 1/10 以上。

4. “空间体验”的类型

与过去相比，消费者更加关注内心的感觉和体验，对他们而言，吃什么并不是最重要的，而对环境的体验感觉才最重要。在餐饮菜肴日益同质化的时代，菜肴口味的物理属性已经相差无几。而体验是复杂的又是多种多样的，可以分成不同的形式，且各有其固有而独特的内涵。

现在我们已经看到了很多不可思议的餐厅设计。如荷兰阿姆斯特丹的“超级俱乐部”餐厅，是一种“躺着吃”的餐厅，这种设计在客人走到餐桌前必须脱掉鞋子，斜靠在白色床上的大枕头上，享受美酒佳肴，客人将菜放在膝盖上吃（有耐热托盘）。又如美国的“科幻餐厅”，重视新科技带来的动态模拟、虚拟现实等全新体验在餐馆的运用，其座席设计与宇宙飞船舱一样，一旦满座，室内就会变暗，并传来播音员的声音：“宇宙飞船马上就要发射了。”在“发射”的同时，椅子自动向后倾斜，屏幕上映现出宇宙的种种景色，顾客一边吃汉堡包，一边体验着宇宙旅行的滋味。

三、餐饮空间的设施及形式

1. 主体开敞的就餐空间

只要注意观察，就会发现西方人到餐厅就餐时喜欢选择典雅或华丽的大厅就餐，上流社会的显贵更是可以在高档的厅座里相互观望与炫耀身份，他们觉得在大厅用餐更有情调（这一情景从众多的西方的电影中便可观察到）。而中国人性格相对比较内敛，喜欢安静与隐秘的空间，所以外出订餐总是习惯性地订一个包间。这也是中西方餐饮文化的一个不同点（图 3-75）。

（1）单人就餐空间形式

适合于一个人餐饮活动行为，无私密性，主要以简易性用餐台面和吧台两种形式出现。简易型用餐台面适用于面积较小的餐饮空间，一般台板高 700～750mm 之间、座椅高 450～470mm 之间。吧台主要出现在酒吧或高档的餐饮空间，台面比普通的用餐桌椅要高，吧凳高 750mm、台面高 1050mm，多出现在酒吧或带有前部用餐台面的餐饮空间（图 3-76）。

图 3-75　开敞的就餐空间

图 3-76　无私密性的单人就餐形式

吧凳设计强调坐视角度的灵活性和烘托吧台主体所需的简洁性，它特别注重形廓的洗练和精致感。吧凳形式较多，一般可分为有旋转角度与调节作用的中轴式钢管吧凳和固定式高脚木制吧凳两类。在吧凳设计时要注意三点，首先吧凳面与吧台面应保持在 0.25m 左右的落差。吧台面较高时，相应的吧凳坐面亦高一些。其次凳与吧台下端落脚处，应设有支撑脚部的支杆物，如钢管、不锈钢管或台阶等。另外较高的吧凳宜选择带有靠背的形式，坐起来感觉更舒适。

（2）双人就餐的座位形式（也可单人用餐）

是一种亲密型用餐形式，所占空间尺度小，便于拉近用餐者距离而造成良好的用餐气氛。多出现在高档的餐饮空间、咖啡厅等等。两人方桌边长不小于 700mm，圆桌直径在 800mm 左右，整个占地在 1.85～2.00m^2 左右。

（3）四人就餐的座位形式（也可三人用餐）

这是一种最为普遍的座椅形式，它出现在各种档次的餐饮空间成为少数人聚会用餐的良好选择。一般四人方桌约 900×900mm、四人长桌 1200×750mm，高度在 730mm 左右；4 人圆桌直径在 1050mm 左右。整个占地面积在 2.00～2.25m^2 左右（图 3-77、图 3-78）。

图 3-77　虚隔断起到心理界定作用

图 3-78　隔断形成靠墙的安定位置

（4）多人就餐的座位形式（五人以上用餐）

座椅数多于六个的座位形式，适合于多人的聚会，一般出现在大型餐饮空间。根据座位数的多少，桌子的尺寸有所不同，六人长桌 1500×750mm、八人长桌 2300×750mm；6 人桌直径 1200mm；8 人圆桌直径 1500mm，整体占地面积较大（图 3-79）。

图 3-79　东京爱丽丝梦游仙境餐厅多人就餐空间

（5）卡座形式（一般多为二到四人用餐）

卡座与散座相比增加了私密性。卡座的座椅背板较高，一般可遮挡人的视线，形成较为私密的区域感，卡座另一侧经常都会有依靠，像临窗、延墙、依靠隔断等。由于卡座多为沙发形式，所以所占空间比较大。根据不同的用餐人数，座位长度不等，一般四人就餐较为多见。

也有将沙发卡座与散座座椅相结合的形式。随着桌椅的添加可以适用于多人数用餐的需要，这样的形式理念恰恰也顺应了当代灵活多变、随机性更强。

（6）半围合隔断（一般多为四到八人用餐）

多用于正餐空间，空间属于半围合形式，空间半遮挡私密性较强。这种形式介于散座与包间之间，形式更加的灵活多变，相对于包间，半包间占地面积较小（图 3-80、图 3-81）。

2. 单体封闭的就餐空间

单间的好处是可以提供一个较为雅静的进餐环境，也往往成为彼此进行感情铺垫的场所。谈生意常常要在饭桌上先融洽气氛，才进一步转入正题，因此，单间这种相对独立的空间就有了市场。由于是品尝性质的慢慢就餐，而且每道菜送上来时，服务人员可以向顾客介绍菜的内容，因此在这里也可以充分体现饮食文化。

（1）独立包间

包间这种餐饮形式一般出现在中高档餐饮空间。一般的包间规格 4～6 人小型包间配

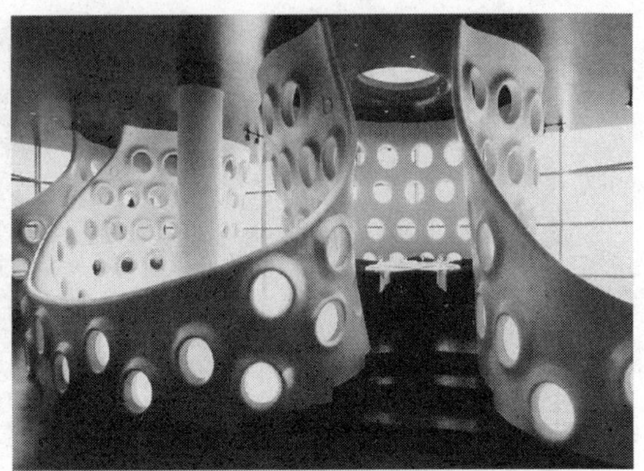

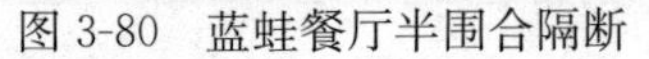

图 3-80　蓝蛙餐厅半围合隔断

图 3-81　蜂巢餐厅半围合隔断

有餐具柜（电视）面积不小于 4m²；8～10 人中型包间可配有可供 4～5 人休息的沙发组，面积在不小于 15m²；多于 12 人的用餐空间为大型包间，入口附近还要有一个专供该包间顾客使用的洗手间、备餐间。某些大包间设两张餐桌，可同时容纳顾客 20～30 人（图 3-82、图 3-83）。

图 3-82　餐厅包间（一）

图 3-83　餐厅包间（二）

（2）套间

套间多数出现在大型高档的酒店，是身份与地位的象征。内部空间一般分为三个部分：接待空间、用餐空间、备餐间、洗手间等。内部空间装饰讲究奢华，层高高于一般类型空间，多配有 1～2 名专职的服务人员。

3. 餐饮空间的桌椅形式

餐馆的桌椅是可以让顾客舒适进餐的设备。重要的是先要研究桌椅是否便于顾客使用，大小和形状是否妥当。以饮料为主业态的桌子的尺寸比较小，但以进食为主的业态，桌子与椅子的尺寸自然要大些。一般来说桌子和椅子的关系不是分别独立存在而是作为一体存在，所以不管哪一方的尺寸不合适都会感到不舒服，而且桌子的功能随着餐饮种类和业态而不同，其高度与大小等尺寸都要变化。像一次摆到桌子上的菜肴较多的业态，桌子的尺寸非大不可。餐桌的大小会影响到餐厅的容量，也会影响餐具的摆设，所以决定桌子的大小时，除了符合餐厅面积并能最有效使用的尺寸外，也应考虑到客人的舒适以及服务人员与工作人员工作的方便。

桌椅是消费者直接接触的东西，对消费者的刺激是很直接的，一定要使之搭配适宜。不能只是为了设计出独特的风格，桌椅都做得很奇特，使得人们坐不了半小时就觉得屁股痛或腰痛等，顾客不是为了看那些奇特设计来的，他们是为了进餐，为了一个舒适的空间来的。因此需要考虑消费者的使用习惯，而不是一味地追求豪华。座位形式作为一个餐饮空间的主体也在不断变化。根据不同的消费档次、空间条件产生出各种类型的座位形式(图 3-84、图 3-85、图 3-86)。

图 3-84　拾级而上的独立座位

图 3-85　座位全部一体化的处理

图 3-86　有高低变化的沙靠背

(1) 无靠背座椅

多出现在低档较小的餐厅空间，占地面积较小，移动灵活但舒适性较低。如小板凳、长条板凳，多出现在室外餐饮场所，结实耐用造价较低，可容纳多人使用，多出现在非正式性餐饮空间，随意性较大，长时间久坐非常不舒服。

（2）靠背座椅与扶手椅

属最大众化的座椅形式。从低档餐厅到高档酒店这种类型的座椅无处不在，在不同类型的空间中所用材质有很大的变化。靠背一般高 350～500mm，也有装饰性比较强的高靠背椅。更讲究一些的空间还会选用带扶手的靠背椅。这种座椅形式尺寸略大，一般用于较正式的场合。

（3）沙发

相比较前几种座位形式，沙发是最为高档的用餐座椅类型。其兼有形式美观、舒适的优点，常常用在高档餐饮空间或饮品店，如咖啡厅、西餐厅、时尚餐厅等。但也有体积较大，移动不灵活的特点。一般的餐饮空间的沙发类型分为单人沙发、双人沙发和多人沙发几种。

（4）席地而坐

日式料理用餐习惯于坐卧式，所以榻榻米就是整个座位单元。有些餐厅根据我国人的用餐习惯，在餐桌中央下方做深 400～450mm 的塌陷，尽可能地适应我国坐式就餐的习惯。另外，中国东北地区的炕上就餐的形式也与此相类似。

4. 餐厅里的卫生间设计

卫生间在餐馆中也可称为洗手间或厕所。餐馆和卫生间是对特殊“搭档”，精雅程度与客流量、销售业绩有着密切的关系，被看作是关系到餐馆声誉、档次的关键部位之一。为了吸引顾客，在餐厅卫生间的设计上值得花费心思。

卫生间在设计中需注意门要隐蔽，不能直接对着餐厅或厨房，其次要有一条通畅的公共走道与之连接，既能引导顾客方便地找到又不暴露。顾客用卫生间与工作人员用卫生间最好能分开。只要面积上有可能，卫生间最好男女分设，并且男、女卫生间的门设置时尽可能相距远一点，以免出门对视引起尴尬。卫生间最好设计前室，通过墙或隔断将外面人的视线遮挡。卫生间中设置的镜子应注意其折射角度与入口的关系，以免外面的人通过镜子折射能看到里面。

蹲便多用于一般性的公共场所，在高档的公共空间的配套设施中，由于能保证专人消毒随时打扫还是多采用坐式的马桶。在多蹲位的厕所经常安排两种以满足不同的需要。对于年龄大的人，马桶相对更安全。另外，男士用的小便斗也常出现在公共场所的设计中。小便斗分为壁挂式和落地式两种。小便斗有不少是感应式的，多采用红外线感应技术，微电脑智能化模糊控制，走时即冲，无需任何接触，能有效避免交叉感染。

洗手是餐馆必不可少的设施，现在常用的设计是洗手池上加设台面，以便放置化妆包等物品，台面一般为石材，进深在 500～600mm 左右。设计时应注意选用拨动式或按压式出水的水龙头，最好是感应开关，这样可减少使用人接触公用物品的可能，给人相对干净的心理感受。卫生间的照明不必装饰过多，主要在于实用，一般在水池上方设置镜前灯。

设计师在设计中最容易发挥之处是洗手台和镜子部分。洗手池的造型、五金，以及镜子的大小、形式等都可进行多种设计，不同的选材、不同的搭配会呈现出不同的效果与风格。这经常为设计师提供展现设计魅力的舞台，形态可以是多样的，令人感到新奇有趣。

随着空间档次、消费水平、用餐者的身份地位的提升。卫生间已经不再只是提供简单功能的场所，它也变成了体现空间品质的象征。在空间设计中以卫生间的基本设备为基础，加入适合于高端人群的休息空间，便于使用者在餐饮区域以外处理事务与活动，例如短暂的等候、接听电话、醉后的醒酒等（图 3-87、图 3-88、图 3-89）。

图 3-87　洗手池（一）

图 3-88　洗手池（二）

图 3-89　小便池

而女性消费者多数对自己的形象与仪态非常注重，所以她们在用餐期间会不时到卫生间进行补妆，所以带化妆功能的卫生间是十分必要的。它主要有女士专用的梳妆镜、化妆台、试衣镜、物品台等功能性设施。甚至在一些更加高档餐饮空间中的卫生间还配有更衣间以方便女士在不同场合下更换衣物。

餐饮空间中的卫生间也呈现出各式各样新奇的样式。他们打破常规从洁具形式上颠覆人们惯常思维，达到新奇的体验效果。如做成低音号外型效果的小便器。更有甚者将卫生间的各种洁具设施也用艺术品的形式设计出来。

当然新时代带给我们的不仅仅只有形式上的变化，同样，高新科技手段也在餐饮空间中的卫生间中有所体现。这类卫生间运用于更加个性化和高档的餐饮空间。智能的卫生洁具，多媒体隔断墙面等高技术材料为卫生间设计拓宽了思路。例如，巴西圣保罗的 CASA COR 餐厅，是专门为高端影视媒体工作者服务的，男女卫生间隔断全部为多媒体光电玻璃，可以进行影像的播放。公共区域的洗手台与休息坐台也全部由高密度光导材料制成，整个空间给人一种极其现代化与未来感的感观体验。

同样在现实生活中餐饮空间中的卫生间也可以造型独特、设计大胆夸张，将卫生间变为了整个餐饮空间的亮点。设计师会特意的增大卫生间面积，将卫生间的形式设计为区别于整体空间的样式，形成特殊的空间体验以取悦顾客。例如，英国伦敦的 QUESTO BAR 将卫生间设计成一个个独立的蛋形结构，形成了强烈的神秘性，让人产生好奇感。

用带有颠覆性的设计为卫生间的使用者留下深刻的视觉刺激与心理感受。主要表现在设计多以调侃性的设计手法进行设计，表现出明显的后现代主义艺术的特征。在空间的设计上加入了大量设计者对生活对艺术观点，有的用大量夸张大胆的空间涂饰营造空间；有的将与空间极不相宜的物品放入其中来加强顾客的体验性等；或故意将一些常规性的形式尺度、材料等做改变，试图打破存在于人们心中的对常规性公共卫生间私密性的理解，这样的卫生间多出现在适合于小众群体的时尚餐厅。例如，将男女共用的卫生间用软隔断或半透明隔断分隔；将卫生洁具放置在公众开敞处，让本应该私密的行为半公开的暴露，给人新奇的体验过程。

5. 餐厅柜台种类及形式

（1）接待台

多数放置查询信息的电子设备（电脑）和一些预订登记的文件资料，用于办理餐前预订和餐后相关服务的柜台。尺寸高度一般在 750～900mm 之间，宽度在 450mm 左右，根据服务人员的行为可分为站立式服务的接待台和座位式服务的接待台（图 3-90）。

（2）收银台

内部放置运用收银的机器和开设单据的储物空间，运用收银结账服务的柜台，尺寸略高大约 900～1100mm 左右，宽度在 550mm 以上，长度不限，服务人员在内部的操作距离一般不小于 800mm（图 3-91）。

图 3-90　自由形态的接待台

图 3-91　充满趣味的收银台

（3）自助选餐台

主要放置供选择的食品与餐具，提供就餐者根据自身的喜好来选择食品。自助餐台根据不同菜品的所盛容器的大小，台面尺寸比较自由，但高度大约在 750mm 左右。自助餐台形式主要分为岛式和线式两大类（图 3-92）。

（4）吧台

吧台的造型应是空间中的一个亮点，所以设计中应考虑独特的处理手法。酒吧里的吧台一般设计的很长，是酒吧中最抢眼的地方，目的是为了顾客坐在吧台聊天有一种舒适感。设置吧台必须将吧台看作是完整空间的一部分，而不单只是一件家具，好的设计能自然的将吧台融入空间之中（图 3-93）。

吧台是调制饮料和配制果盆操作的工作台，也是人们在休闲坐歇与饮用时扶靠的案台，亦可成为实用的便餐台。吧台大多设双层，其上层为抽屉，供藏筷勺之用，下层为格

图 3-92　造型简洁的选餐台

图 3-93　具有倾斜动态的酒吧吧台

状的贮藏空间，置放不常用的杯盘、器皿等。操作空间进深至少需要 900mm，台面的深度视吧台的功能而定。只喝饮料与用餐所需的台面宽度不一样，台面最好要使用耐磨材质，有水槽的吧台最好还能耐水，如果吧台使用电器，耐火的材质是最好的。吧台的位置当然也会受给排水的影响，尤其是离管道间或排水管较远的角落时，排水就成了一大难题。

6. 厨房工作空间的比例

餐饮店的厨房是非常重要的场所，其功能的好坏直接影响到餐饮店所提供的菜肴的品质和速度。厨房设计的工作意义不仅仅是制定厨房的作业顺利运转的计划，而且也要研究工作人员的服务路线，提高厨房的工作效率，并给工作人员创造一个方便的工作环境，这样不论店里多繁忙，也不会出现混乱的局面。

要认识到厨房面积的大小，是由提供的菜肴的品种和数量来决定的。像正餐餐馆这种业态厨房面积一般会很大，理由是因为比起一般的餐饮店，在那儿提供的菜肴品种有 60～90 种之多，烹调方法有烧、炒、炸、蒸、煮等各种方法，这些方法需要很多设施，所以厨房面积要占较大比重。如果厨房太狭小，相对于客席的烹调器具的能力不足，菜肴的提供没那么顺利，而且也给在那儿工作的员工产生强烈的不便感。一般说来大多数饮食店的厨房面积比例约占总面积的 30％～40％左右。像快餐店这种优先考虑食品操作功能的业态要特别注意机器的效率，所以厨房的机器很多，面积也要大一点，约占 55％，相比之下厨房面积较小的业种是茶馆或饮品店，约占 15％～18％。

厨房应包含以下几种空间：

（1）主食制作间：指米、面、豆类及杂粮等半成品加工处。

（2）主食热加工间：指对主食半成品进行蒸、煮、烤、烙、煎、炸等的加工处。

（3）副食粗加工间：包括肉类的洗、去皮、剔骨和分块；鱼虾等刮鳞、剪须、破腹、洗净；禽类的拔毛、开膛、洗净；海珍品的发、泡、择、洗；蔬菜的择拣、洗净等的加工处。

（4）副食细加工间：把经过粗加工的副食品分别按照菜肴要求洗、切、称量、拼配为菜肴半成品的加工处。

（5）烹调热加工间：指对经过细加工的半成品菜肴，加以调料进行煎、炒、烹、炸、蒸、焖、煮等的热加工处。

（6）冷荤加工间：包括冷荤制作与拼配两部分，亦称酱菜间、卤味间等，统称为冷荤加工间。冷荤制作处系指把粗、细加工后的副食进行煮、卤、熏、焖、炸、煎等使其成为熟食的加工处；冷荤拼配处系指把生冷及熟食按照不同要求切块、称量及拼配加工成冷盘的加工处。

（7）风味餐馆的特殊加工间：如烤炉间（包括烤鸭、鹅等）或根据需要设置的其他特殊加工间。

（8）备餐间：主、副食成品的整理、分发及暂时置放处。

（9）付货处：主、副食成品、点心、冷热饮料等向餐厅或饮食厅的交付处。

（10）储藏室：具有非常重要的储藏机能，食品及半成品的保鲜及储存均在于此。

一般的储藏室有冷藏库、冷冻库、食品原料库及养生池等，要根据店的送货、进货次数和条件来配置设备。如果像连锁西餐馆这样，它自己就有集中加工或烹调食品的厨房，所以原料的供给一般是加工一定程度的半成品，只要考虑到储藏空间的大小就足够了。

干燥的仓库里放的东西多是调味料、粉类、米、油等，当然可把使用频率高的食品的原料放在离烹调中心和制作中心近的地方。一般干燥仓库放在厨房的区域内。如果地板的标高一样的话，可能会进水或带入潮气，所以要考虑到使仓库地面标高比厨房地面高出15～20mm，而且在不密封的仓库的情况下做好室内的通气和换气。策划平面布置前要考虑好与进货入口的连接等问题，特别是使用频率高的冷藏库、冷冻库的设备要做到可把食品方便送入送出。

四、餐饮空间设计步骤

1. 餐饮空间功能与布局

无论餐厅的规模大小，菜品主打档次如何，一间餐厅是由各个空间组成进行运作的，通常餐饮空间按照使用功能可分为主体就餐空间、单体就餐空间、柜台空间、垂直交通空间、卫生间、厨房工作空间等。由于各种不同的功能其作用在不同的餐饮空间中所占的比重不同，所以划分的合理、安全、有效成为室内设计中需要注意的主要内容，它将为更好地发挥其使用功能起到重要的作用。

（1）桌椅的排布

在高档的就餐大厅设计中，最好不要设计排桌式的布局，那样一眼就可将整个餐厅尽收眼底，从而使得餐厅空间乏味。应该通过各种形式的隔断将空间进行组合，这样不仅可以增加装饰面，而且又能很好地划分区域，给客人留有相对私密的空间。

社会学家德克·德·琼治在一项“餐厅和咖啡馆中的座位选择”的研究发现，有靠背或靠墙的餐椅以及能纵观全局的座位比别的座位受欢迎。其中靠窗的座位尤其受欢迎，在那里室内外空间尽收眼底。餐厅中安排座位的人员证实，许多来客，无论是散客还是团体客人，都明确表示不喜欢餐厅中间的桌子，希望尽可能得到靠墙的座位。所以作为餐厅布局必须在通盘考虑场地的空间与功能质量的基础上进行。每一张座椅或者每一处小憩之地都应有各自相宜的空间环境，置于大空间内的小空间中。朝向与视野对于座位的选择起着重要的作用。

（2）平面规划的规律

餐厅的总体平面布局有不少规律可循，设计应根据这些规律，创造实用的平面布局效果。秩序是餐厅平面设计的一个重要因素。复杂的平面布局富于变化的趣味，但却容易松散。设计时还是要运用适度的规律把握秩序，这样才能求取完整而又灵活的平面效果。在设计餐厅空间时，必须考虑各种空间的适度及各空间组织的合理性。尤其要注意满足各类餐桌餐椅的布置和各种通道的尺寸，以及送餐流程的便捷合理。不应过分追求餐座数量的最大化。具体来说，要考虑到员工操作的便利性和安全性以及客人活动空间的舒适性和伸展性。通道的宽度因餐厅的规模而变化，但一般主通路的宽为900mm～1200mm，副通道是600mm～900mm左右，而通至各客席的道路宽400mm～600mm是比较妥当的尺寸，但也有的业态取750mm（图3-94、图3-95、图3-96）。

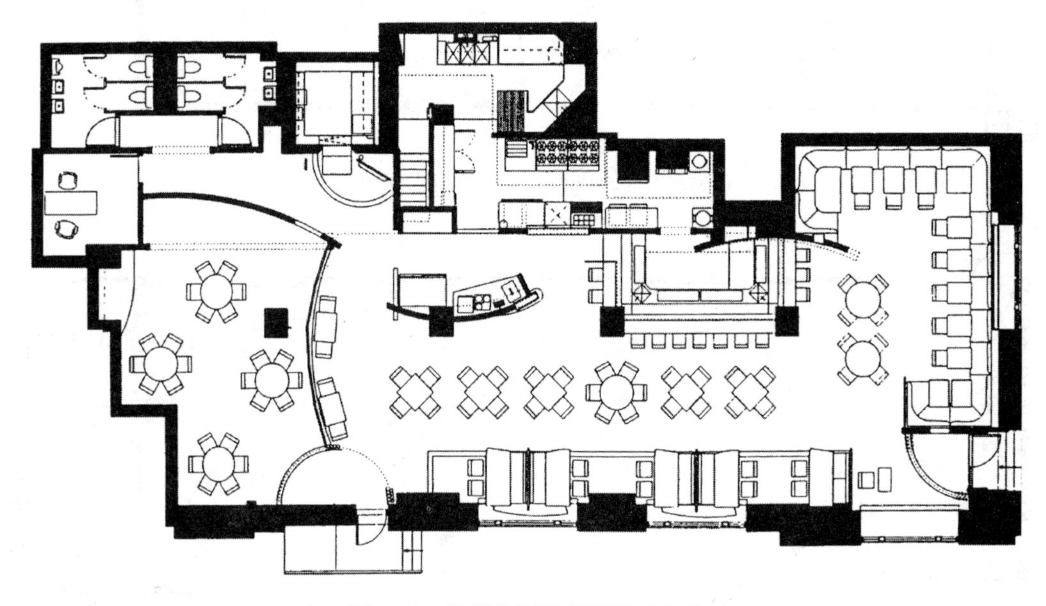

图3-94 均衡协调的餐厅平面布局

一般的客席策划的配置方法是把客席配置在窗前或墙边。一般情况下来客以2～3人为一组的较多，客席的构成要根据来客情况确定。一般的客席配置形态有竖型、横型、横竖组合型、点型，以及其他类型。这些要以店铺的规模和气氛为根据。

（3）包间的排布

在平面布局设计中应注意尽可能使单间的大小多样化。一些贵宾单间内所设的备餐间入口最好要与包间的主入口分开，同时，备餐间的出口也不要正对餐桌。包间区域的服务通道与客人通道的分开十分重要，过多的交叉会降低服务的品质，好的设计会将两通道绝对的分开。

2. 餐饮空间的色彩设计

就餐环境的色彩无疑会影响就餐人的心理。一是食物的色彩能影响人的食欲，二是餐厅环境色彩也能影响人就餐时的情绪。不同的色彩对人的心理刺激不一样，以紫色为基

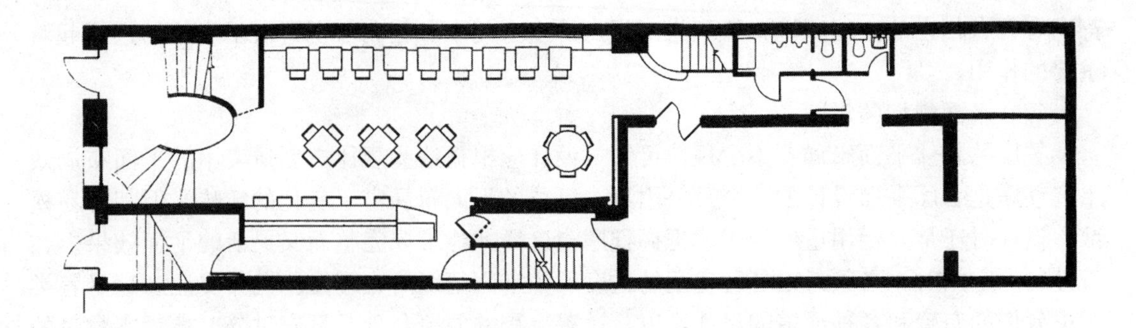

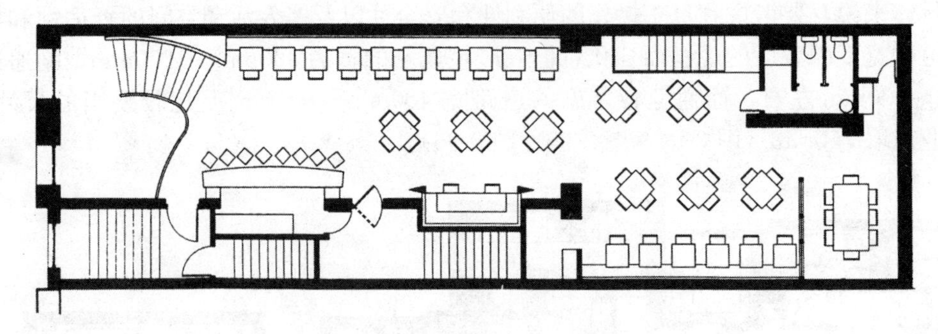

图 3-95　紧凑的二层快餐店平面布局

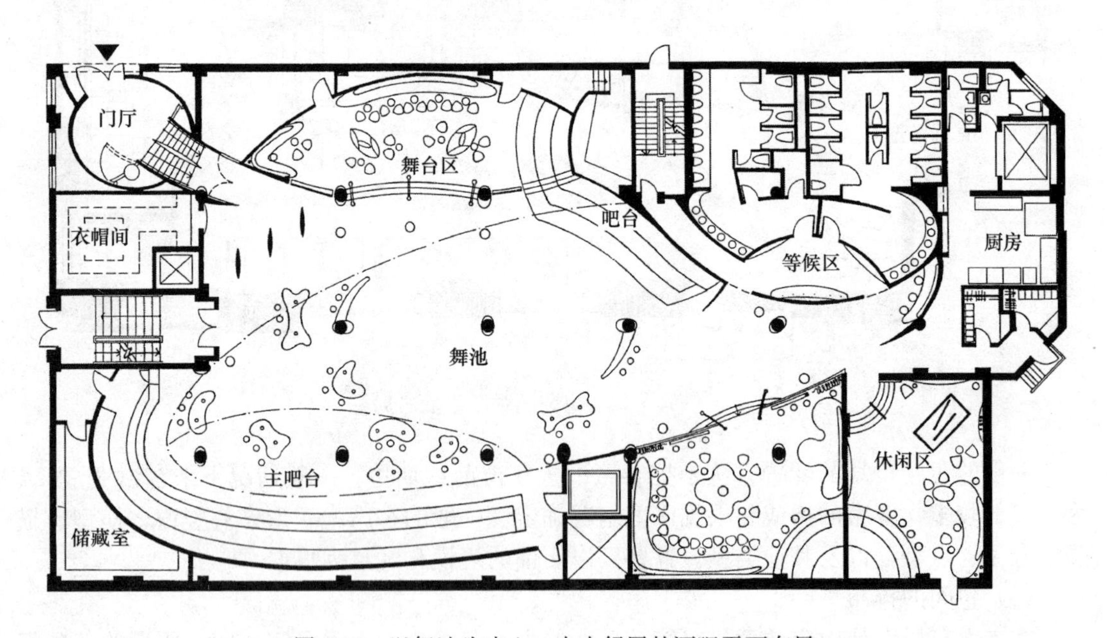

图 3-96　以舞池为中心，自由舒展的酒吧平面布局

调，显得高贵，以黄色为基调，显得柔和，以蓝色为基调，显得不可捉摸，以白色为基调，显得洁净，以红色为基调，显得热烈。不同的人对色彩的反应也不一样，儿童对红、橘黄、蓝绿反映强烈，年轻女性对流行色的反应敏锐。若整个餐馆都使用金属色，会给人一种冷飕飕的感觉，如果又是刺眼的亮光，恐怕就难以使顾客驻足太久。餐馆的色彩运用应该考虑到顾客阶层、年龄、爱好倾向、注目率等问题。

餐厅色彩宜以明朗轻快的色调为主。红色、茶色、橙黄色、绿色等强调暖意的色彩较适宜，比起白色、黑色更招人喜欢。橙色以及相同色相的姐妹色有刺激食欲的功效，它们不仅能给人以温馨感，而且能提高进餐者的兴致。整体的室内色调应沉着，给人安宁的私密性的气氛，同时色彩要有一个基调。

3. 餐饮空间的材料选择

（1）材料的功能性

餐厅不仅是人们进餐的场所，同时也是重要的社交场所和公众汇集的地方。在餐厅中，人们不但在“吃”，同时还在“说”。餐厅的声环境不仅与以人为主的声源有关，而且与餐厅的体形、装修等建筑声学因素密切相关，科学地对餐厅进行吸声处理，可以大大降低餐厅的嘈杂程度，提高音质，改善用餐的声环境。

餐厅中最重要的吸声表面是吊顶，因为不但面积大，而且是声音长距离反射的必经之地。如果吊顶是水泥、石膏板、木板等硬质材料，声音将会衰减较小地反射到房间中的各处，形成嘈杂声。使用高效率的吸声吊顶，如穿孔铝板、矿棉吸声板、木丝吸声板等时，反射到其他区域的声音要少得多，远离讲话者的声级将迅速下降。除了吊顶进行吸声处理以外，墙面吸声（如吸声软包、木质穿孔吸声板等）、厚重的吸声帘幕，绸缎带褶边的桌布，软座椅等都能产生有效的吸声。

（2）材料的装饰性

餐馆内部的形象给人的感觉如何，在很大程度上取决于装饰材料的使用。天然材料中的木、竹、藤、麻、棉等材料给人们以亲切感，可以表达朴素无华的自然情调，营造温馨、宜人的就餐环境。平坦光滑的大理石、全反射的镜面不锈钢、纹理清晰的木材、清水勾缝的砖墙、给人不同的联想和感受。

一个餐厅设计的成功与否不在于单纯追求昂贵的材料，而在于依据构思合理选用材料、组织和搭配材料。昂贵的材料固然能以显示其价值的方法表达富丽豪华的特色，而平凡的材料同样可以创造出幽雅、独特的意境。

餐厅的地面一般选用比较耐久、结实、便于清洗的材料，如石材（花岗石）、水磨石、毛石、地砖等。较高级的餐厅常选用石材、木地板或地毯。地面处理除采用同种材料变化之外，也可用二种或多种材料构成，既有了变化，又具有很好的导向性。

4. 餐饮空间的照明设计

灯光是餐饮店的重要物质要素。灯光的功能与食客的味觉、心理有着潜移默化的联系，与餐饮企业的经营定位也息息相关。作为一种物质语言，要正确处理明与暗、光与影、实与虚等关系。灯光必须与经营定位相适应，不同的餐饮企业有着不同的灯饰系统。麦当劳、肯德基等西式快餐以明亮为主；咖啡厅、西餐厅是最讲究情调的地方，灯饰系统以沉着、柔和为美；中餐厅应灯火辉煌、兴高采烈。

灯光太亮或太暗的就餐环境会使客人感到不适，桌面的重点照明可有效地增进食欲，而其他区域则应相对暗一些。有艺术品的地方可用灯光突出，灯光的明暗结合可使整个环境富有层次。此外，还应避免彩色光源的使用，那会使得餐厅显得俗气，也会使客人感到烦躁。

灯具选择与光源不同，灯具的装饰价值不在于它们所发射出的光线，而在于它们本身所独有的风格、美感，这是其他光源所无法企及的。灯具外观就能决定一个餐厅的风格和情调，这一点就是灯具的优势和魅力所在（图 3-97、图 3-98）。

图 3-97 灯具与天棚结合的设计

图 3-98 结合灯具的座位设计

第四节 酒店空间室内设计课题

酒店是能够提供就餐、洗浴、睡眠的地方。在中国，酒店（HOTEL）也称为“饭店”、“宾馆”、“旅店”、“旅馆”“招待所”等等。现在交通的便利使得世界变得越来越小，国家与国家之间、城市与城市之间的旅行变得更加频繁，住酒店的人和对酒店的需求量也就越来越大，酒店设计这个行业也面临巨大挑战。

酒店在中国已经成为一个蓬勃发展的业态，从星级酒店、商务型酒店、会议型酒店、经济型酒店、度假酒店、设计型酒店到各种连锁酒店数不胜数。无论哪一种类型的酒店，在室内设计风格上都应与其自身的酒店定位及类型相吻合。如星级酒店的客人则多数为商务客人，酒店的设计配套则按星级标准作配置；而商务型酒店的气氛则应更趋于商业、时尚；经济型酒店的客人为预算有限只求一宿的旅客，所以酒店的设计元素便是配套设施从简；度假型酒店应突出轻松、休闲的特征；设计型酒店的艺术及个性化氛围则应更强烈一些。

一、酒店的业态

1. 星级酒店的主要特征

为了保护旅游者的利益，国际上曾先后对酒店的等级做过一些规定。按照酒店的建筑设备、饭店规模、服务质量、管理水平，逐渐形成了用星的数量和设色表示旅游饭店的等级。星级分为五个等级，即一星级、二星级、三星级、四星级、五星级（含白金五星级）。最低为一星级，最高为白金五星级，星级越高，表示旅游饭店的档次越高。现在已经出现七星级的酒店。

（1）白金五星级饭店的基本要求

a. 具有两年以上五星级饭店资格；

b. 内部功能布局及装修装饰能与所在地历史、文化、自然环境相结合，恰到好处地表现和烘托其主题氛围；

c. 除有富丽堂皇的门廊及入口外，有观光电梯；

d. 饭店整体氛围极其豪华气派。

（2）白金五星级饭店的客房要求

a. 普通客房面积不小于 36m²；

b. 不少于 30%的客房有阳台；

c. 不少于 50%的客房卫生间淋浴与浴缸分设；

d. 不少于 50%的客房卫生间干湿区分开（或有独立的化妆间）；

e. 套房数量占客房总数的 10%以上；

f. 所有套房供主人和来访客人使用的卫生间分设；

g. 有 5 个以上开间的豪华套房；

h. 有残疾人客房。

（3）白金五星级饭店的餐饮设施

a. 有布局合理、装饰豪华、格调高雅、符合国际标准的高级西餐厅；

b. 有净高不小于 5m、至少容纳 500 人的宴会厅；

c. 有至少容纳 200 人的大宴会厅，配有序门和专门厨房；

d. 有位置合理、装饰高雅、气氛浓郁的独立封闭式酒吧；

e. 餐厅、吧室均设有无烟区；

f. 独立的酒吧、茶室等；

g. 大堂酒吧。

（4）白金五星级酒店的会议功能

a. 至少容纳 200 人的多功能厅或专用会议室，并有良好的隔音、遮光效果，配设衣帽间

b. 至少 2 个小会议室或洽谈室（至少容纳 10 人）；

c. 至少 2000m² 的展厅。

（5）白金五星级酒店的娱乐设施

a. 歌舞厅；有影剧场，舞美设施和舞台照明系统能满足一般演出需要；

b. 美容美发室；健身中心；桑拿浴；保健按摩；

c. 设有室内游泳池、室外游泳池、棋牌室、游戏机室、桌球室、乒乓球室、保龄球室（至少 4 道）及网球场。

星级酒店是一种酒店的标准，现在看来有点过时，在酒店不发达的年代，星级标准促进了酒店的完善，但现如今已经有所不同，新型的酒店品牌层出不穷，从七星级的酒店到各种光怪陆离的酒店已经挑战了人们的固有思维（图 3-99）。

2. 商务型酒店

商务型酒店是以商务客人而非旅游度假客人为主要接待对象的酒店。商务型酒店一般

在地理位置、酒店设施、服务项目、价格等方面都以商务为出发点，尽可能地为商务客人提供便利。商务酒店打破了星级的概念，可高可低。

商务酒店的商务设施要齐备，如传真、复印、视听设备等。酒店还要提供各种先进的会议设施便于客人召开会议，客房里的设施设备也要符合他们需求，便于办公，如打印机、网络接口等。商务酒店的价格要高于同类型的酒店，一般商务旅客对价格的敏感度不大，但在住宿、通讯、宴请、交通方面较为讲究，注重酒店的环境和氛围。

商务型酒店的主要客源是针对因公出差的公司人员，大部分都为经理层人士。这类客人对酒店的各方面要求都比较高，相对市场容量不大。因而商务型酒店的客房数不多，装修豪华，房间层高很高。这类酒店更注重于老客户、协议单位的客人入住，大约占平均客房入住率的70%多。对于某些大型的商务酒店，还配备设施齐全的宴会厅、会议室，供相关企业在此召开商务会议、谈判等活动（图 3-100）。

图 3-99　酒店

图 3-100　商务型酒店

3. 经济型酒店

经济型酒店又称为有限服务酒店，以大众旅行者和中小商务者为主要服务对象，以客房为唯一或核心产品，是价格低廉，服务标准，环境舒适，硬件上乘，性价比较高的现代酒店业态。当前，“如家快捷”、“莫泰 168”、“锦江之星”是国内最主要的三家经济型酒店（图 3-101）。

经济型酒店一般紧扣酒店的核心价值——住宿，以客房产品为灵魂，去除了其他非必需的服务，从而大幅度削减了成本。与一般业态酒店不同的是，经济型酒店非常强调客房设施的舒适性和服务的标准化，突出清洁卫生的特点。酒店可大可小，一般不宜超过 200 间客房数量最好。客房一般占酒店总建筑面积的 70%～80%；其他还有一个前厅（大堂）、一个自助餐厅。经济型酒店并不希望客人在酒店公共区有长时间停留，酒店的运营、调度、监控、财务功能都设在前台区域。

4. 度假酒店

度假酒店在室外环境、装修材料方面都有自己的特点，跟星级酒店、商务酒店有所不同，它有明显的生态特征。首先需要充分利用美好的外部环境。大部分度假酒店都在自然条件优越地区，阳光、绿色让人们感觉到回归自然，没有城市的喧嚣。其次，讲求环保节能，如很多度假酒店除了客房以外几乎没有安装空调，再者要充分利用自然光，有些度假酒店白天几乎看不到一盏灯光。在度假酒店中的任何空间都尽量与环境结合，同时要强调本土的魅力，利用地方特色带来别样感受，包括地方的一些工艺品、服装、色彩、面料、食品等都会带给客人异域的感受。所以当地的文化是非常有效的设计语言，如何演绎这种文化是设计师非常重要的能力。

图 3-101　经济型酒店

经济型酒店就像是“速食”，经济快捷但有限制的享受，商务酒店就是一种工作状态的机器，功能第一，只有度假酒店这一种看似可有可无的酒店业态在当今还有开发的潜能。原因是：旅行中人们经常会被带入传统的星级酒店（三星最多、四星五星次之），这种酒店的娱乐性和实用性比较差，最主要的是不能让人完全放松下来，另外，现有的度假酒店的设计大同小异，没有针对不同的消费者及时调整定位，仅是住的干净、吃的舒服这种简单的要求。我们希望从度假酒店入手提升旅行度假的品质，间接刺激这部分的消费，同时降低对生态资源的负重及损害。现在许多酒店相差无几，但旅行者每到一个国家、一个城市，多想体验一下当地的风土人情、寻找一些别样的感受，而如今各地的酒店差异并不明显，吃着相同的食物，住着干净但无聊的客房，有时仅仅是区别于家的感受。

对于度假来说每个人的期望值都会不同，旅行出游依赖景色、气候、住宿、文化、美食、同伴等多方面因素，可以说住宿占到了度假行程中很重要的一部分（图 3-102、图 3-103）。

图 3-102　度假酒店（一）

图 3-103　度假酒店（二）

5. 设计型酒店

设计型酒店是指采用专业、系统、创新的设计手法和理念进行前卫设计的酒店，是酒店产品的特殊形态，也是酒店业发展高级阶段的产物。一般具有独一无二的原创性主题，具有与众不同的系统识别，且不局限于酒店项目的类型、规模和档次。设计型酒店不仅意味着酒店空间美学的革命，也是现代旅行价值观的革命。

随着中国经济持续迅猛的发展，国内国际消费市场日益成熟壮大，消费需求也日益多样化和个性化，对于不同层次的消费者，尤其高端消费者，传统意义的豪华舒适已不再是选择酒店的首要条件，越来越多频繁旅行的消费者会觉得千篇一律的连锁酒店枯燥乏味，转而寻求旅行住宿带来的独特体验。消费决定供给，设计型酒店潮流正迎合了这一消费需求。

设计型酒店使酒店不再只是客人旅行时不得不住的地方，而成为客人梦想去住的地方。虽然由于设计型酒店的投资成本较高，目前的消费者仍然以金字塔顶层的高收入客人居多，但设计型酒店的经典艺术性使得旅行观念正在发生变化，吸引着更多重品质重感受的旅客。

随着人类文明的进步，美妙感受的赋予对任何产品来说，都成为越来越重要的品质。设计可以创造出产品使用价值之外的附加价值，设计型酒店的经典性、创造性与唯美追求可以使旅途中的临时住所变成景点或圣地。因此，标新立异的设计型酒店不可避免地成为酒店业发展的趋势和潮流（图 3-104，图 3-105）。

图 3-104　充满梦幻气氛的客房设计

图 3-105　流线型的走廊座位

二、酒店设计的基本原则

酒店的室内设计所追求的是与众不同，与建筑设计相协调，且考虑周围环境及市场要求的。消费者的舒适永远是优先考虑的事情，酒店室内设计的目的就是打造能吸引顾客的公共区域和客房。

室内设计的风格可以是现代简约的设计，也可以是传统的或当地的古朴风格，但设计的目标是一致的：超越顾客的期望，娱悦他们的感观。尤其在酒店的大堂、通道等公共区域中。同时，设计还应考虑空间的利用和材料的耐用性，必须易于维护，使酒店的环境品质不因高客流量和时间的流逝而减退。

1. 酒店设计的定位与范围

酒店的经营和设计是分不开的，最终目的是一样的，不但要好看还要耐用，投资人最希望能够使酒店升值、保值，这说明酒店设计一定要为酒店的经营服务。首先设计师要很清楚的给出一个设计定位，并且要做一个全面的市场调研，判断相应的市场机会，另外还要有酒店内部管理层面的定位，予以酒店战略目标实体化的支撑，如有多少部门、多少空间，这是前期作为经营者和设计师都应考虑的问题。

另外，还要知道投资的规划，这是一个在可控投资、合理回报基础上开展的，科学的把总投资做一个分区，从基础建设、装修装饰到酒店用品等等。作为设计师应在做项目之前把这些都搞清楚，设计要为工程控制成本。真正的工程造价是从设计师设计中产生的，在设计之前要先估算设计的结果，包括市场的反响、效益等，接下来才有设计师发挥的空间。

酒店设计包括功能布局及分区设计、总体规划、建筑设计、内外景观及园林设计、室内装修设计、机电与管道系统设计、标志系统（vi）设计、交通组织设计、管理与对客服务流线（程）设计等内容（图 3-106、图 3-107）。

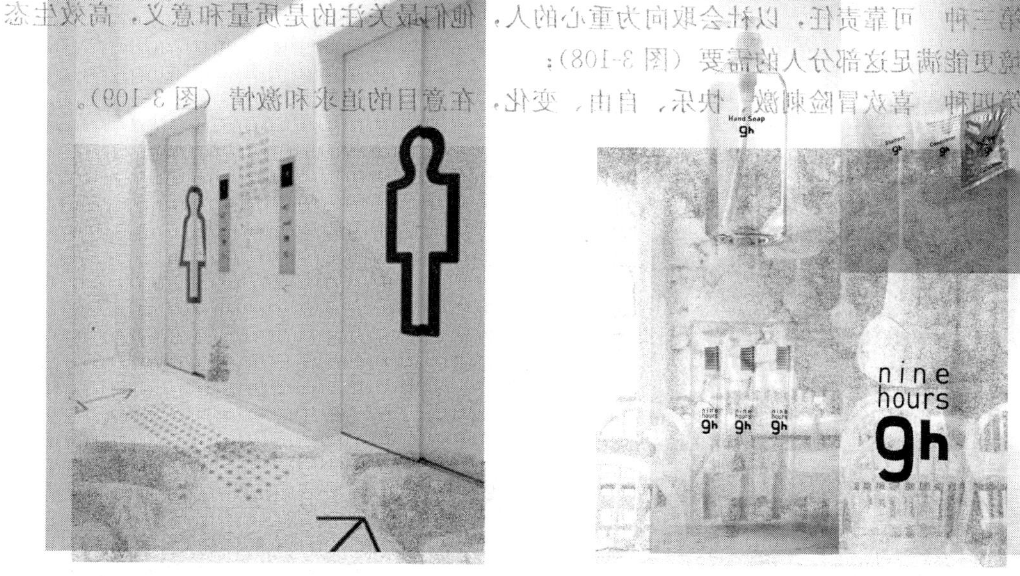

图 3-106　导视系统

图 3-107　酒店产品配套设计

2. 多角度看待酒店设计

设计师要从投资人、经营人、顾客、建造者的角度考虑。首先，设计要为经营者提供服务，工程结束后是交给酒店管理公司，交给经营者。要考虑这个酒店和别的酒店有什么不同，要有差异化，要有竞争力，好的设计师要能开发市场，引导消费。其次，设计要为使用者服务，要为消费者创造令人难忘的、有品位的空间体验，追求优雅的、个性的、超值的空间体验。酒店的设计主要取决于顾客，明确顾客群体，是五十岁的、三十岁的，是白领还是金领，关键看顾客能接受的程度是多少。一些新的品牌酒店，它们针对的是有特殊品位追求的人群，也许呈现比较低调或极端的样貌。

再次，设计同时要为建造者服务，设计者的作品不是空中楼阁，它应该是能够实现的，做出的东西要能够很好地使用。

总之，酒店的设计方案应满足有关的法律、法规及酒店特定的经营需求，体现酒店的定位，将酒店的个性体现出来。充分协调酒店管理和酒店设计之间的关系，从酒店特有属性和消费者的消费需求出发，重视酒店客房家具等配套设施的设计，而不能仅从纯艺术的角度进行创作。

3. 价值观导致消费的差异

住的满意与否很多时候取决于人们对住本身的愿景，但更多的时候设计师并不了解人们的这些不同，只简单的将顾客分为白领、金领、有钱人、学生等不同人群，然而并不是有相似生活背景的人会对同样的住宿条件满意，也就是说每个相似的人其生活风格也许还有很大差异。有时度假旅行会跟他平时的生活风格相一致，这样人们就会有满足感，所以消费能力和收入虽然大体一致，但更加准确的是要考虑到人们的生活习惯及内心的真实需要。

消费人群大体分以下四种群体：

第一种　重视地位、外表、安全，价钱不是问题，关键是品质；

第二种　重视传统、节约、谦逊、未雨绸缪的生活态度，需求平静安全的住宿；

第三种　可靠责任，以社会取向为重心的人，他们最关注的是质量和意义，高效生态的环境更能满足这部分人的需要（图 3-108）；

第四种　喜欢冒险刺激、快乐、自由、变化，在意目的追求和激情（图 3-109）。

图 3-108　生态型酒店

图 3-109　追求新奇体验的酒店

当然实际上并不是只有这四种人。这是因为还有许多没有与人们生活风格相适应的酒店出现，我们需要大量的新理念的酒店品牌产品，来满足不同的消费者对住宿的需要，而不能只是将客人粗暴地填满各个酒店的床铺。

现在急需改变的是，游客难以享受到有针对性的差异化服务，为此，我们应当打造符合多种人群不同生活风格的酒店，满足人们时尚潮流、理性享受的不同需要。

三、酒店空间的功能分配

酒店中的功能设置很重要，要根据酒店规模、客人消费能力来安排，面面俱到并不是一个很好的对策，要挑选必要的设施，要有所侧重和特点突出。酒店空间的功能很多，以下介绍酒店中主要的几个功能空间。

1. 酒店大堂的设计要点

酒店大堂一般包括接待前厅、总服务台（含接待处、问询处、收银处）、商务中心、贵重物品寄存处、大堂副理接待处等（图 3-110）。

酒店大堂的面积也和客房的数量有密切的关系。一般情况下，酒店的大堂（包括前厅）的面积按每间客房 0.8～1.0m² 计算。有人误以为酒店大堂越大、越高才气派，实际上面积过大的厅堂，不仅会增加装修及运行成本，而且会显得异常冷清，不利于酒店的经营。

（1）前厅设置的基本原则

a. 前厅的设置要尽量少占用大堂空间；

b. 确保“收银处”的安全，预防妨害酒店现金和账务正常活动的事件发生；

c. 前厅的位置应该是明显的，同时前厅的员工也能够看清酒店大堂出入的过往客人；

d. 前厅不仅要高效、准确完成客人的入住登记手续，还应有足够的空间供客人活动；

e. 客用电梯、酒店员工电梯及行李专用电梯应分别设立；

f. 配备供客人查询有关酒店服务设施位置及时间等信息的电脑；

g. 前厅内应设有用中英文文字及图形明显标志的供男女客人使用的洗手间；

h. 前厅的装饰、灯光、布置必须有特色，必须体现酒店的级别，对客人有较强的吸引力，更重要的是前厅的布局要考虑到酒店经营与管理的需要。

（2）前厅的设计要求

a. 前厅最好能引入一定数量的自然光线，同时配备不同类型的灯光，以保证良好的光照效果。灯光的强弱变化应逐次进行，要使每位客人的眼睛都能逐步适应光线明暗的变化，可采用不同种类、不同亮度、不同层次、不同照明方式的灯光，配合自然光线达到上述要求；

b. 前厅要有适当的温度，酒店通过单个空调机或中央空调，一般都可以把大厅温度维持在人体所需要的最佳温度，一般是 22℃～24℃；

c. 前厅内人员来往活动频繁，应使用性能良好的通风设备，改善大厅内空气质量；

d. 前厅声源多，如噪音过于集中，会降低工作效率，使人烦躁不安，易于激动和争吵，因而应考虑使用吸音材料（图 3-111）。

图 3-110　NAGA 上院酒店大堂

图 3-111　璞丽酒店前厅

（3）大堂的总服务台

a. 大堂总服务台是最主要的视觉中心，其位置应尽可能不要面对大门，这样可以给在总台办理相关手续的客人一个相对安逸的空间。

b. 酒店的贵重物品保管间需有两个方向的门进入。一扇门是供客人使用，另一接总台，供服务人员进出。对于规模较小的酒店，商务中心可与总台相邻，以节约人力，而规模较大的酒店商务中心与会议中心安排在一个区域内则是理想的选择。

c. 大堂的总服务台高度通常是1.01m，宽0.7m，过高或过低都不利于前厅的接待工作。柜台的长度通常受到酒店规模和等级影响。美国有如下的推算标准（表3-1）。

大堂的总服务台长度与办公面积推算表 **表3-1**

客房数	总台长度（m）	服务台与办公面积（m^2）
50	3.0	5.5
100	4.5	9.5
200	7.5	18.5
400	10.5	

（4）大堂吧的设计要点

大堂吧是中、高端星级酒店中必备的功能场所之一。根据酒店的实际客人流量，大堂酒吧面积应与客位数相吻合，要与服务后场紧密相连。如空间不大或位置不具有私密性，建议不设酒水台，有服务间即可。酒店的大堂吧与咖啡厅也可以结合在一起，可有效地利用空间及资源，早晨可以提供客人自助早餐，中午、晚上是特色自助餐，而各餐之间仍具有大堂吧的功能，这是一个较为经济的设置方式。

2. 酒店客房的设计要点

客房的设计具有完整、丰富、系统和细致的内容，这已经是世界上很多优秀酒店几十年经营管理经验的结晶。随着人们消费观念的更新，又使这个与旅行者个人关系最为密切的私人空间，面临着新的变革与新的需求。

人在酒店客房睡眠时与空间相互影响不大，但睡之前与睡之后的时间是体验的主要时段（洗漱、如厕、看电视、上网、喝茶等），客人对客房的要求主要是在这一段时间里产生的，所以酒店客房的设计相对十分重要，这部分是客人购买体验最直接的反映，是否物有所值对大多数的客人来讲更加重要（相比大堂）。而往往我们很多酒店的做法正好相反，会花大量人力、物力、财力投入在大堂空间，虽可增加对外形象，但入住者反映并不好。

客房条件很多时候受一定的局限，空间狭窄、昏暗是承接项目时常遇到的问题，这就需要室内设计师运用专业技能尽量想办法调整。如今国内很多酒店的客房布置比较相像，这也许是建筑自身的问题，在这种情况下，室内设计确实不可能做太大的调整，不过客房的设计可以从一些细节入手，像家具、织物、洁具、饰品等（图3-112、图3-113、图3-114）。

图3-112 流线型样式的客房

客房一般包括单人间、标准间、豪华套房、总统套房等。

（1）标准间

酒店中按同样面积大小、空间结构配置的两人间客房，是指为双人服务带有独立卫生间的房间，每个酒店双人独立卫生间是房间必须达到75%以上。但不同的业态酒店客房建筑条件差异很大。

图 3-113　现代中式的客房（一）

图 3-114　现代中式的客房（二）

a. 五星级的商务酒店的客房空间要求是宽阔。其平面设计尺寸一般长 9.8m，宽 4.2m（轴线），净高 2.9m，面积大约 40m² 左右。而卫生间（干、湿两区的全部面积）不能少于 8m²。

b. 经济型酒店的客房只满足客人的基本生活需要即可。平面设计是以长 6.2m，宽 3.3m（轴线），建筑面积大约 20m² 左右，这差不多是客房面积的底线了。

c. 度假酒店客房的首要功能是要满足家庭或团体旅游、休假的入住需求和使用习惯，保证宽敞的面积和一定的预留空间。

酒店客房的基本功能是：休息（睡眠）、办公、通讯、休闲、娱乐、洗浴、化妆、卫生间（座便间）、行李存放、衣物存放、会客、私晤、早餐等。由于酒店的性质不同，客房的基本功能会有增减。客房内应配有与酒店星级标准相应的客用设施，如：梳妆台（或写字台）、衣柜、床、座椅、沙发、床头控制柜等配套家具；每间客房设有单独卫生间，卫生间内一般配有坐式便器、梳洗台（装有洗面盆、梳妆镜）、冷热水设施（包括配有喷头的浴缸、浴帘）；每间客房都具有能够保证或调节温度的分体空调或中央空调；每间房间都配有电话；每间客房都配有电视机和音响设备。

客房室内设计第一是功能设计，第二是风格设计。设计师的工作则首先是深化所有使用功能方面的设计，然后是选定客房的风格，明确客房的文化定位和商业目标，并为客房创造特色，现在有很多前卫些的设计将卧室和浴室完全连接在一起，客房的衣柜门都去掉了，酒店客房里就设有 Spa 休闲保养中心。

（2）套间

套间通常由两间或两间以上的房间组成，带有独立卫生间和其他附属设施，如座椅、沙发、衣橱等。

按照套间的不同使用功能及室内装饰、配备用品标准等又可细分为：

a. 普通套间：一般是连通的两个房间。一间布置为起居室，另一间布置成卧室，卧室内设两张单人床或一张双人床。

b. 商务套间：这类客房设计迎合商务客人的特点，配备写字台，室内光线明亮，有的还设置小型谈判间。

c. 双层套间：这种套间设计布置的特点为起居室在下，卧室在上，设有小楼梯相连接，也称“复式客房”或“立体套间”。

d. 豪华套间：这种套间的特点在于注重客房的装饰氛围，用品配备齐全，功能完善，呈现豪华气派。

(3) 总统套房

总统套房是高星级酒店用来接待国家元首、政务要员或者高级商务代表等重要贵宾的豪华客房，实际上大多时间用于接待集团总裁、富商、影视明星等。其气派之大、档次之高、房价之昂贵，也就不言而喻。正是因为其高不可攀的定位，才被人称之为总统级的套房。

总统套房通常采取双套组合方式，分成总统房和夫人房，各设有衣帽间、书房和浴室等，共用宽敞的起居室和配备厨房的餐厅，供一些自带私厨的客人现场烹调。总统房还可以设置装备齐全的健身房、室外游泳池、阳光浴室等。

总统套房的视野一般都具有优美的风景，还可以有私人观景亭、私人鸡尾酒吧，能够容纳 30 人左右的聚会等。更高端的总统房还配有接见厅与私享会议室，并严格和“总统”生活用房隔开。另外，还应有管家、保镖、佣人和私人厨师等的随员房。总统套房保卫措施严密，所有窗户、门一般都是防弹的，套房内外可以安装 24 小时全天候闭路电视监视摄像头，入口处还可以安装指纹识别系统，具有专用的车道、进出口和独立电梯直达套房，交通线路既要畅通，又便于安全疏散、隔离保卫（图 3-115、图 3-116、图 3-117、图 3-118）。

图 3-115　现代中式的套间接待（一）

图 3-116　现代中式的套间接待（二）

图 3-117　现代中式套房卧室（一）

图 3-118　现代中式套房卧室（二）

(4) 行政楼层

很多酒店又叫做贵宾楼层，如同飞机一样，酒店也为不同需求的客人打造不同的服务。行政楼层就像飞机上的商务舱，入住这里的客人，不仅能享用更大空间的客房，还能在行政酒廊自由穿梭，享用专属早餐和茶点，免费洗衣，延迟离店等。也就是说住在行政楼层的客人大多是贵宾及愿意入住高房价的客人，而且行政楼层可以直接为客人快捷的办理入住及离店手续。

3. 酒店的餐厅消费定位

目前酒店餐饮的消费人群大多是团体消费，以商务会议、酒会为主，兼顾个人婚宴、寿宴和聚会以及少量高收入个人消费。由于酒店外面也有很好的餐厅，能够提供很好的食物，这就对酒店的餐厅形成竞争，酒店的餐厅定位应考虑如下因素：

a. 以口味风格差异化为基础的正餐或夜宵餐厅，这类餐厅一般为高档特色餐厅，成为高端商务、政务接待的场所。

b. 以房客的商务接待为基础，如大堂吧、咖啡厅、茶馆等具有较高品位的接待场所，尤其咖啡厅已经成为社交聚会与商务约会的重要场所。

c. 以露天餐厅、烧烤区、绿色生态餐厅等休闲餐厅为主，对于度假酒店和城市休闲酒店特别重要。

d. 餐厅兼具演艺功能是星级酒店最为盈利的部分。比如宴会厅、歌舞宴、夜总会等，是具备新闻发布会活动、庆典活动的最佳场所。

4. 酒店的楼梯和坡道设计要求

（1）楼梯

a. 楼梯的宽度：公共空间里应不小于1500mm，私人空间里应不小于1070mm。

b. 楼梯材料的选料要耐用，且图案与附近铺地的图案接近。选材要考虑防滑系数，以及客人和员工的安全。

（2）坡道

a. 坡道的宽度根据使用的类型和频率决定。单向道最少净宽900mm，但双向道须最少净宽不小于1500mm。如坡道的连接平台有转弯处，须为轮椅提供足够的移动空间。

b. 坡道的坡度不得大于1∶12或8.33%。路肩上的坡道例外，如坡道的长度少于900mm，可接受为1∶18或12%。

c. 坡道上每隔9000mm（或更短距离）要设一个平台。

5. 附属设备空间的预留

要把最佳的位置留给客人，把无采光、不规整、不能产生效益的位置留给酒店后场。

（1）工程保障设施：如变、配电设施，空调冷冻设施，备用发电设施，供、排水设施，热水供应设施，洗衣房及其所需的设备设施。

（2）安全保障设施：如对讲通信设施、事故广播设施、消防指挥设施、消防监控设施、各种灭火器材等等。

（3）内部运行保障设施：如员工食堂、员工宿舍、员工俱乐部、员工更衣室、员工通道等。

酒店的通道分两种流线，一种是服务流线，指酒店员工的后场通道；另一种是客人流线，指进入酒店的客人到达前台区域所经过的各条线路。设计中应严格区分两种流线，避免客人流线与服务流线的交叉。

四、千姿百态的酒店

酒店是服务于各种不同人群的。以前，消费人群往往被看作是能住就行的一种人，而当代需要对人群进行分门别类的细化，酒店空间也就形成了特色。作为酒店现在接待的客人有各种不同的地位、性别、年龄、阶层和消费水平的，他们的住宿应该有更多的不同细节，设计师发现了这种差别，强调这种差别，也就形成了一个独特类别的新型酒店样貌。

比如，瑞士苏黎世有一家女性酒店，它不仅在设计上更加符合女性的审美观，它还可以满足女性客人的多种服务需求；而在德国柏林，有一家专门为同性恋开设的设计酒店；日本也有专为情人设计的电子化管理高度私密的经济型旅馆。总之考虑各种人的住宿需求是非常人性的一种做法，同时也开拓了酒店设计的疆域。

1. 胶囊酒店

胶囊酒店是一种极高密度的酒店住宿设施，最初于日本出现，并且已经流行了数十年，受到商业人士和晚归者的青睐。其主要针对晚上加班，赶不上末班车的上班族供他们休息补眠。在日本京都 9H 旅馆可以说是胶囊旅馆中的精品。之所以取名为“9H”，是 9Hours（9 小时）的缩写，意指过夜所需的 9 个小时（1 小时洗漱+1 小时休息+7 小时睡眠），据说这就是商务人士在外过一夜的平均时间（图 3-119、图 3-120）。

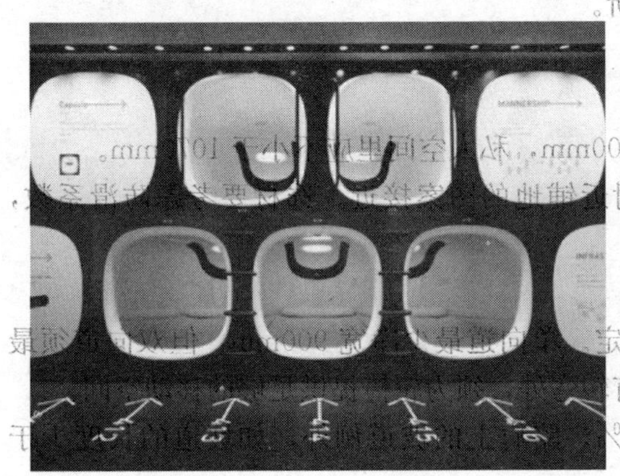
图 3-119　9H 胶囊酒店（一）

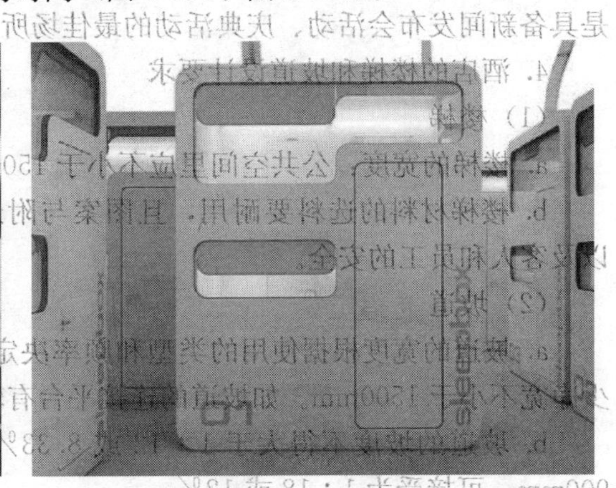
图 3-120　9H 胶囊酒店（二）

9H 旅馆共有 9 层，除了 125 间房间外还包括接待、储物、盥洗、Lounge 等功能区域，视野所及都是纯净的白色。客人在 check-in 之后会拿到储物柜和房间的钥匙，在把行李放入储物柜并换上睡衣后，便可以进入各自的房间。9H 旅馆的房间（其实说是“铺位”更合适）像蜂巢一样整齐排列，舱体式外壳以加固的塑料制成，容积为 2.15×1.08×1.07m。房间内部安装了人性化的操作系统，能够调节温度、光线、时钟及音乐；床垫按照舱体形状定制，具有高弹性、透气性、易清洁等多重优势。枕头也大有学问，由四种不同材料组成并分为六块区域，一切为了提高睡眠质量。

9H 旅馆提供了相当于四星级水准的设施及服务，酒店中常见的生活用品在这里一应俱全，这里的睡房、洗浴、Lounge 都做了明确的男女区分，充分考虑到女性住客的安全及隐私。每一个精致的细节，都足以看出 9H 旅馆浓缩精品酒店标准的心思。

2. 国际青年旅舍

20 世纪初，德国教师查理德·希尔曼常常带领学生通过步行、骑自行车在乡间漫游。他说：“这才是真正的教育天堂。”由此他萌发了为所有的年轻人提供一个交流思想，了解大自然的场所。而后在政府的支持下，青年旅舍作为世界青年相互认识，接触自然的媒介诞生了（图 3-121、图 3-122）。

图 3-121 青年旅社（一）　　图 3-122 青年旅社（二）

以床位论价，一般一个床位收费大体相当于在当地吃一套快餐的价格，大约为三星级酒店单人房价的十分之一左右。国际上对青年旅舍的设施设备有基本的标准。如旅舍要位于市中心或者中心商业区、旅游景区或度假区，交通便利。旅舍室内设备简朴，以 4～8 个床位的房间为主。房间使用上下两层的大高架床和硬床垫，有时需要自备睡袋、床单。每床配一个带锁的个人木柜、小桌椅等。青年旅舍设有干净的公共浴室和洗手间，有的还有自助洗衣房、厨房、公共活动室等。

3. 老年人的酒店

老年人是一个从 55 岁到 80 岁以及以上年龄之间的特殊群体。这些老人有着很大的可支配收入，他们往往喜欢去一些能够让他们与人接触的地方。他们不仅仅是为了去看日出、沙滩或者大海，而是希望能够去见识和尝试一些他们以前没有时间去做的事情。现在的老年人较以前更加活跃、身体更加健康，内心更加年轻。由于他们已经退休，他们可以在一周正常的工作日里外出旅游，而且会根据酒店客房的可使用率来安排他们的出游。

酒店的室内设计必须考虑到老年人的生理需求，因为老年人往往听力不好，视力不好，对颜色的感知减弱、记忆力下降以及手脚活动不便等，所以公共区域要提供易读、设计清楚、明了的指示标识。

老年客人更喜欢在一些公共区域活动，在那里他们可以聚在一起聊天或者开展一些社交活动。此外，他们的房间一般情况下应该与那些喧嚣的娱乐场所隔开。许多人更喜欢有两张床的客房，他们更喜欢住在靠近电梯的低楼层客房里。卫生间应方便轮椅通过，同时马桶座位要高一些，淋浴区要有一个可自由拉出的座位，安装不打扰睡觉的夜灯，以方便起夜照明和安全防护。

4. 个人定制的虚拟客房

先到自己将要预订的客房里参观一下再作决定，互联网可以满足上述顾客的这种需求。酒店利用电脑和互联网这种高科技手段营造一间“虚拟客房”，让顾客不仅能够对他将预订的客房有一个全方位的了解，更重要的是可以在“虚拟客房”内设计出自己喜爱的客房，从而真正使酒店客房的有形产品和无形产品和无形服务达到最佳结合。

顾客只要在酒店主页的醒目位置用鼠标点击按钮，屏幕会立刻从平面进入一个立体空间。顾客就可以进入酒店的“虚拟客房”进行参观和设计了。

屏幕会依次为顾客显示客房全景、家具设备、室内装饰等等。展示完毕以后还可以移动鼠标查看新的服务项目，如果顾客对客房满意的话就可以进行确认预订。如果觉得有些地方还不大令自己满意，如窗帘的颜色，楼层的高低等，顾客只要把自己的要求输入计算机，稍等片刻后酒店就会答复。如果你的要求酒店可以满足的话，酒店将会再一次邀请顾客进入“虚拟客房”，不过这一次顾客所看到的将是自己设计的客房，客房内的一切都是按照顾客的意愿设计的，顾客也就有了一间真正属于自己的房间。

5. 满足猎奇心理的体验酒店

很多时候人们出行并不是出差、探亲、访友、旅行，而是想放松放松心情，看一场表演是一种放松，吃一顿美食是一种放松，而在异地住店本身也可以是一种放松，而且有些经历是永生难忘的，如在一些极地环境，在树上，在窑洞，在冰屋中住上一晚。

法国有一家“仓鼠主题”酒店为客人提供体验仓鼠生活的机会，体验一下变成动物的生活。整个房间虽然是仓鼠笼子，但看起来却很温馨，床铺有两种选择：在干草堆中睡觉，或是爬上梯子睡在半空中的床。住客以谷粒为食，餐厅里面除了配有食盆外，还有真空饮水器；仓鼠是个很爱运动的小动物，设计者还给“仓鼠”们准备了一个大大的健身房，客人可以在大轮盘上不停地奔跑锻炼身体（图 3-123、图 3-124）。

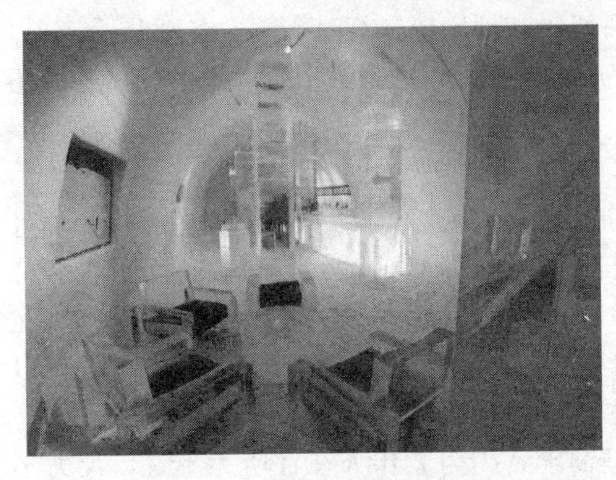

图 3-123　体验冰雪的氛围

图 3-124　冰雪酒店

6. 文化主题型的酒店

主题型酒店是以酒店所在地最有影响力的区域特征、文化特质为素材设计、建造和提供服务的酒店。主题型酒店就是以鲜明的文化特色为核心的业态，主题型酒店体现出酒店已由一般的生理舒适发展到了利用主题达到心理舒适的高度，尽可能地让顾客获得欢乐、知识、刺激，满足客人的根本需求和精神上的享受。同时，主题型酒店通过将文化特质附加在酒店这一载体上，实行差异化竞争策略，避免同质化，在激烈的商业竞争中出奇制胜。因为这种文化特质其实是和酒店的地理位置、所处城市的文化底蕴、附近的自然资源等要素相结合的。从这些要素中不难看出，这种文化特质其实是具有极强的地域性的，一旦这种文化特质附加在酒店上，那么其他酒店就极难仿照，也就形成了一定的竞争壁垒，同时也就获得了赢利市场的先决之机。当酒店业添加了文学、音乐、戏剧、绘画、电影等

图 3-125　以清朝历代年号命名的房间

图 3-126　法国文学展览馆酒店

元素，酒店的地位就有所提高。它借此表明住店顾客不仅经济上有实力，同时在文化上也有品位（图 3-125、图 3-126）。

比如，法国文学展览馆酒店的房间以 26 个作家的名字命名，墙上引用了他们作品中的内容。房间舒适又迷人，而且每一个房间都配有新式的记录工具——iPad。

7. 运用材料实现创意的酒店

在玻利维亚的一家酒店里，餐桌上永远都有盐——实际上整个餐桌就是盐。这是家建在盐滩上的奇怪的盐酒店。该酒店于 1993 年由一个盐工匠建立。酒店有 15 间卧室，一间餐厅，一间起居室和一间酒吧。建筑的屋顶和酒吧都用盐制成，甚至连地板都是被盐颗粒覆盖。墙壁是由盐块和一种由盐和水制成的粘合剂砌成。在雨季，墙壁会增加新的盐块来加固，而店主要求客人不要舔墙以防止墙壁破坏。

意大利罗马的科罗娜拯救海滩酒店于 2010 年开业，是完全由垃圾建成的酒店，建造酒店的垃圾都是从欧洲周边的海滩上收集来的。这个建筑物由德国艺术家 HA Schult 设计。包含 5 个房间和 1 个接待前台。它是用在欧洲被污染的海滩上的 12 吨垃圾建造而成，目的是使人们意识到一次性用品的不环保以及日益扩大的污染。

现在我们虽然了解了世界上有那么多个有趣味的酒店，但是在所有酒店的比例中，它还是少数，而且就这样的酒店本身也相对单调，并没有开发实现其广阔的市场前景。因为现代人对住本身的需要变得越来越多样，简单、干净的住宿条件远远满足不了人们的需要。而用豪华、星级来评定酒店好坏的时代也已经过去了，人们更想得到有新鲜感、朴实、特殊的住宿享受，而并不期待过一种超越自己身份、品位、日常习惯的住所。社会在进步，但旧有的评价标准、审美习惯应该改变，如今我们要用同样的造价、低碳的设计、以人为本的态度重新看待酒店，用设计提升酒店的品质，而不再只是用价格不菲的材料创造金碧辉煌的“宫殿”，我们应诠释符合当代人审美气质的酒店形象。

第四章　公共空间室内设计实例

第一节　商业空间室内设计教学实例

一、专卖店设计课题教学简述

1. 专卖店设计课程教学目的

专卖店设计课主要围绕顶级品牌的文化特征、产品定位来进行商业空间创作。产品和建筑设计都是某种哲学思想和设计理念的物化结果，因此由产品引发的设计形式探索是一种有着内在联系的极具可能性的创作手法，为了拓宽室内设计专业学生的知识面及设计的整体意识，并弱化相关专业的边界，此课程设定为针对顶级品牌专卖店的建筑、室内、视觉形象的综合设计训练。

课堂教学通过对奢侈品品牌文化及时尚元素的关注，达到提升空间设计品质的目的，着重体验专卖店建筑、室内设计与商品展示设计的全新创作手法。

本课程主要以小型设计作为切入点，全方位地启发学生逐渐认识、了解室内设计的领域和对相关专业知识的把握，培养学生对整个设计项目的组织与协调能力，是一种全局考虑的本领训练。

教学重视学生能力的多样性表现，看重设计构思与推导过程，给学生的个性潜力发挥提供足够的空间。鼓励创新，破除建筑、室内、视觉传达设计之间的界限，加强学生综合能力、自学能力、思考能力、创新能力、语言表达能力，培养具备国际化视野、创新意识的专业人才，跨越建筑与室内设计学科特征，为室内设计专业人才的培养搭建更高的平台。

由于专卖店作为经营之所是汇集商品、体现竞争的环境，因此设计就需要有个性化的空间处理与气氛烘托，要求在所有细节设计上具有独特性，专卖店里的每一样物品都是形成特殊空间氛围的重要元素，都应予以重视。

2. 专卖店设计课程教学方法

（1）三人或双人合作

在高年级的室内设计课程中可采用更多的组合协作工作方式，增加双人讨论的频率和深度，以引导学生在设计过程中重视形成与他人协调工作和清晰表达自己设计意图的能力。最后的设计成绩能较客观地反映学生设计组合中每个人的工作贡献和真实水平。

（2）顶级品牌的筛选

在课程中先引导学生自由的进行品牌的选择，力求选取有特征的、利于发挥创作的专卖店品牌（要求选择顶级奢侈品品牌），这样较有利于提高学生分析品牌和运用其的效应。顶级品牌能反映经典及时尚的内容，给教学带来了更大的活力和生机。

（3）向顶级品牌学习

奢侈品品牌都是超越其他品牌而公认成功的，室内设计要创作区别于一般化的设计肯定同样需要精品。本课程的训练也就是试图通过作业的练习，让学生摸索出一套应对设计的全新方法。

3. 专卖店设计课程作业内容

（1）品牌分析

A. 品牌名称？英文名称？B. 产品特征？产品尺寸？较适宜怎样的展示高度？C. 它的客户群？社会定位？它的经营理念？D. 画出现状平面功能布置图（标明出入口位置、展台位置、库房位置、收银位置?）。E. 配合不同角度能说明问题的室内照片若干张。

（2）方案阶段展示文件

A. 平面功能分析图（入口位置、员工流线、客流）。B. 平面布置图。C. 主要立面图。D. 顶棚平面图。E. 方案概念效果图。

（3）光盘及纸质文件内容

A. 选题演示文件。B. 方案介绍演示文件。C. 平立面图、顶棚平面图、立面图。D. 室内外效果图 JPG（最少六张）。E. 设计说明（500 字）word 文档。F. 排版出图文件 JPG G. A1 展板若干张。

二、学生作品实例

实例一：Alexander McQueen 专卖店设计

设计者：高文毓、谢炜龙（中央美术学院建筑学院 07 级学生）

指导教师：邱晓葵、刘彤昊

品牌调研：

也许你知道亚历山大·麦昆（Alexander McQueen）是通过他著名的骷髅丝巾，但亚历山大·麦昆的创意可远远超过这些！亚历山大·麦昆曾是英国时尚圈著名的“坏小子”，被称为“可怕顽童”和“英国时尚界流氓”。亚历山大·麦昆早期的服装作品充满争议，包括取名为“包屁者”的裤子，以及称为“高原强暴”的系列设计，他注重高戏剧性，天马行空的创意。

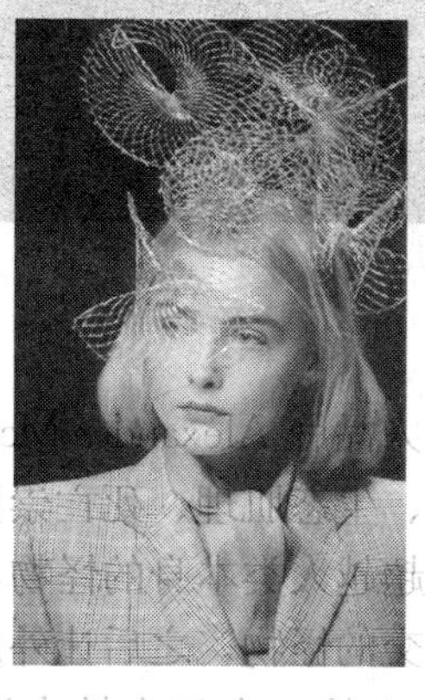

概念图

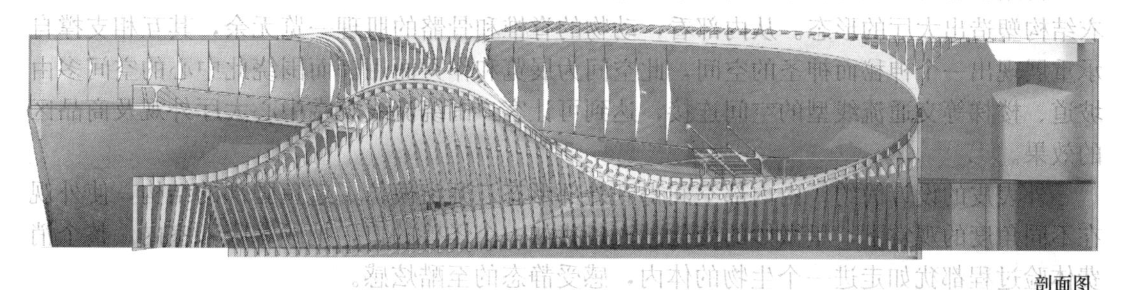

剖面图

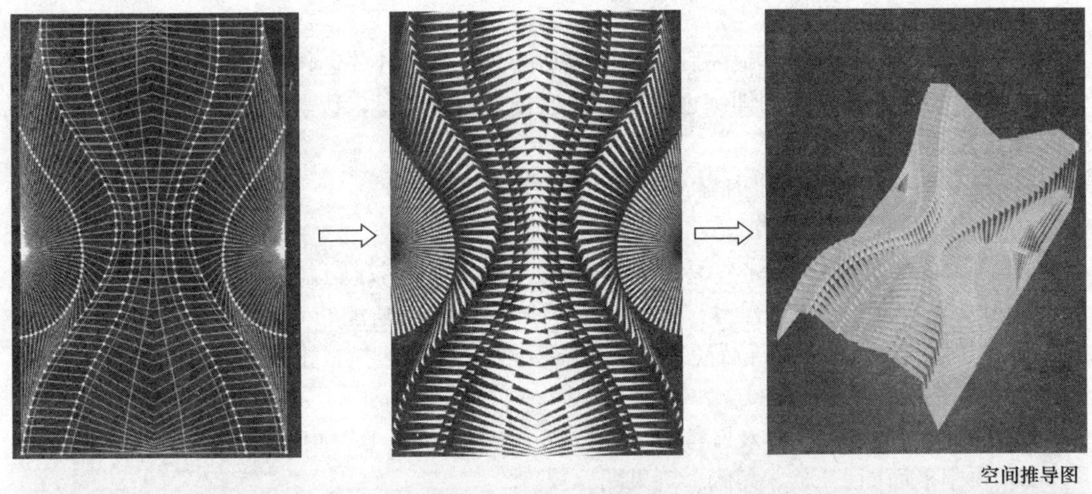

空间推导图

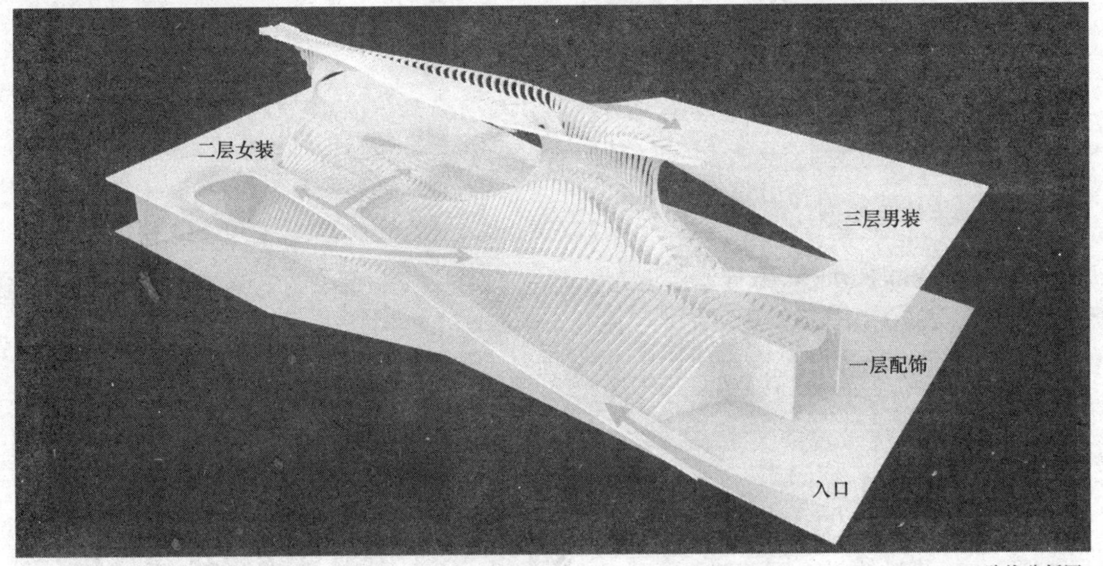

路线分析图

设计说明：

此旗舰店的设计出自个人品牌 Alexander McQueen。设计灵感来自 McQueen 的时装设计精髓和他的风格总结，对称、生态肌理、死亡崇拜、唯美华丽，这些词汇都对此设计产生了影响。他所塑造的造型多为超越人类本身的怪物，因此，我们的设计初衷就是打造一个蜷缩在一个严密空间内的人兽杂交的怪物，之后让外皮与内部结构融合，外泄灵魂的感觉。

初始状态时，设计从中心的一个纪念性大厅入手，从 McQueen 女装设计中得来的胸衣结构塑造出大厅的形态。从内部看，动物的脊椎和骨骼的肌理一览无余，其互相支撑自承重展现出一个神秘而神圣的空间，此空间为展览和作秀而用。而围绕此中心的空间多由坡道、楼梯等交通流线型的空间连接，达到可让客户围绕流线观赏中心大厅外观及商品区的效果。

外表皮的设计简约，由内部空间得到外部形态，开窗模仿了鲨鱼腮部的结构，使外观在不同角度的观赏下，呈微妙的变化。入口犹如一个怪兽的口，把顾客吸入室内。整个消费体验过程都犹如走进一个生物的体内，感受静态的至酷炫感。

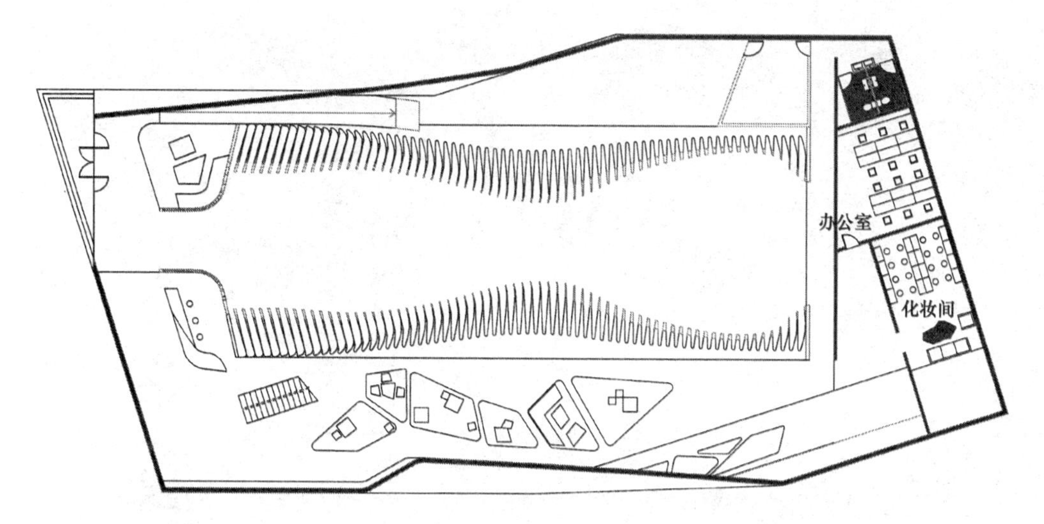

一层平面图

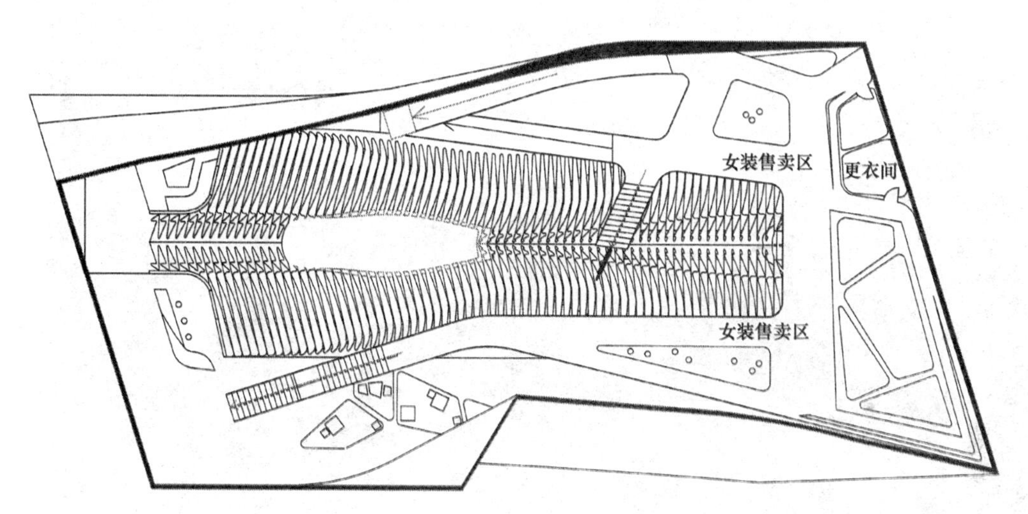

二层平面图

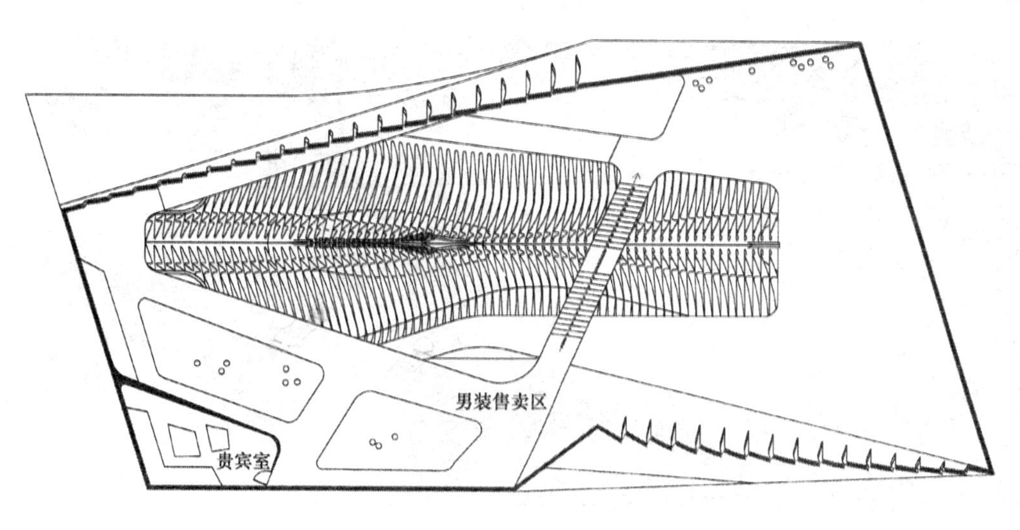

三层平面图

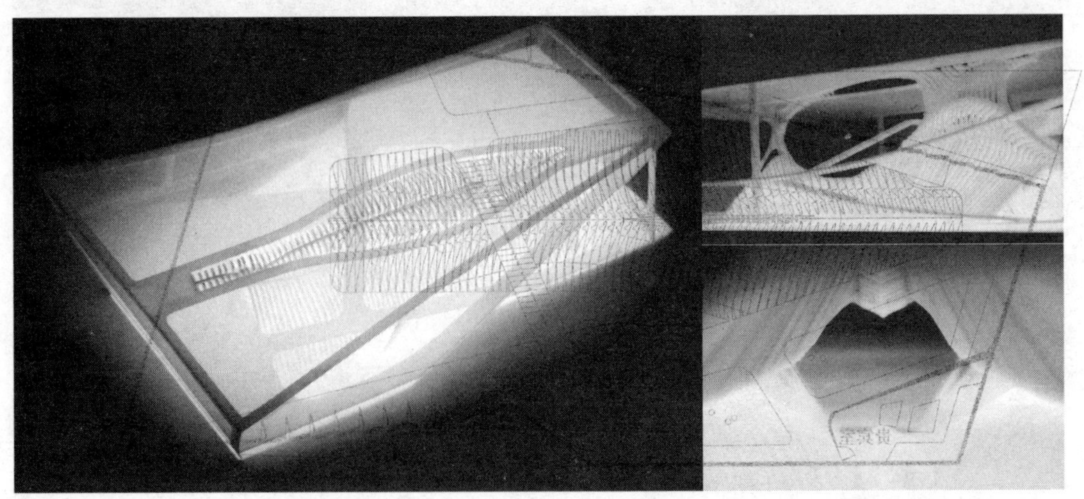

外形、室内及空间分析图

室内空间图

室内空间及家具图

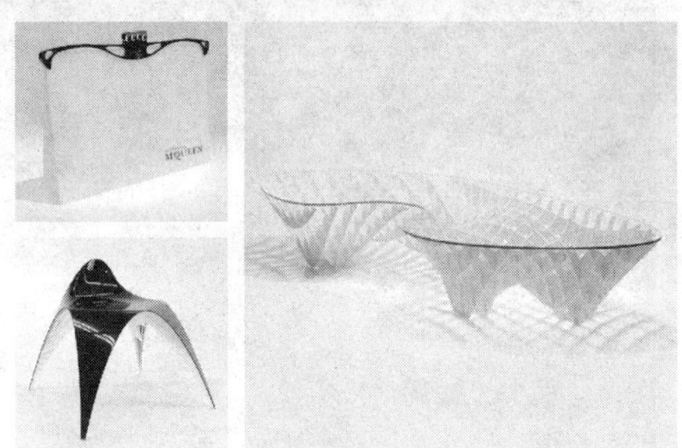

方案评语：

该设计使用女性衣服的曲线形态与骨架结构对空间进行诠释，表现出了 McQueen 专卖店殿堂一般的神圣感。一层的秀场、二层的女装、三层的男装分区明确，使用外部坡道与楼梯进行连接而没有采用电梯。在围绕中心大厅的流线上，设计了不同展示空间，顾客在其中会有移步换景之感。

实例二：Armani 专卖店设计

设计者：郑紫嫣、刘超、金嘉嬉（中央美术学院建筑学院 08 级学生）

指导教师：邱晓葵、刘彤昊

品牌调研：

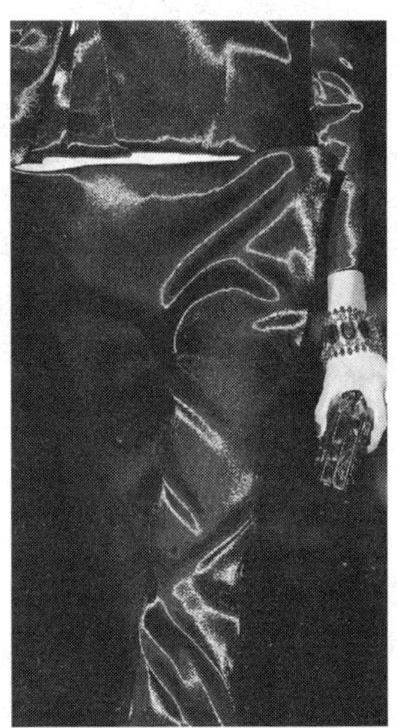

阿玛尼，世界著名时装品牌，1975 年由时尚设计大师乔治·阿玛尼创立于米兰，最初为最畅销的男装品牌。现在，阿玛尼公司除经营男女时装外，还设计领带、眼镜、丝巾、皮革用品、香水乃至家居用品等，产品销往全球 100 多个国家和地区。

1981 年，Emporio Armani 正式成立，于米兰开设首间 Emporio Armani 专卖店。近年，更于世界各地十二个不同的城市诸如巴黎、大阪等开设 Emporio Armani Caffe，将音乐、美食、室内设计美学等概念融汇在一起，为寻常百姓家展示了一代意大利名师——阿玛尼品牌的休闲生活哲学。

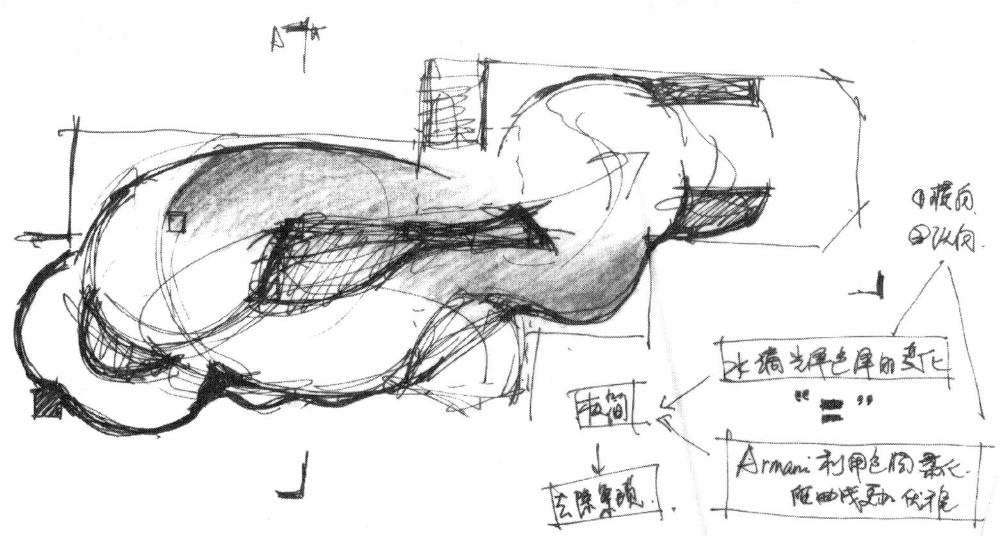

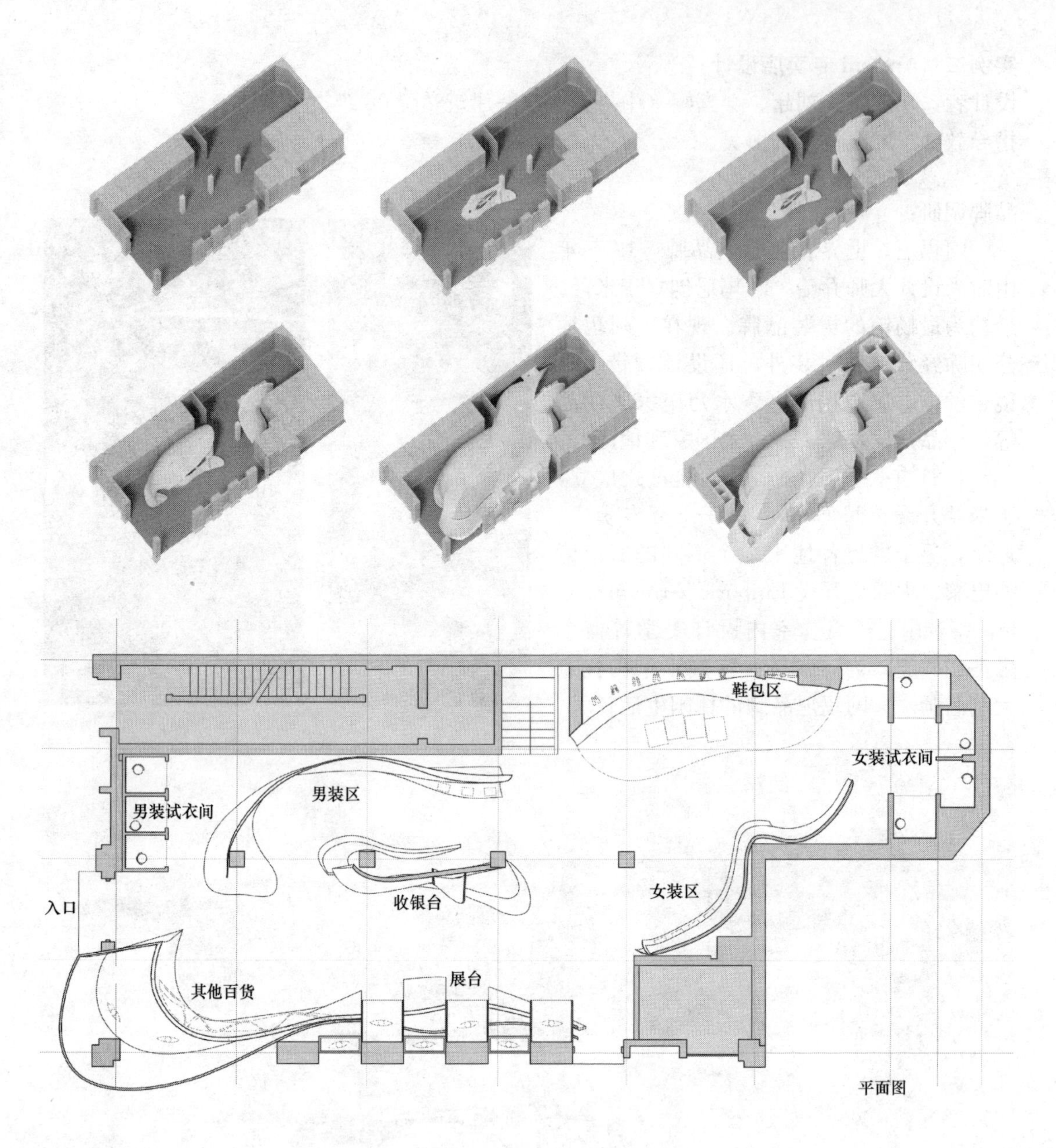

设计说明：

Armani 的“奢侈”并不意味着过分的张扬与浪费，而是代表着一种其他设计无法向我们传达的生活哲学，即理性、均衡、包容和优雅。Emporio Armani 即想给年轻一代一个选择更纯粹、更高品位生活方式的机会。

分析现有的基地情况，虽然简单但冰冷的深灰色石材和不锈钢并不能代表 Armani 的平和美好，Armani 服装丝滑柔软的质地和舒展空灵的造型给予我们一些提示，也许只有自然中的纯美意向可以与之相配。既柔软又可塑，具有包容性，带来新生和改变，正如蚕羽化新生的茧。

室内材质选择以白色为主，具有一定透明度，配合玻璃和灰色地毯营造简洁流畅的空间。室内外也并非绝对的分离，橱窗部分探出室外，通透轻盈。

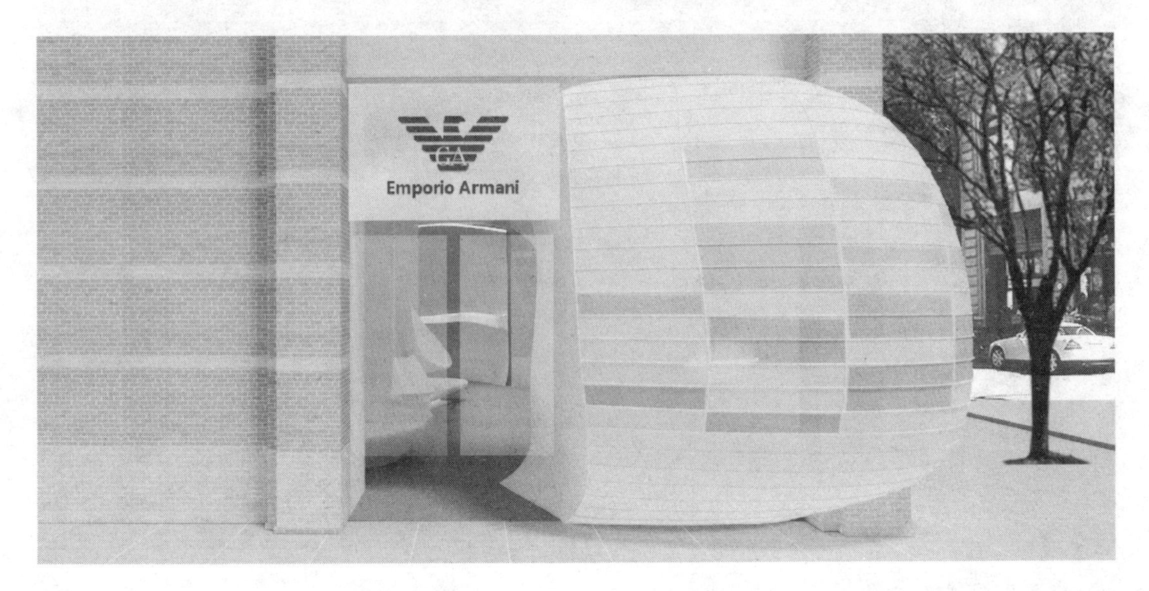

方案评语：

设计者通过前期对于品牌和基地的调研分析，提取出针对阿玛尼品牌对应的设计元素与设计手法，同时也充分体现出室内设计的原创性。让人们进入专卖店时能融入其中，感受到品牌带来的品牌文化。此方案设计理念新颖，空间感强烈，色彩纯净大方，显示出阿玛尼品牌理性、包容、优雅的特质。

实例三　“TREK”专卖店设计

设计者：王汉、王檄（中央美术学院建筑学院 08 级学生）

指导教师：邱晓葵、刘彤昊

品牌调研：

TREK（崔克）是美国顶级自行车品牌。1976 年 TREK 自行车公司在美国威斯康星州沃特卢一个农场里诞生，当时仅有 5 名员工和一种钢制车架产品。经过 30 多年的不懈创新与努力，凭借对自行车发自内心的热爱，TREK 已经成为自行车业界的强者，并拥有全球最大的经销商网络。通过 10 个子公司和 70 多个办事处，在全球 100 个国家都能买到 TREK 的产品。

概念图

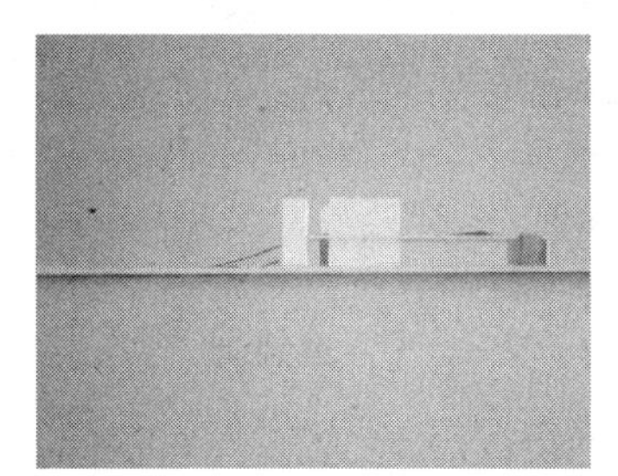

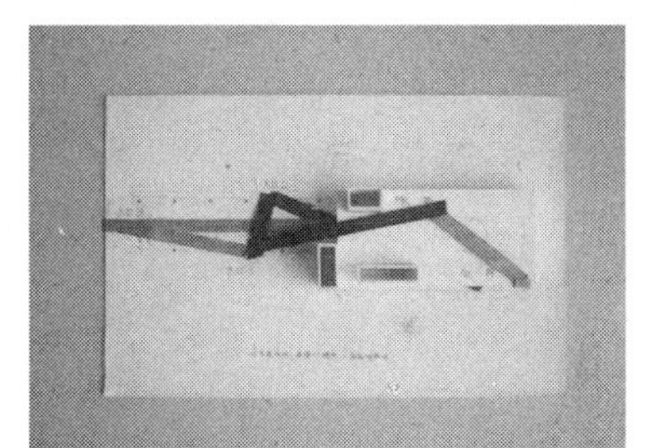

初期用模型推敲方案

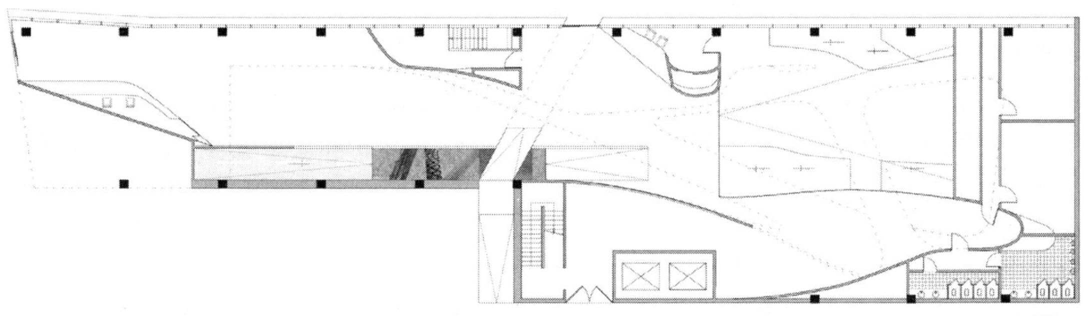

平面图

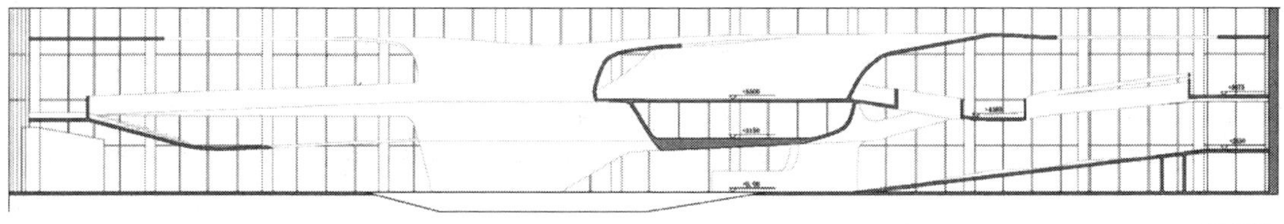

剖面图

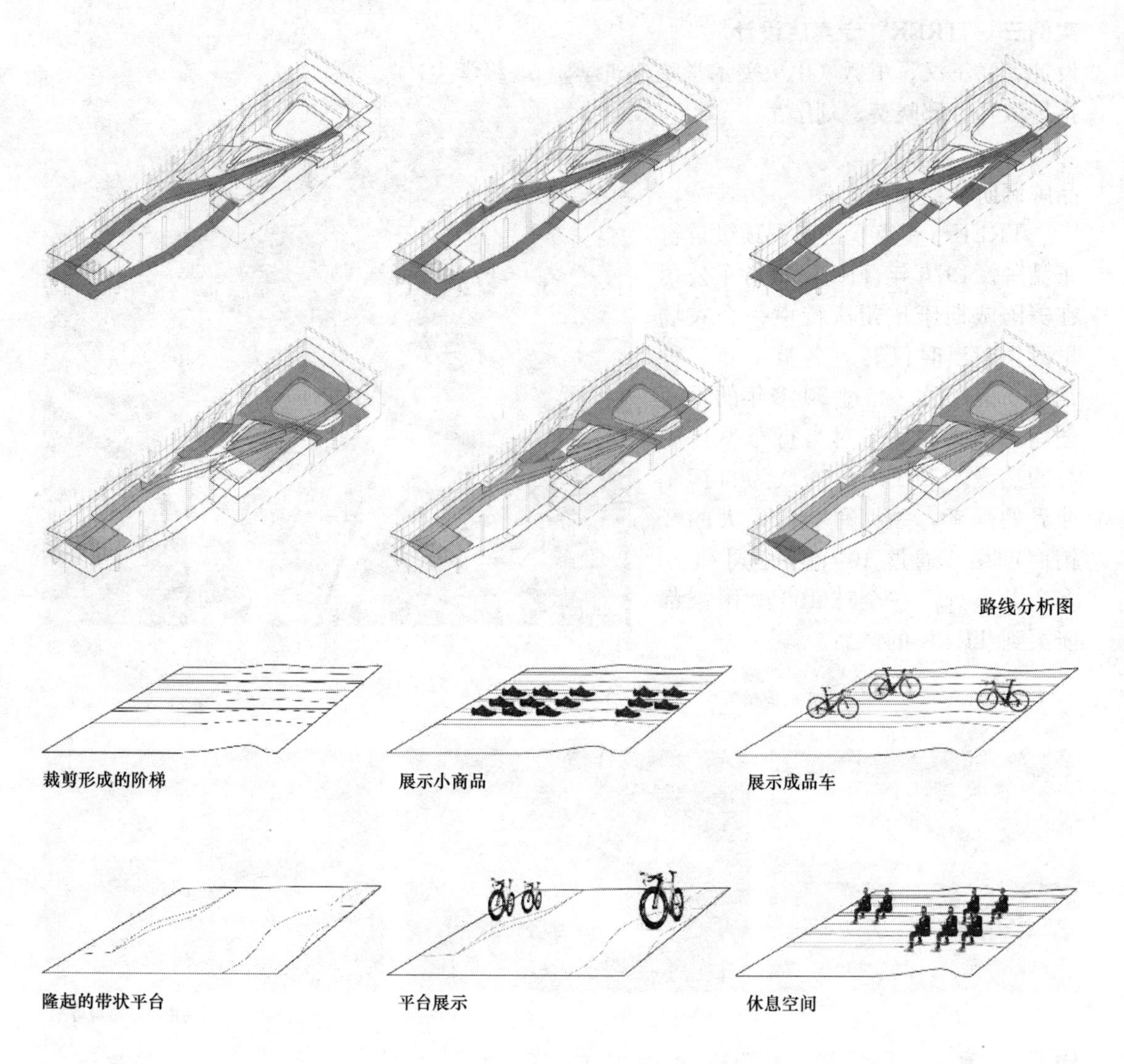

设计说明：

奢侈品正在逐步融入大众的生活，并且越来越多的改变了大众的生活方式。当人类进入汽车时代以后，自行车正在逐步失去其价值，作为一种交通工具正在衰落，而现在自行车逐步从代步工具转变为一种运动、健康和时尚的象征，其角色发生了根本的变化，作为健康的生活方式被人们认为是一种新的奢侈方式。因此自行车便步入了奢侈消费的行列。

作为一项提倡健康生活方式的运动以及物质象征，其专卖店也应该提倡健康的精神，因此作为奢侈品的自行车专卖店应该侧重于体验，加强与人的互动关系，因此我们试图将自行车体验功能加入专卖店设计当中，使之形成人与车互不干扰的双重流线，并且通过部分的上下错动形成一种立体的交通关系，以生成视觉上的穿越。

通过包裹、撕裂以及扭曲等一系列操作方法将天花、墙壁和地面以及栏杆做了系统而有机的联系，同时通过立面橱窗一般的玻璃幕墙形成的通透立面，将内部的场景和事件引入室外，吸引路人的目光。

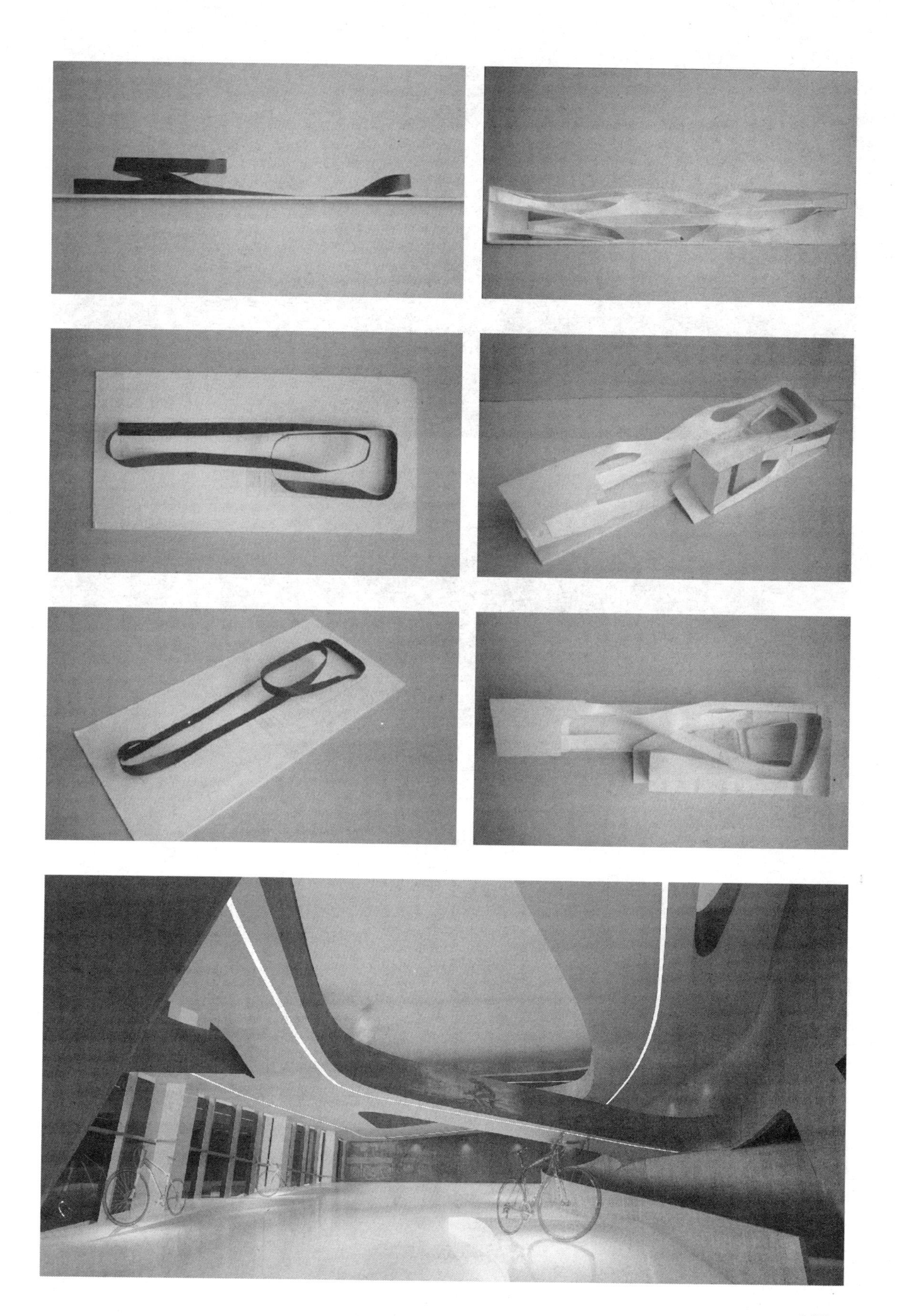

方案评语：

传统意义上的专卖店正在被网络购物等新兴的购买方式所威胁，并且没有吸引力的专卖店会被淘汰，因此设计者以传统意义上的专卖店的衰落作为原点，探讨一种新的解决策略。该设计运用“城市高速路”的概念将空间包裹联系起来，形成了一个连续交叉的交通流线。材料的选择质朴且理性，给体验者带来最本质的视觉感受。这种将现实生活场景移植于室内空间的做法，形成了视觉和感官的双重体验。这个设计方案的成功之处在于，设计了一种生活方式和营销模式。

第二节　办公空间室内设计教学实例

一、办公空间设计课题教学简述

办公空间的室内课程设计是针对中级室内设计专业的学生所开设的一个独立而完整的专业设计项目的训练。办公空间是学生开始的第一门室内公共空间形态设计课程。这一类型的设计过程，目的是使学生了解公共空间的特点，即研究人的群体行为与空间形态之间的关系。同时，结合对室内装饰材料及光环境等因素的初步了解，通过用二维与三维相结合的综合技术手法，展现学生对于空间体验表达。其目标有以下几个方面：

A　结合当下的社会背景、行业状况，创造具有革新精神的工作行为方式。使学生在创造的过程中形成个人对社会，对建筑空间，对行为模式的特有理解和解决问题的方式方法。

B　在设计中强调时间与场所的关系，由功能引申出形式的发展。

C　要求学生的设计理念能够与技术、材料的实践与控制相互渗透。

在授课过程中，应当在以下几个方面重点对学生进行讲授和训练：

1. 设计形式与社会环境的紧密联系。

在每一个时代办公空间都体现他自身作为创造性的交流场所。所有的办公空间设计都是与商业策略一致，并以帮助使用者更进一步发展为目的。因此，充分了解企业类型和企业特征，才能设计出能反映该企业风格与特征的办公空间，使设计具有高度的功能性来配合企业的管理机制，并且能够反映企业特点与个性。鼓励学生关注社会文化与设计之间的关系，在着重相关的专业技能的培养的同时，更多地去关注设计所根植的社会基础。在学习办公空间设计的同时，更应该对近代的工业生产发展、技术变革及社会环境的演变有一个清晰的了解，在此基础之上，才能够正确地理解办公空间设计的目的及所要表达的符合企业精神的理念。

2. 功能的复杂性。

办公空间区别于其他商业空间的重要原则就是要研究室内长期工作的人们的日常行为，从而利用办公空间的设计来讨论社会动力和个人心理，使工作人员能创造出最大限度的工作效率。相对于其他性能的室内空间，办公环境更注重于较为理性的功能方面的规划与分割，在室内办公空间中存在着一系列的空间形态，了解其所包含的功能因素以及在整体空间环境中对人所产生的影响，有助于我们将人性化的概念在日常的工作方式中得到体现。功能的合理性是办公空间设计的基础。只有了解企业内部机制才能确定各部门所需面积设置和规划好人流线路。

3. 创造性理念与技术实践。

由于办公作为公共空间所特有的功能性，决定一个办公场所的成功与否，除了美学以及空间功能划分的同时，与其所相关的物质技术段，即各类装饰材料和设施设备等多种因素都应当去适应办公所需要的各项技术指标。除了美观、实用和安全，办公空间还多了一份营造情境与搭配完整环境的规划。在设计上，应将“人体工学”理念广泛运用于办公家具进行办公室规划。

总之，该课程希望通过对办公空间基础理论讲授，以方案设计的理念表达与实际设计操作等过程，使学生能够把握办公空间中不同功能区域的合理划分，解决各空间围合体之间的相互呼应关系，掌握在办公环境中，家具、照明等要素的基本配置以及在色彩和材料选择等方面的特殊要求。

二、办公空间设计课程教学要求

1. 开题

基地状况：

位置：北京 798 艺术区

面积：300m²

层高：6m。

作业描述：

作业题目是在 798 里选取一个既有的设计公司进行空间改造。在保留原有空间建筑结构及相关的固定设施的前提下，可以进行重新设计。在这一地区进行一个以厂房改造性质的办公空间设计，可以激发学生的创作热情，鼓励学生利用既有的天然的文化与空间优势，突破传统的办公空间设计理念，在工作模式和空间形态方面做大胆的创新和探索。另一方面，在原有空间中存在一些限制条件，如入口的位置、电闸的位置、卫生间上下水的位置、窗户的位置和高度等。这就要求学生必须适应在有限定的空间条件下进行二次设计。

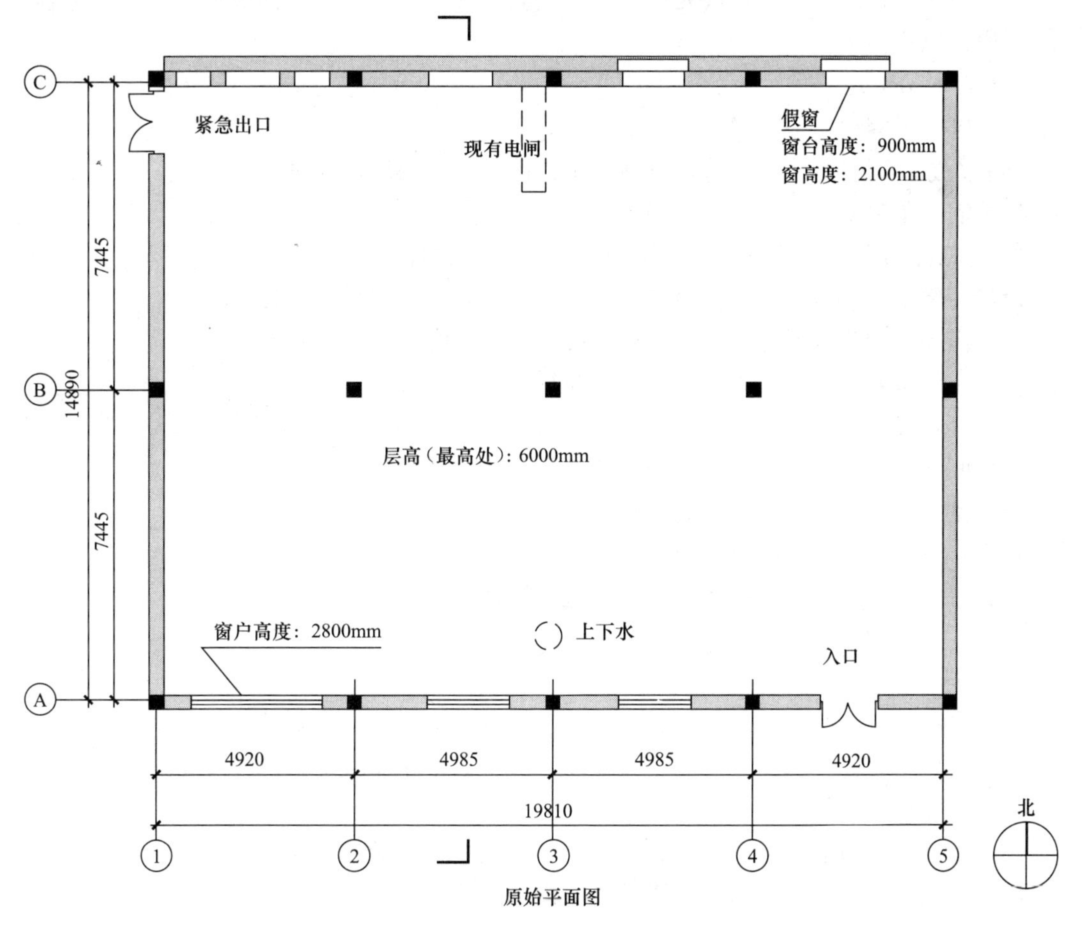

原始平面图

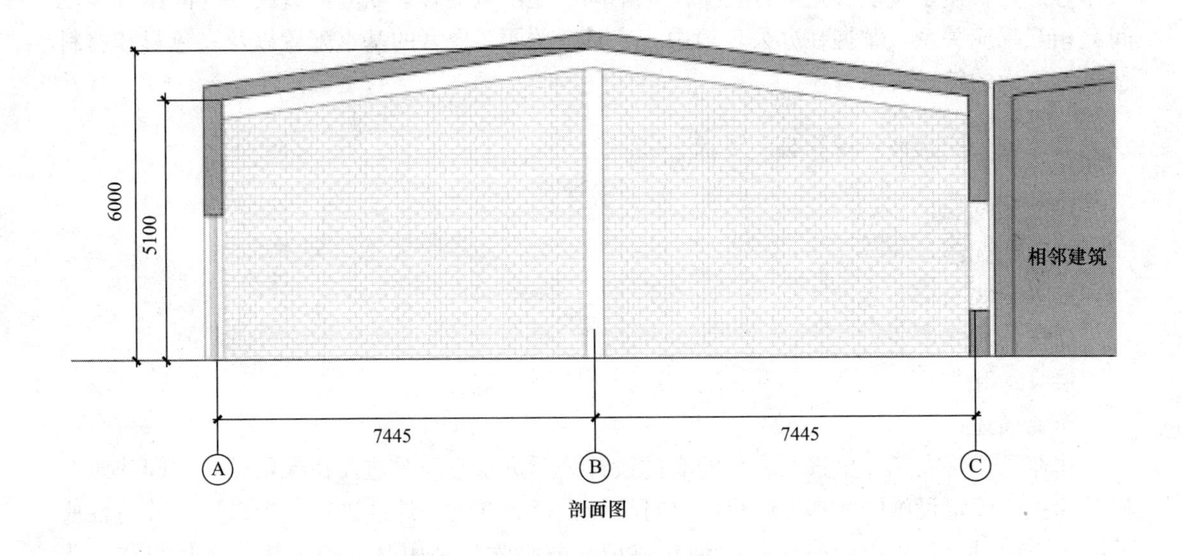

剖面图

2. 设计任务书

功能要求：

室内设计公司。有三个合伙人，每个合伙人带领一个设计组。其中设计一组以电脑绘图，多媒体制作为主。

前台接待：1人。

等候区：可容纳4～6人休息。

办公人数：每组有一名主管，有独立工作区，但不一定是全封闭。

每组需要单独配备打印机，储藏柜。

二、三组合用一台1200mm×900mm大型喷墨绘图仪。

设计一组由于经常24小时工作，需要供1～2人使用的封闭休息室。

每组需要小型洽谈区，供4人临时内部交流或与客户交谈。开放布局。

会议室：可容纳8～10人开会，封闭布局。

茶水间：设冰箱、洗手池、储藏柜，要求封闭。

卫生间：男1人，女1人，设洗手池、墩布池。

财务室：2人，含保险柜、文件柜，要求封闭。

存衣：可以是单独房间或开放式衣柜。

材料室：可以是单独房间或开放式展柜，展柜长度不少于10m。

活动区：休闲放松，面积自定。

3. 设计要求

(1) 必须满足功能要求，在满足功能要求的基础上，可自行增设特殊区域。

(2) 可以自行设定设计公司的企业形象，并根据企业形象确定设计风格。可以改变现有墙、地天花材料，但不可以改变承重结构。

(3) 平面图上所标注的电闸位置不可变动，上下水位置可变动。

(4) 可以考虑外立面入口处的设计与室内的关系。

（5）可考虑增设夹层。北侧现有假窗可封堵或保留，或自行设计。

（6）在现场考察时，应对现场状况做详细勘察，在设计时不能影响现有管道位置及结构。

用设计公司作为虚拟的客户，以设计任务书的形式向学生介绍室内设计公司的组织架构、工作方式，以及让学生了解如何制定一套完整的设计任务书。学生通过根据任务书的内容进行初步设计的过程促进对使用功能的理解、控制与改良，学会在不断变化和发展的设计进程中如何遵循或改进任务书中的内容，协调功能与空间形式的相互关系。在分析任务书的过程中，学生了解在工作中不同的团队分工与协作的工作方式，了解客户与设计师之间的关系。通过真实具体的项目任务书，使功能与形式产生并行关系，进而设计出真正可具实现价值的空间形态。

在初期，学生会觉得功能比较复杂，但由于整个空间被控制在 300m^2 内的双层空间，学生有能力掌控。这样学生既可以实现自己的空间创意，而又能相对严谨的解决任务书中所要求的基本功能问题，同时能结合人的行为模式、材料、结构等相关因素。虽然在功能的描述上尽可能地做到严谨、翔实，具有现实意义，但整体课程的选题是开放的。学生可以自行选择设计公司的文化背景、形象特征、经营理念等。学生围绕办公空间这一基本的功能结构的认知，通过空间形态来阐述办公概念的具体应用状态，鼓励学生打破传统的办公模式，对从不同的人群工作状态引发的行为模式进行探索。

4. 作业成果要求

PPT 演讲文件：演讲时间 10 分钟，叙述思路清晰，语言流利，充分表达从概念到设计成果的过程。

封面：含项目名称，表达主题的副标题（可以是一个词，或一句话，尽量简短）。

客户分析：公司情况分析与功能计划书。

设计主题：表达机构的整体形象定位及整体设计概念，文字不少于 200 字。

设计概念：含相关概念图片及概念草图，文字。

设计过程：含设计过程中的草图，展示方案演变过程，草图数量在 8 张以上。

图纸内容：

（1）平面图及天花布置图各 1 张，主要立面图 6～8 张，根据需要可增加局部放大图。

（2）效果图应包含：整体空间轴测图（数量不限，但最好能将整个空间表现清楚）；重要空间的正常视点的透视图（4 张以上），特殊设计的细部做法透视图（如：服务台、家具、灯具、特殊造型等，5 张以上），并附加简要设计要点说明，包括必备功能空间的分配和使用情况，流线规划、色彩材料表现、照明系统、家具配置等方面的设计意图。

A3 图册：根据演讲内容整理成册，并附 A3 平，立面图（正规制图，手绘或 CAD 均可）。

图纸：平面及天花图：1∶100；

　　立面图：1∶50（6～8 张）；

　　特殊空间放大平面图，立面图；

“材料”模型：针对整体或局部空间做 1∶10～1∶20 模型。也可以是特殊设计的结构或家具。模型的材质和色彩应尽量形象的表达设计想法。尽可能采用实际材料或打印粘贴图片等的手法真实的表现实际效果。通过调研结构处理上尽量将结构节点以真实的手法体现。

作业要求：

机构性质表达准确、功能划分合理、流线顺畅、设计语言恰当；图纸完整、指示清晰、图例明了、图面整洁。

作业评分标准（比例）：

设计构思与使用者特点紧密结合	20%
设计方案的合理性	30%
条理清晰，设计过程系统详细	10%
图纸表现的视觉性强	20%
模型制作水准	20%

课程总成绩评定：总分满分100。其中课堂出勤10%；前期参与20%；后期完善20%；作业50%。

对于最终设计成果的要求是本着“理论基础，设计实践，专业经验”的原则。通过若干个设计阶段，帮助学生建立一个专业性的知识框架和设计。

客户分析/设计主题/设计概念阶段：主要是让学生掌握文本编辑能力与客户沟通技巧。把设计作为更广阔的文化领域的一部分。在这一阶段，他们可以采用一切可以用于设计创意、发展概念的相关感性或理性的文化及视觉意向，来帮助自己进行概念整合。利用企业文化的研究和图形分析，激发学生对于设计定位的探索热情。让他们在前期学会一套收集信息、进行文化包装的战略性推广的思维方法。

设计过程阶段：通过定期的集体讲评和对设计成果详细的硬性要求，强化学生语言表达能力和图纸综合表现能力。课程的终极目标是鼓励学生独立思考，有独创性思维。因此，语言表达与技能训练贯穿了整个课程。作为未来与客户沟通的手段，学生可以选择包括轴测图、透视图、手绘表现图和模型制作等。也可以利用电脑创作复杂的数码图像或多媒体影像放映。同时，也必须制作传统的实体模型。这样，就使学生必须广泛地学习相关技能知识，并将其合理运用于设计中，用以推敲改进自己的设计方案。学生在按照详细的工作流程的同时，深入研究客户的特殊需求，强化表现技巧，并能够在设计过程中熟练的运用。

强调设计过程的整合是希望学生明白，设计是一个动态发展的过程，往往不止一种结果。学生在不同时间段所产生的想法被一一记录下来，形成一个完整、清晰的创作发展脉络。一方面，可以帮助学生理解在同一案例中，不同的思维方法产生的结果的各种可能性。另一方面，也使学生自己感觉到自己创作过程中的逻辑推演过程，进而在下一次设计中，改进自己的设计方法，提高设计能力。

最终成果展现阶段：对于图纸的要求则是让学生养成严谨的尺度及比例关系的意识，将感性思维转化成理性的数据。大比例的“材料模型”的制作，目的是在引导学生在塑造空间形体的过程中注意空间的表皮、材质、色彩等特性对空间的影响，有助于对空间有更加感性的理解。最终成果的要求应当与教学相辅相成。除了学生之前掌握的模型制作能力，也需要辅助于电脑表现、多媒体制作等技能。但在过程中，更强调技法对设计理念的多种表现力，而不仅仅是单纯的商业性渲染。

三、课程总结

通过办公空间设计课程，学生们基本上达到了预期的教学目标。学生学会了通过掌握以客户的内在机构特征及企业形象为出发点，创造能够符合客户特有的机构形象特征的办公空间风格；学生初步掌握了平面功能划分所涉及到的人体工程学所要求的尺度规范，以及空间流向所需要的必要尺寸。通过设计实践，对空间的功能划分有了感性上的认识。在以空间美学为主导的理念实施过程中，开始学习结合室内照明、家具设计、材料运用等手段塑造空间的整体环境。

在教学过程中，学生们也普遍存在一些问题，主要反映在后期对立面的细化能力还不够；在内部空间的把握上显示出对内部功能上一些特殊的、有专业特点的功能分区认知的不足；有的学生在最终设计表达方面有所欠缺，从概念落实到实际空间形体的过程中，没有能形成很强的逻辑表达。今后，应对学生们加强这些方面的训练。

通过办公空间设计课程，为学生的设计水平的进一步提升提供了一个很好的平台。使他们将之前所学到的室内设计理论知识在办公空间这类相对具有实践性的项目中得到运用和发展。同时，为老师们对他们将来需要加强训练的部分提供了很好的参考依据。

四、学生作品实例

实例一　798 办公空间室内设计

设计者：胡娜（中央美术学院建筑学院 04 级学生）

指导教师：杨宇、韩文强

设计说明：

本方案是坐落于 798 的一个小型办公空间设计。办公空间位于活跃的艺术氛围内，因此设计者把公司定位于设计展示空间的室内设计公司。以“单元”为出发点，通过对于单元的排列重组，形成趣味的办公空间。通过一张折板形成各个空间的连接板，兼顾等候座椅、电子公告牌、讨论台、茶水台以及交通楼梯空间。在色彩方面，选取了以绿色为主题的色彩为工作人员提供轻松活跃的工作室环境，也增加了公司的亲和力。

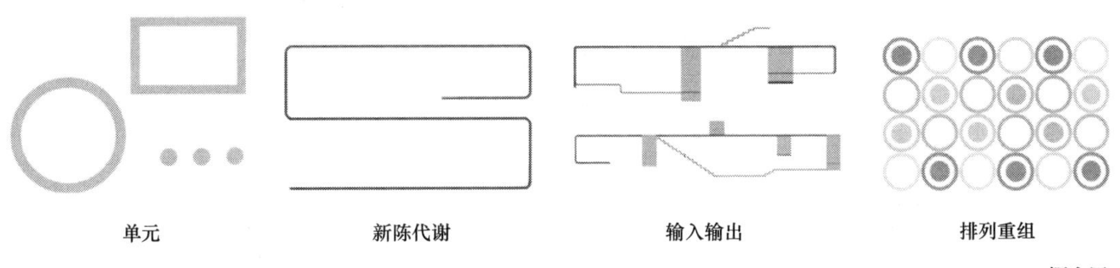

概念图

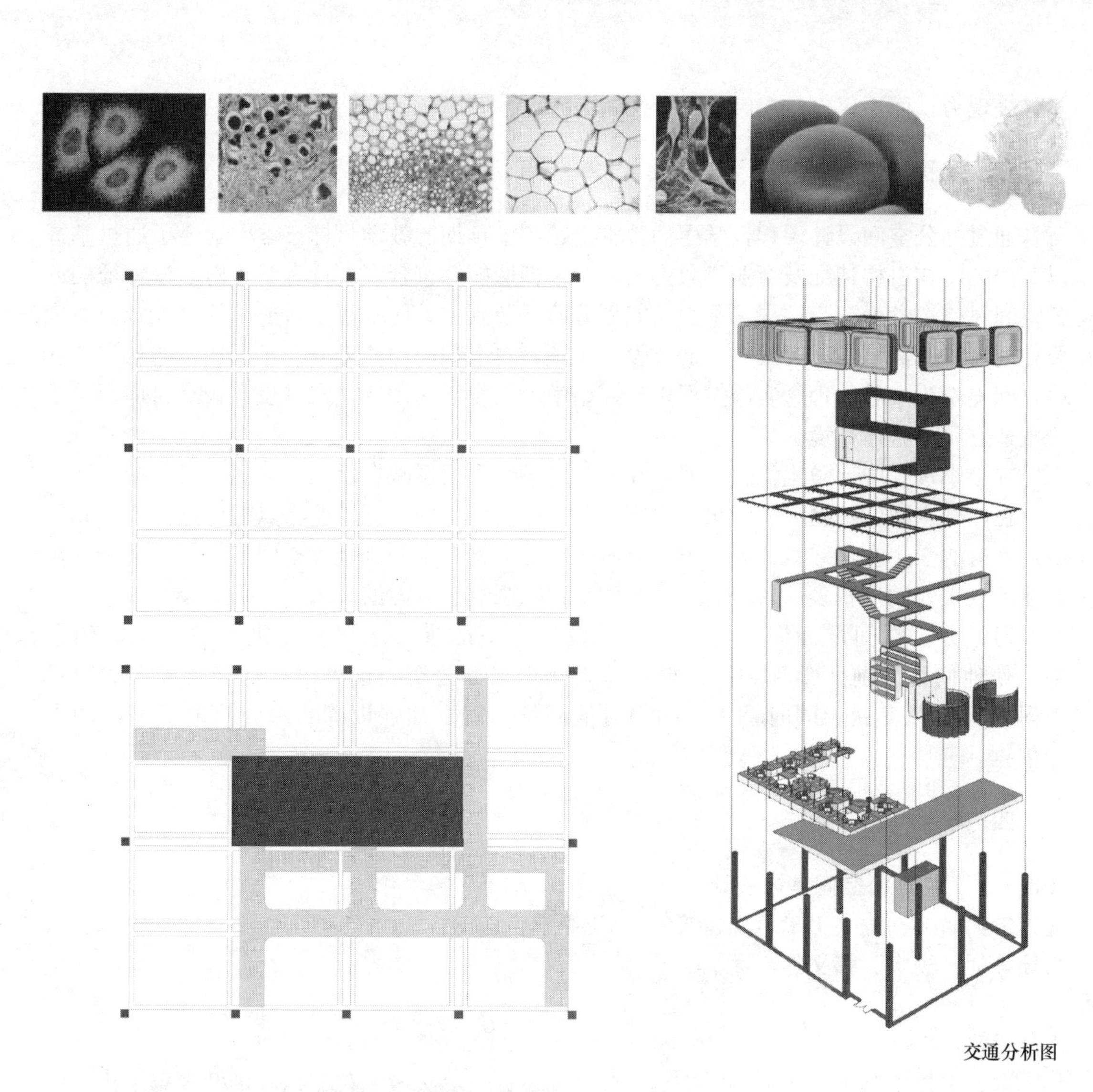

交通分析图

材料讨论台

茶水资料台

电子公告屏

延续的面结合地面层的功能

等候座椅

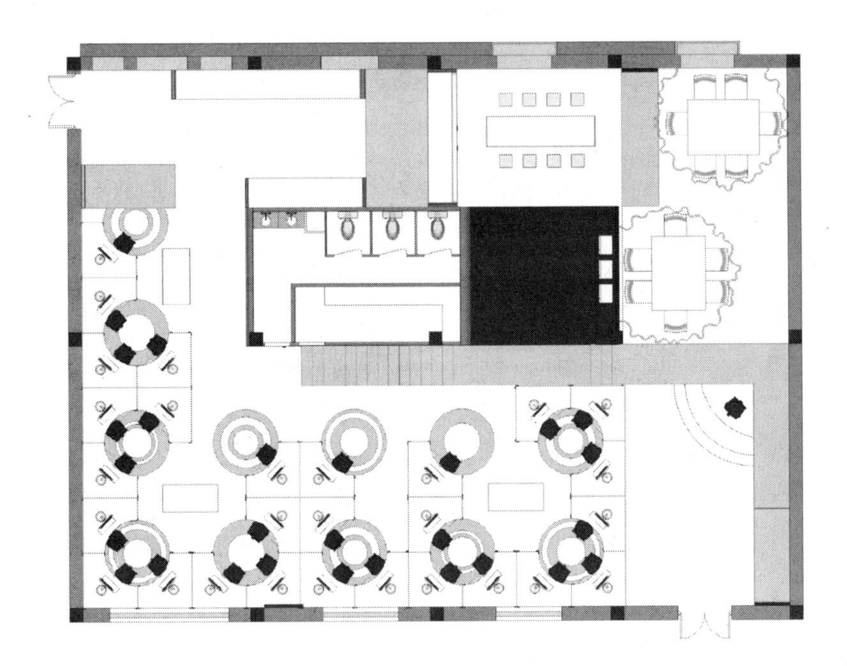

一层平面图

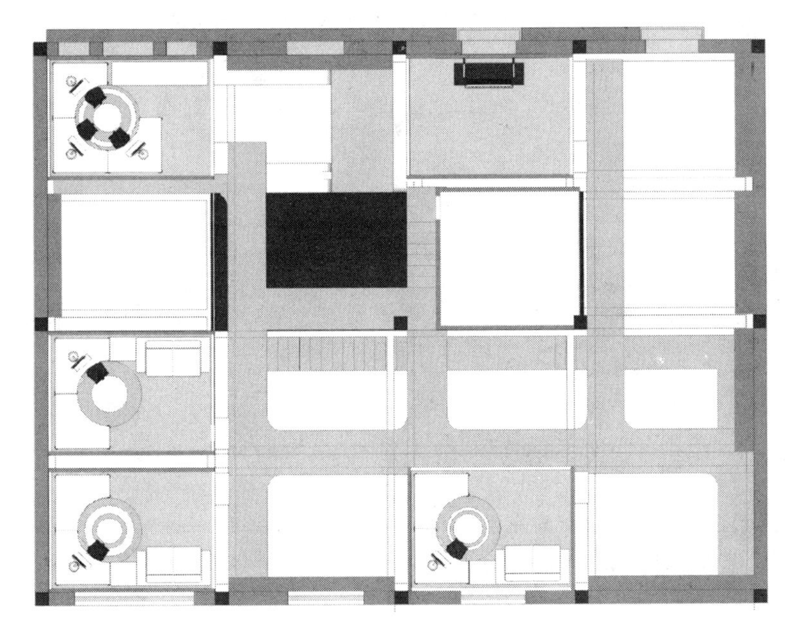

二层平面图

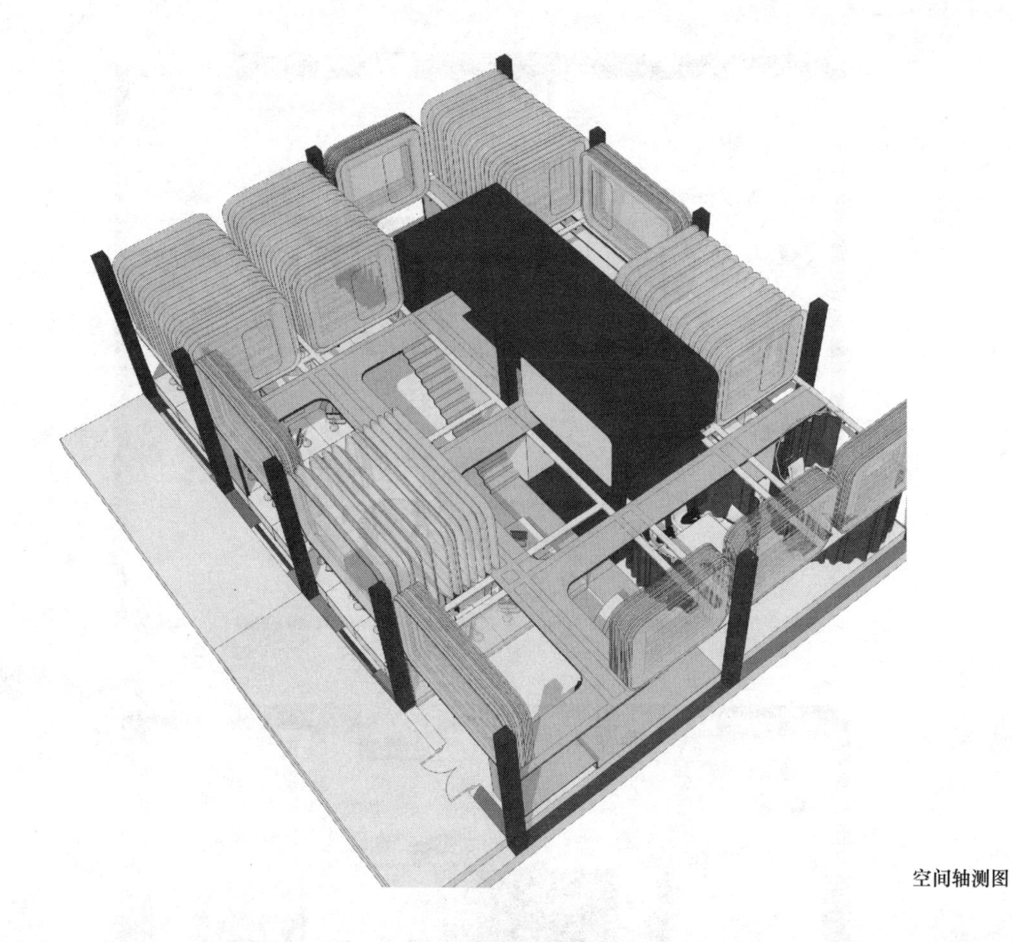

空间轴测图

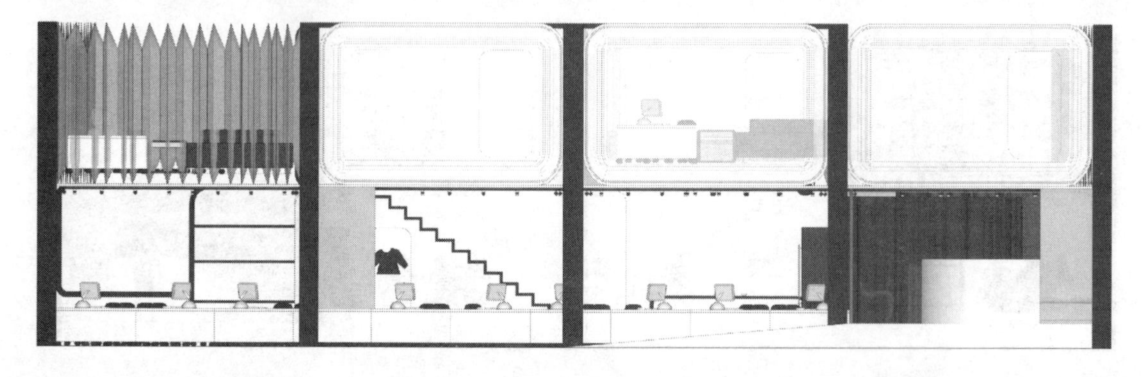

方案评语：

整个方案思路清晰，有很强的逻辑性。功能分区明确，为工作人员提供了非常舒适的工作环境，同时作者对于室内流线的考虑也十分全面，折板的整体设计很好地增加了空间的丰富性与趣味性。办公家具的选择拿捏到位，材料及颜色的应用也达到了纯粹、轻松的效果。

实例二　影视公司室内设计

设计者：黄庆嵩（中央美术学院建筑学院06级学生）

指导教师：杨宇、韩文强

设计说明：

本方案为湖南卫视影视办公室内设计。一个良好的办公空间应该体现企业的精神和追求，本设计创造的不仅仅是某种色彩、形体或材料的组合，而是一种令人激动的文化、思想和表达。近年来，湖南卫视以轻松、愉快、活力取得了众多年轻观众的喜爱，所以方案设计以动态的折线为出发点展开。动态的折线贯穿与整个室内空间中，包括楼梯扶手、墙面书架、桌椅等等，让室内空间在统一的折线形式下充满时尚前卫的效果。整个设计的色彩贴近湖南卫视的logo，以橙色为主调，黄色、白色、黑色为辅助色，力求简洁鲜明的现代风格，试图让人感觉耳目一新，轻松愉快。

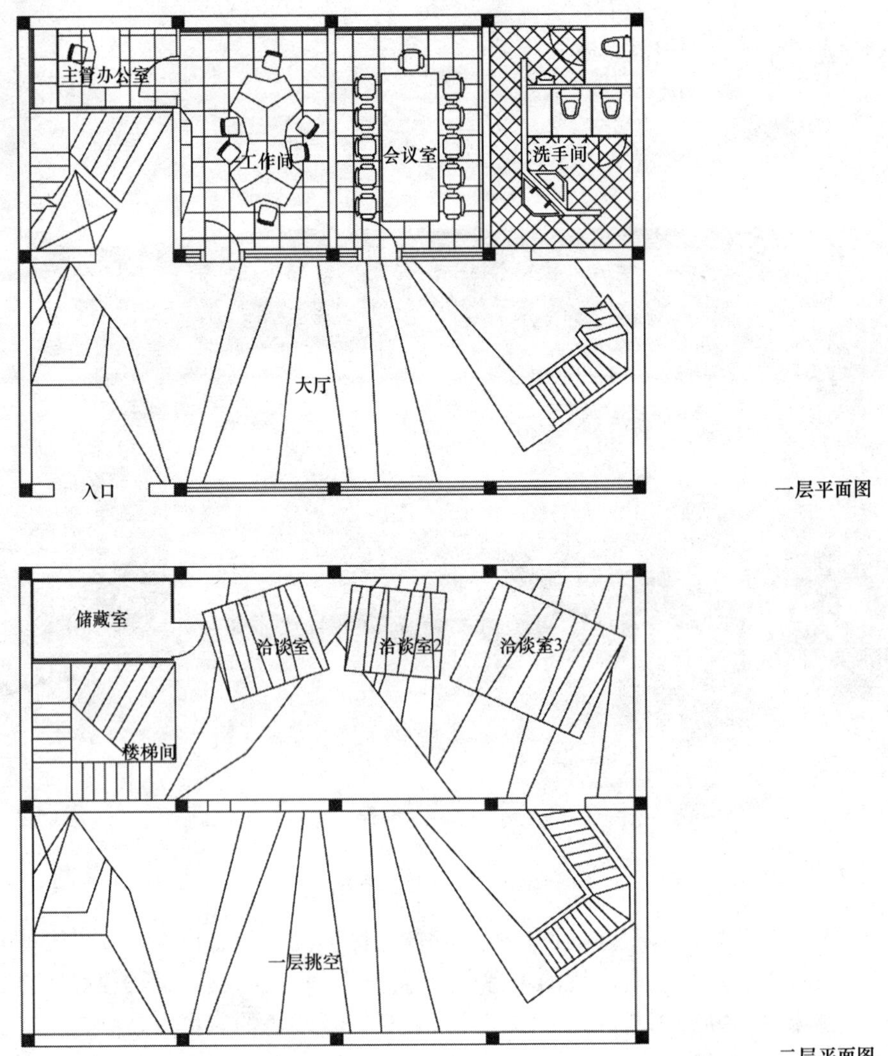

一层平面图

二层平面图

方案评语：

该方案为湖南卫视影视办公室内设计。一个良好的办公空间应该体现企业的精神和追求，本设计创造的不仅仅是某种色彩、形体或材料的组合，而是一种令人激动的文化、思想的表达。但是该方案中空间利用与分配还不够严谨，有些空间显得比较局促，也又有些显得比较浪费，这点还需要设计者多加考虑。

实例三　杂志社办公空间室内设计

设计者：刘凌子（中央美术学院建筑学院 07 级学生）

指导教师：杨宇、韩文强

设计说明：

课题的要求是在 10m（L）×10m（W）×10m（H）围合的空间内进行一个办公空间的建筑和室内设计。设定的业主是 Lens 视觉杂志社。它是一本以影像为阅读起点，兴趣广泛的综合性杂志，略偏文化艺术和历史。视觉杂志的定位不是快速的传播，而是深度挖掘。从这点来说，视觉杂志编辑的工作态度是严谨的，而工作方式是自由的，我们希望能将媒体工作的创造力及其所蕴含的文化渊源反映到员工们夜以继日工作的场所。

使用这个空间的人主要是杂志编辑。编辑们是读者的眼睛，正如杂志的口号“发现生活的目光”，通过他们敏锐和独创的眼光，展现给读者一个全新的视角。他们工作的动作是“看”。

希望用空间的形式去表现在 re-information 过程中不同的“看”：寻找、聚焦、反观。创造 3 种截然不同的空间体验，他们分别体现着“看”的 3 个阶段。底层空间是厚重的，三层是透明的，人从底层到顶层的感受是从混沌到透明开阔的过度。

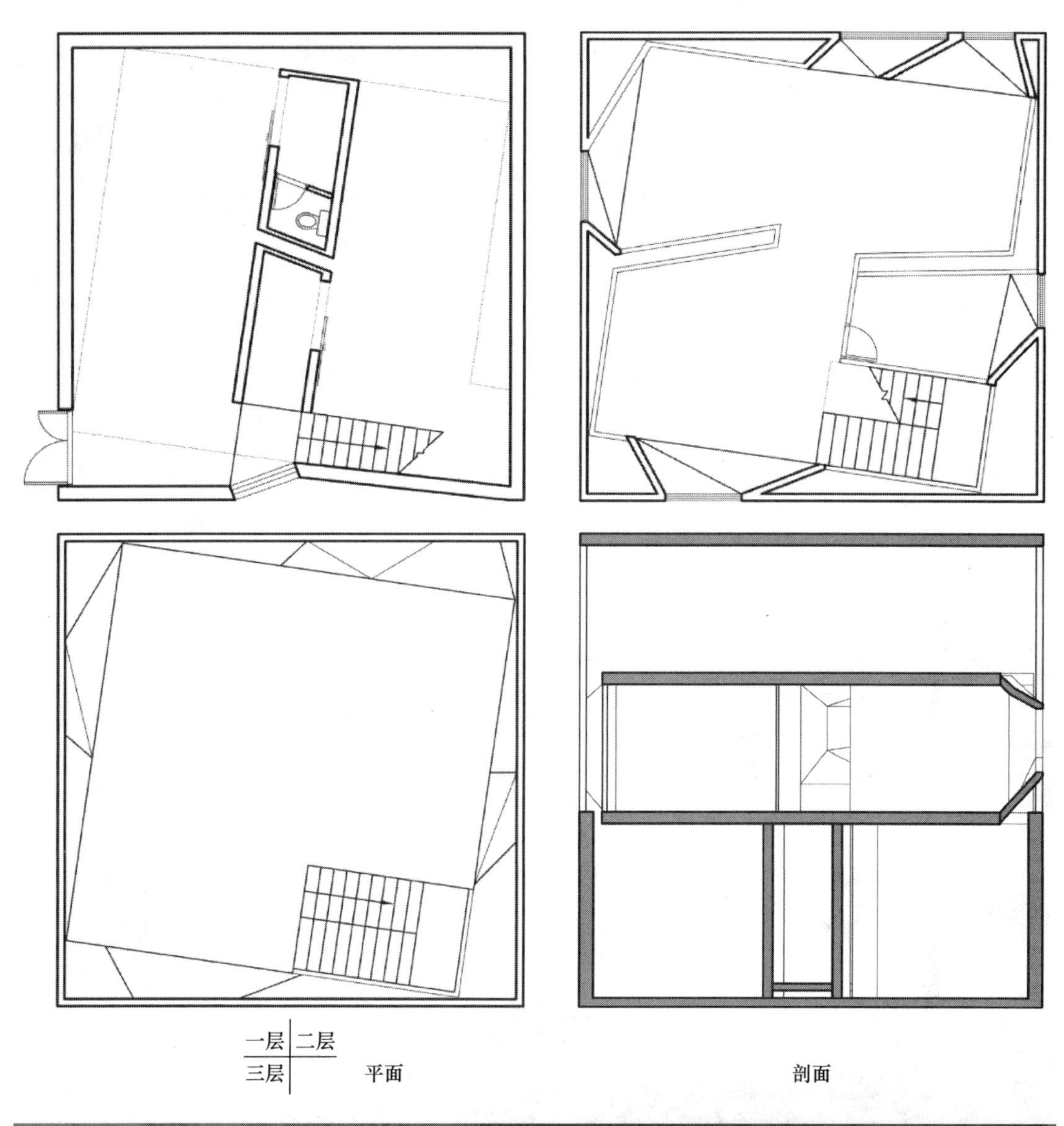
一层
二层
三层
平面
剖面

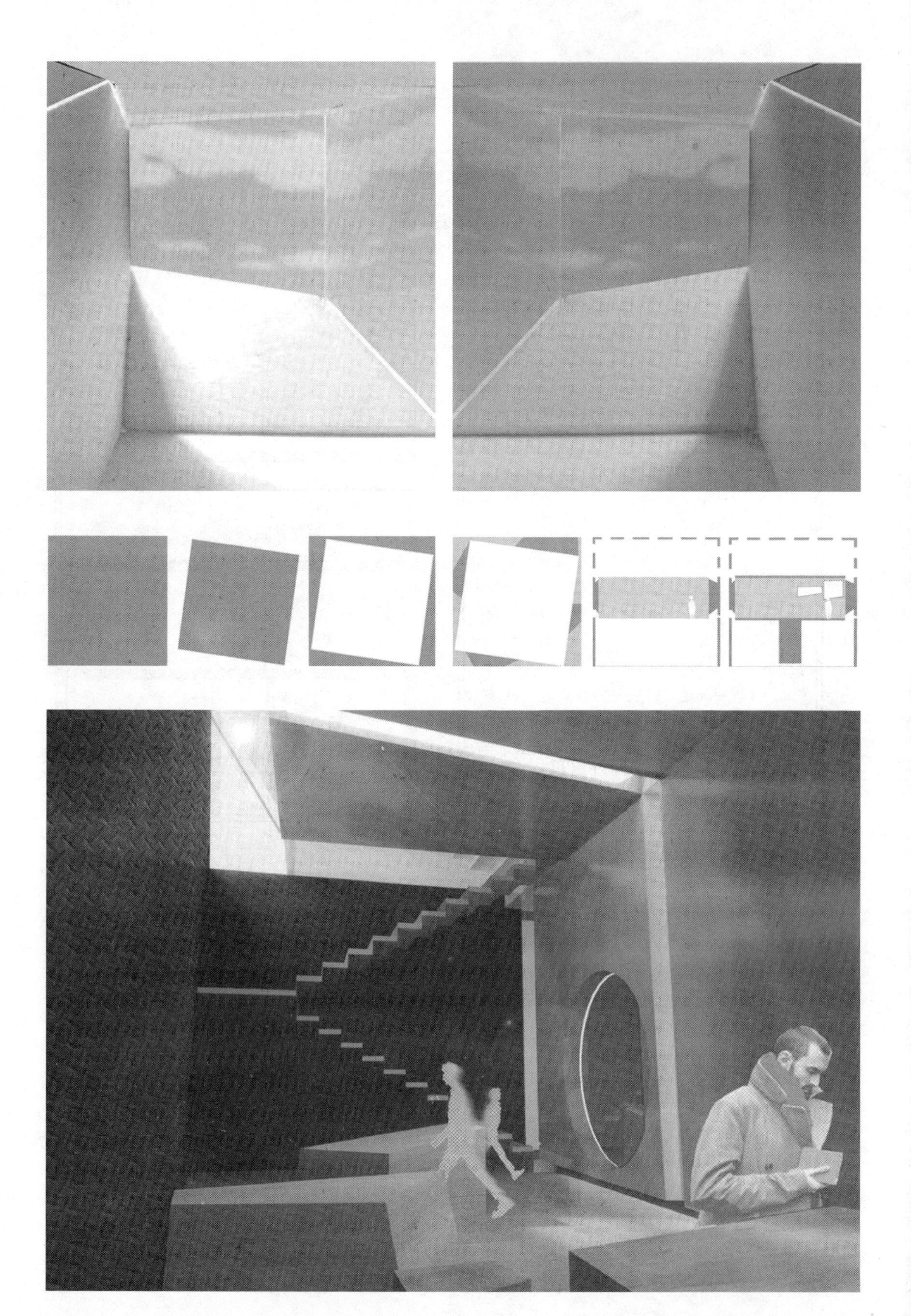

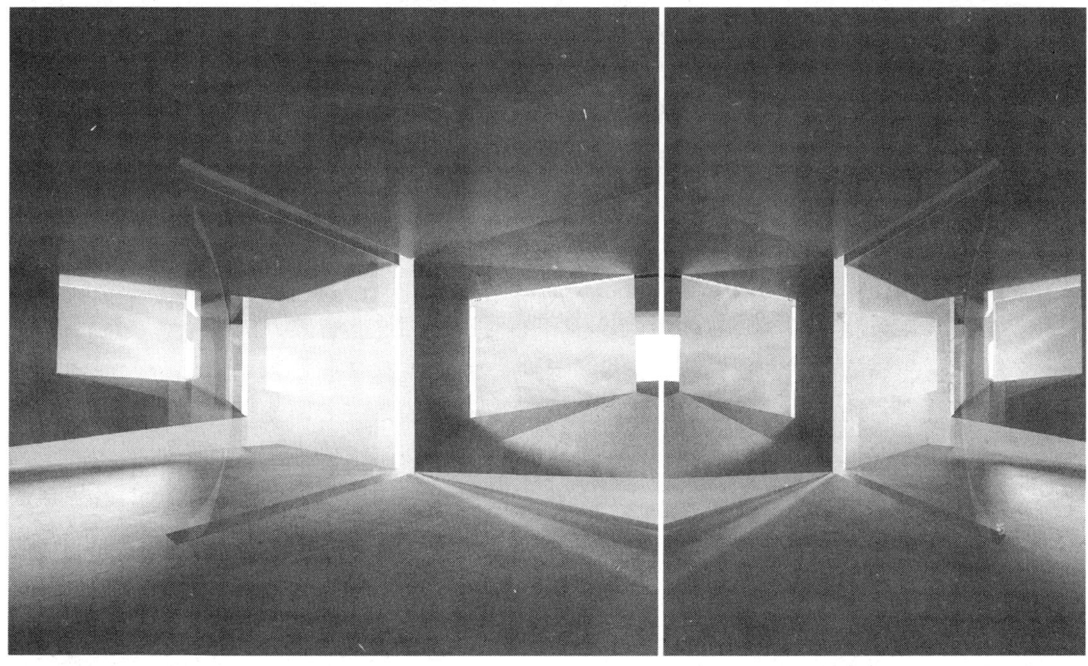

方案评语：

整体的方案设计表达不落俗套，品质很高。在首层设计中设计师试图以破坏结构的手法来重建空间，从而体现带有毁灭性质的缝合与重塑的过程。二层的设计窗口不是平面的，而是有纵深感的筒状梯形结构，与天花和地面连为一体，仿佛一个个镜头。筒形的表面材质使用的是镜面，人们透过窗口看外面的世界，同时也反视自己。三层是释放的空间，四面均为落地玻璃，不论从建筑外部还是内部看都是完全通透的效果。屋顶吊挂椭圆形镜面装饰，从视觉上延伸了空间的垂直高度。

第三节　餐饮空间室内设计教学实例

一、餐饮空间设计课题教学简述

1. 餐饮空间设计课程教学目的

餐饮空间设计课程的教学除了让学生掌握餐饮空间设计的基本原理和方法外，还强调培养学生的创造性思维，使学生同时站在设计者和经营者的角度去思考问题，通过形式语言的运用创造出风格迥异又饱含文化特征的主题性就餐空间。

课程的教学目的超越了对形式语言自身的研究和探讨，更重视培养学生的逻辑思维和设计方法的训练。引导学生从概念上进行突破，从概念的提出到人的就餐行为分析，再到就餐形式的确定，最后通过材质、色彩、灯光照明加以落实。

教学通过分析餐饮空间的要素构成和系统组织特点，使学生对项目的背景及市场情况有完全清楚的认识，不仅要有很强的设计表达能力，而且对使用功能的组织、主题概念的体现、行业特征要有较强的理解和表达。同时，餐饮空间的设计在空间分配、材料的选用、色彩的处理、照明的配置、家具的摆放方面完全满足餐饮空间的特殊要求。最终，运用物质技术手段和艺术处理手法，提供整体而系统的、富有创造性的、符合人的生理和心理需求的解决方案，从而创造出一个满足物质与精神双重需求的就餐环境。

（1）借助于图像媒介的力量，教学中十分强调餐馆的特色设计，要求学生依托于一定形象转化为空间中的造型元素。因此，可以借助于其他艺术门类来进行创作，如借助图像找到与主题相应的、有价值的信息，反映出要表达的视觉整体形象。通过这种方法，使学生开拓设计思路，创造出独树一帜的室内空间。经过这样的训练，使学生能够掌握一种在设计中如何获取灵感、如何转化为形式语言和如何进行表达的有效方法。

（2）探讨新型的餐饮商业模式。商业模式的革新能给餐饮业带来竞争优势，但随着时间的推移，消费者的价值取向经常会改变，所以要不断随之改变商业模式。现阶段对于商业模式的探讨表面上看与餐饮空间形式无关，而事实上却无限放大了餐饮空间创作的多样性，表面上看起来是餐饮功能的改变，实质上是导致了空间的变换和形式语言的富足，还能成为在餐饮空间创作时的原动力。社会在发展，生活方式也在不断变化，设计师的作用就是要随时把握社会的脉搏，记录这个变化。

2. 餐饮空间设计课程教学方法

餐饮空间设计课程一共八周时间，课程的教学分为三个主要阶段。前期阶段以概念的导入为主，教师布置课题任务，学生进行调研，将调研成果整理后进行选题汇报。紧接着就正式进入方案设计与讨论交流阶段。课题设计以组为单位开展。学生两人一组，强调互助和配合下的分工协作。任课的两位老师会根据每组学生的方案，分别给出意见和建议。最后，终期汇报，每组学生将成果进行展示和宣讲，教师对其成果进行总结和评价。

要求学生任选一个真实条件的餐饮店进行环境改造设计，所选择的餐饮建筑面积应大小适中，要求围绕一个主题进行设计，挖掘新型的餐饮模式和体现不同的文化特征，并对课题进行充分的市场调研，搜集相关设计资料，进行设计构思和方案比较。

餐饮空间设计的教学从表面上与其他课程相似，但是课题所设定的要求各有侧重。餐饮空间课程重视设计条件的客观限定和现实感。选址必须是真实存在的，基地图纸必须齐全，明确空间结构上如柱、梁、管线、层高的限定。在设计的过程中，强调不要回避客观条件，而应该将其加以利用并转化为有利的因素。

确定选址的同时，建议从市场的需求出发寻找选题概念。一方面，对选址周边环境进行分析和调研，了解消费人群的构成，另一方面，希望学生能结合当前的一些社会热点，从自己的视角、生活体验出发去寻找概念来源。

3. 餐饮空间设计课程作业内容

(1) 调研报告

A. 主题图像（2 张 JPG）；B. 现状照片（2 张 JPG）；C. 过程草图 10 张（手绘）；D. 选题演示文件。

(2) 方案阶段展示

A. 平面功能分析图（入口位置、员工流线、客流）；B. 平面布置图；C. 主要立面图；D. 顶棚平面图；E. 方案概念示意图。

(3) 光盘及纸质文件内容

A. 餐饮店平面布置图、主要立面图、吊顶平面图；B. 餐饮店室内效果图 6～10 张，文案（调研报告、设计说明 word 文件）；C. 设计说明（500 字，word 文档）；D. 排版（A1 大小若干张）；E. 餐饮店室内模型一个；F. 方案介绍演示文件 ppt；G. 所有文件刻光盘 1 张。

二、学生作品实例

实例一 “莫兰迪主题餐厅”设计

设计者：徐旸、顾艳艳、邹佳辰（中央美术学院建筑学院 05 级学生）

指导教师：邱晓葵

设计说明：

因为地处艺术气氛浓厚的美院附近，所以以艺术品作为主题应该可以得到消费群体的认可。针对餐厅的就餐氛围，我们选择了意大利画家莫兰迪的绘画作品。莫兰迪以静物画著称，他的画作传达出一种安逸、静谧的气氛。暖灰，冷灰，降了纯度的色块融合在一起传达出哲学的意味。

莫兰迪画中的静物轮廓都是经过高度提炼的，去掉了繁杂的装饰，直击事物的本质。从画作中我们提取了静物的轮廓作为平面的依据。在立面上，莫兰迪优美的线条也给了我们颇多灵感，在色彩上，莫兰迪给了我们高品质的色块，暖橘、铁灰、宝蓝、粉白、淡黄…

在灵动的空间形式下，我们试图创造出一种静止、沉淀、怀旧的空间氛围。

简单的抹灰、质朴的凳墩、亚光的陶制餐具，也许我们不那么的惊艳，但是有那么一瞬，我们与莫兰迪共进午餐。

莫兰迪几乎从来不用鲜亮的颜色：在他的画面上，只是用些看似灰暗的中间色调来表现物象，一切不张不扬，静静地释放着最朴实的震撼力和直达内心的快乐与优雅。这些灰暗的颜色，经他的巧妙摆弄，不但不脏、不闷，反而熠熠生辉，显得高雅精致，浑然天成。

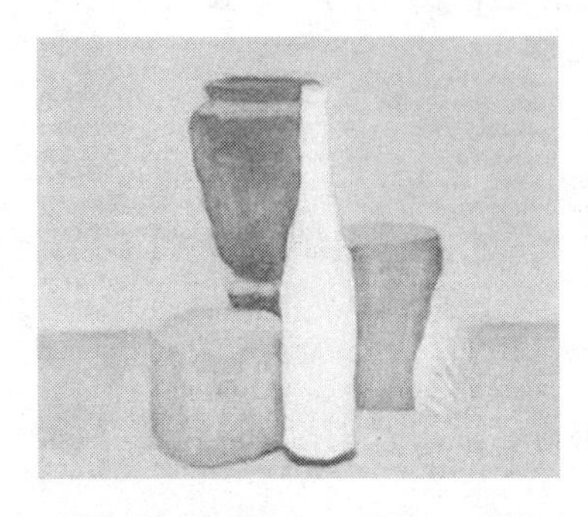

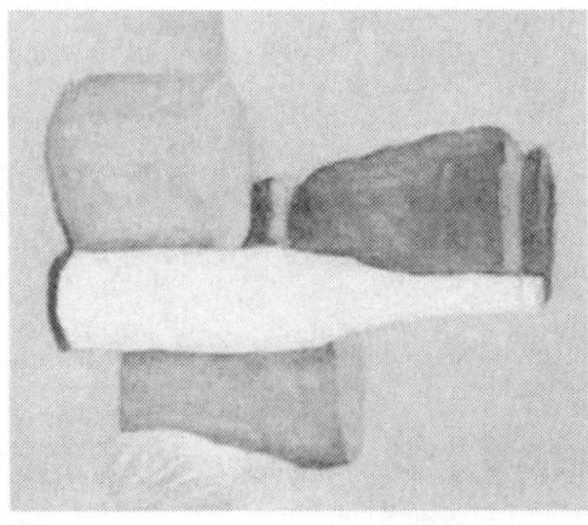

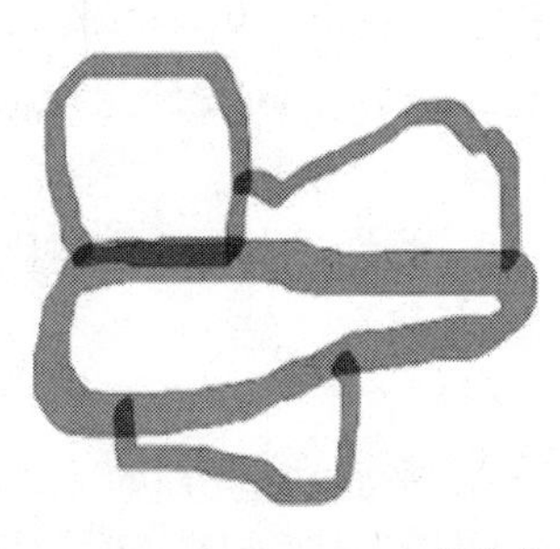

概念生成

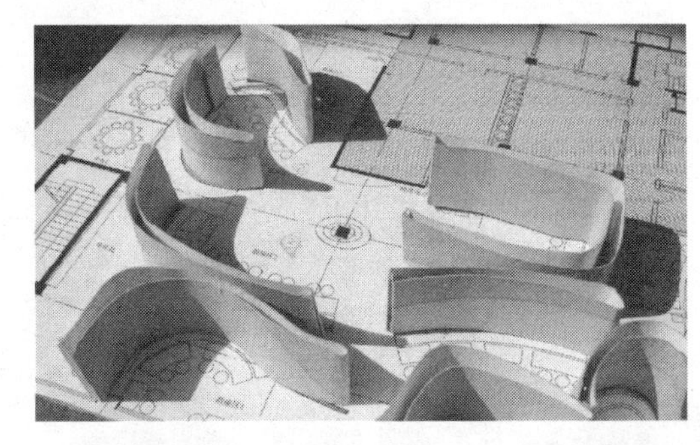

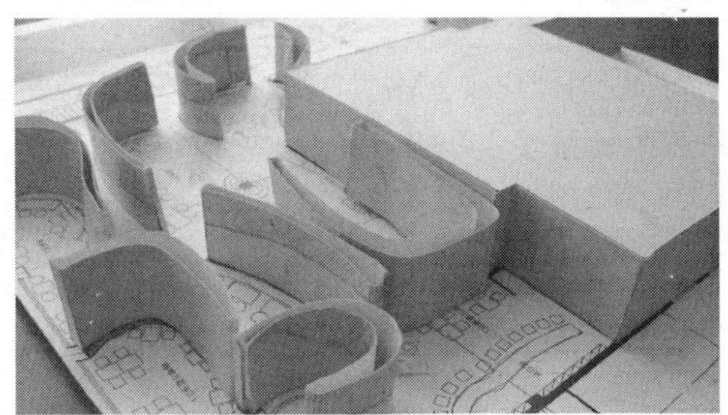

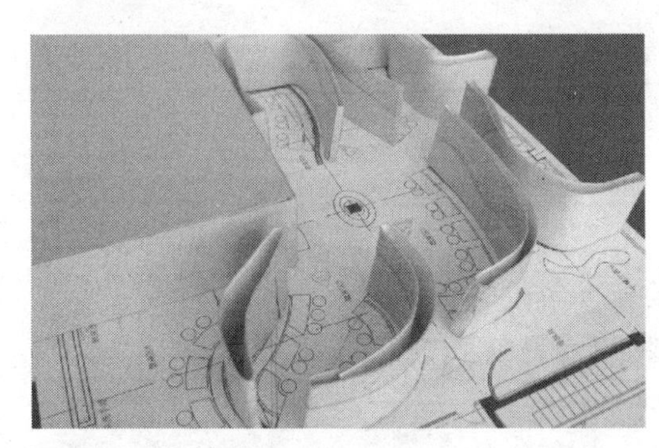

模型推导

餐具选配

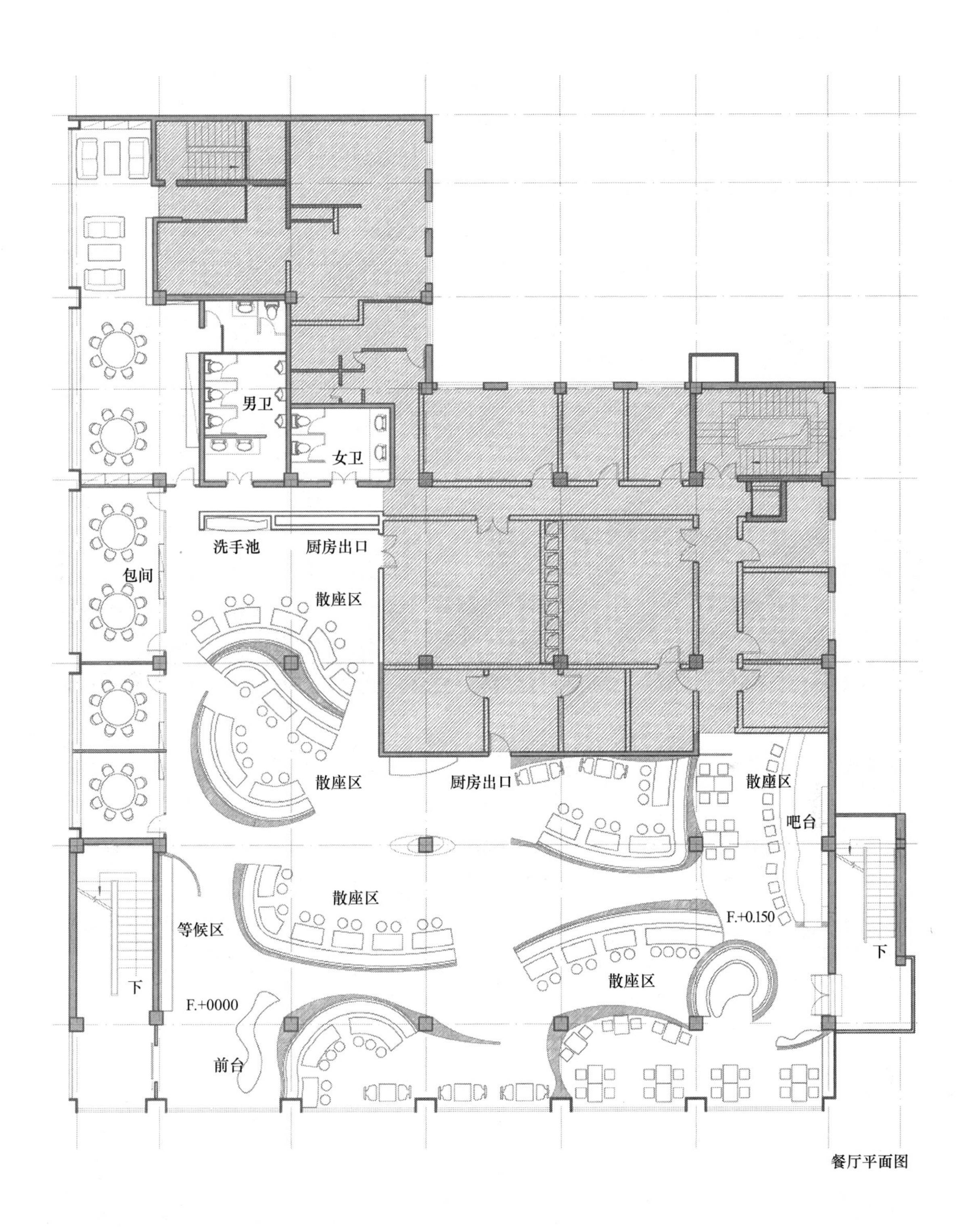

餐厅平面图

莫兰迪的构图与造型是简单、概括的，色彩是灰系列的，米白色、粉橘色、灰蓝色、土黄色，每个颜色就像画在石灰打底的墙上，渗入了灰色和白色调，失去了各自原本强烈而浓重的颜色，柔和而优雅地与其他的颜色调和在一起。

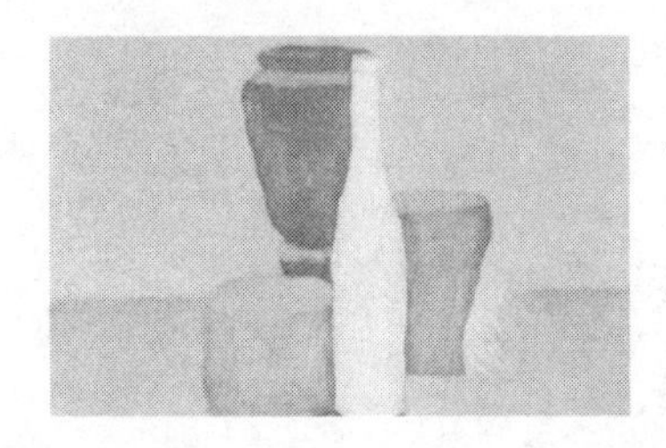

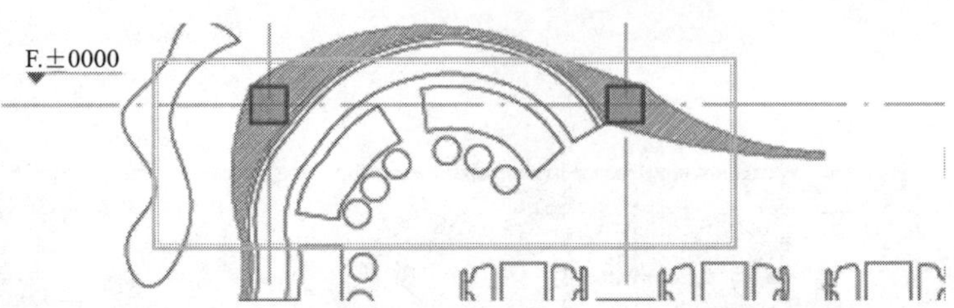

散座区

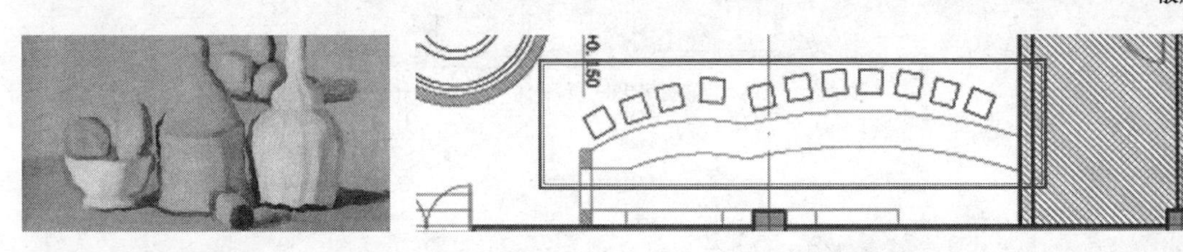

吧台

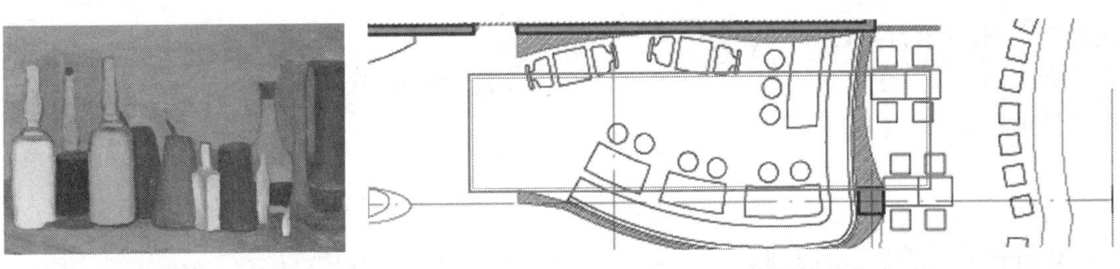

散座区

方案评语：

该方案是对中央美术学院三楼餐厅的改造。设计者选取了以乔治·莫兰迪的艺术作品为出发点展开设计，非常符合以美院为背景的艺术氛围。设计者从莫兰迪的画作中提取了静物的轮廓形态作为空间设计的依据。在色彩上，也借鉴了莫兰迪的唯美高贵色彩，暖橘、铁灰、宝蓝、粉白、淡黄等等。同时在灯具的选型、餐具的搭配等细部方面，设计者的考虑也非常到位，整体的方案设计给人以安静、儒雅、大气的感觉。

实例二 “独享餐厅”设计

设计者：高妍卓、王小姣、田园（中央美术学院建筑学院 06 级学生）

指导教师：邱晓葵、杨宇

设计说明：

也许你爱的是自己的事业。

也许你很享受一个人吃饭的时间。

也许你碰巧心情好。

也许你出差或是老婆出差。

那么你会发现你会厌烦，有点不安的自己吃饭，你害怕独自孤独的外出就餐方式。

“那里最合适一个人吃饭”你会想，那么除了快餐，就没有什么让你觉得舒适的独享空间了？又要一个人吃，又要吃的理所当然那就只属于你的专属空间，独享其中美味。

基地位于北京市朝阳区苹果社区南区，临近于国贸商圈。为了让独处空间舒适自在，本方案的设计出发点为“个人舱”的概念。根据现代人的需求，为现代人定制了他们的空间，并将空间的互相遮挡。材质的反射、折射、穿透，模糊分析心理和行为对与独自空间产生的趣味性进行研究，使每一个空间都拥有独特的感觉，使人们进去充分享受独享的乐趣。

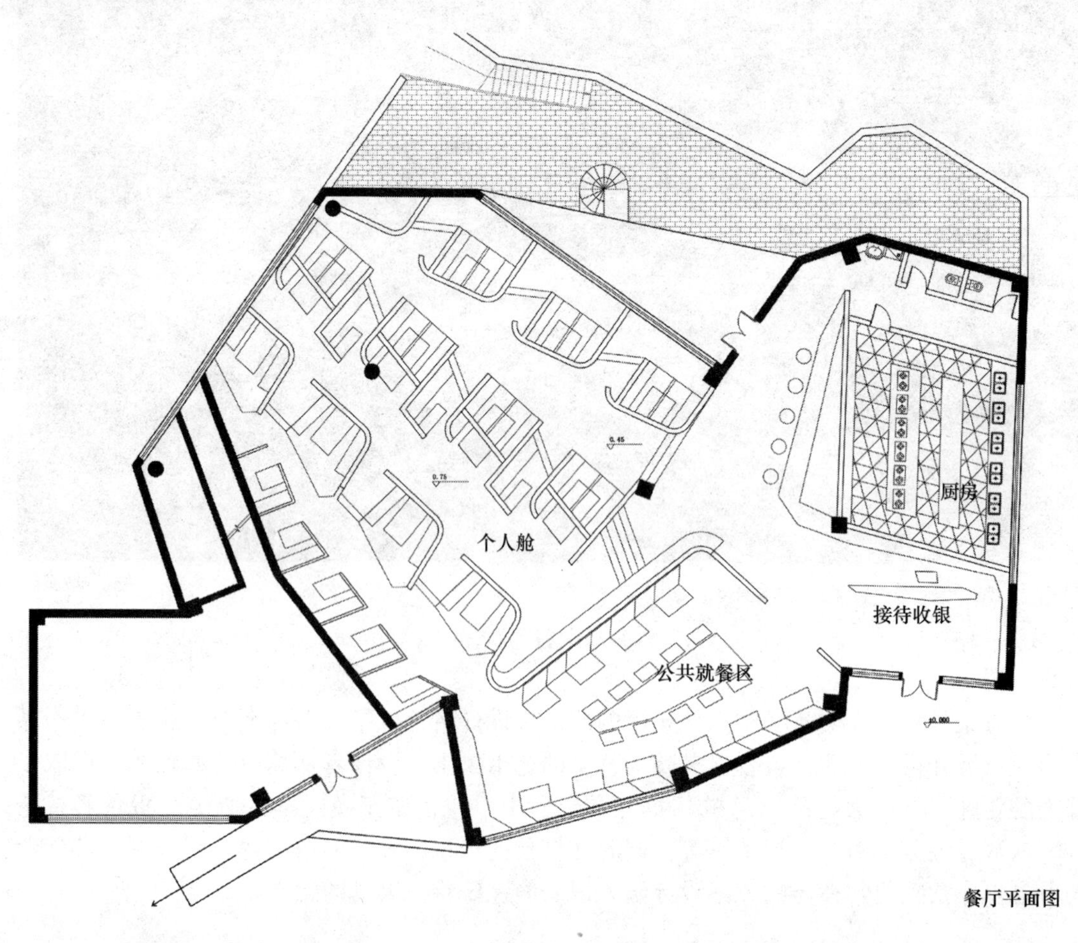

餐厅平面图

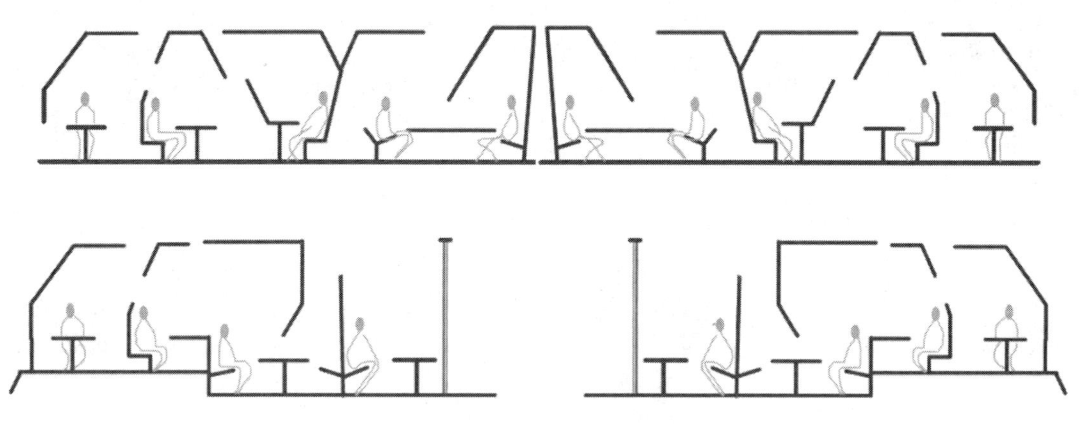

剖面示意图

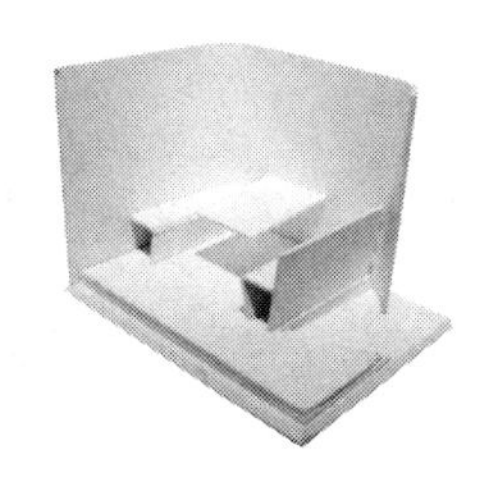

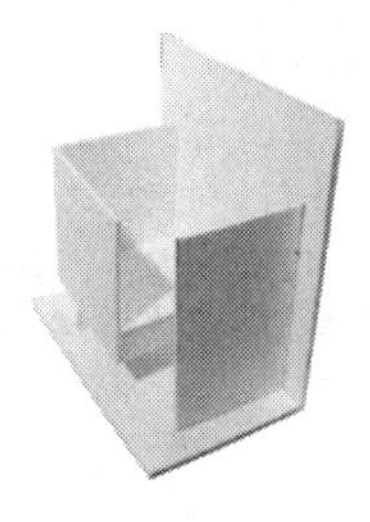

一舱 靠最东边的，临自然景观的窗，视野开阔、阳光充足，设计采取透明外围处理，以便光线流出。

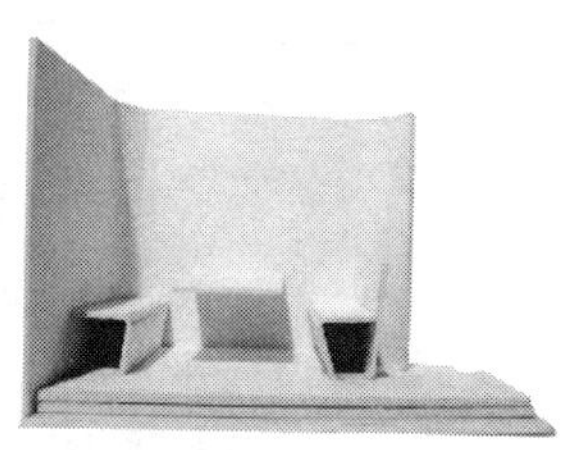

二舱 离自然光较近，舱顶有景观，设计采用反光和半透明外围。

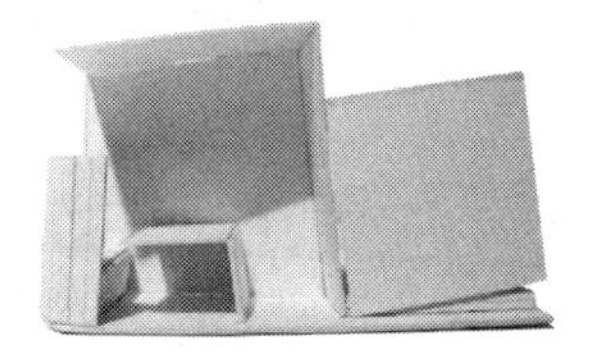

多舱 部分采用了透明和镂空的外围，是多媒体个人舱。

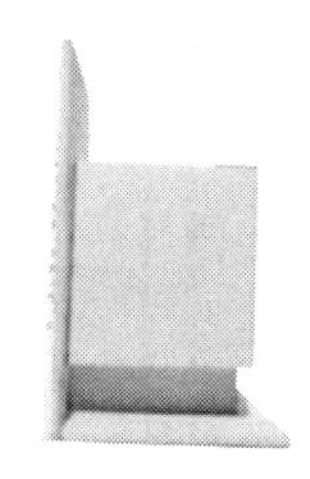

模型照片

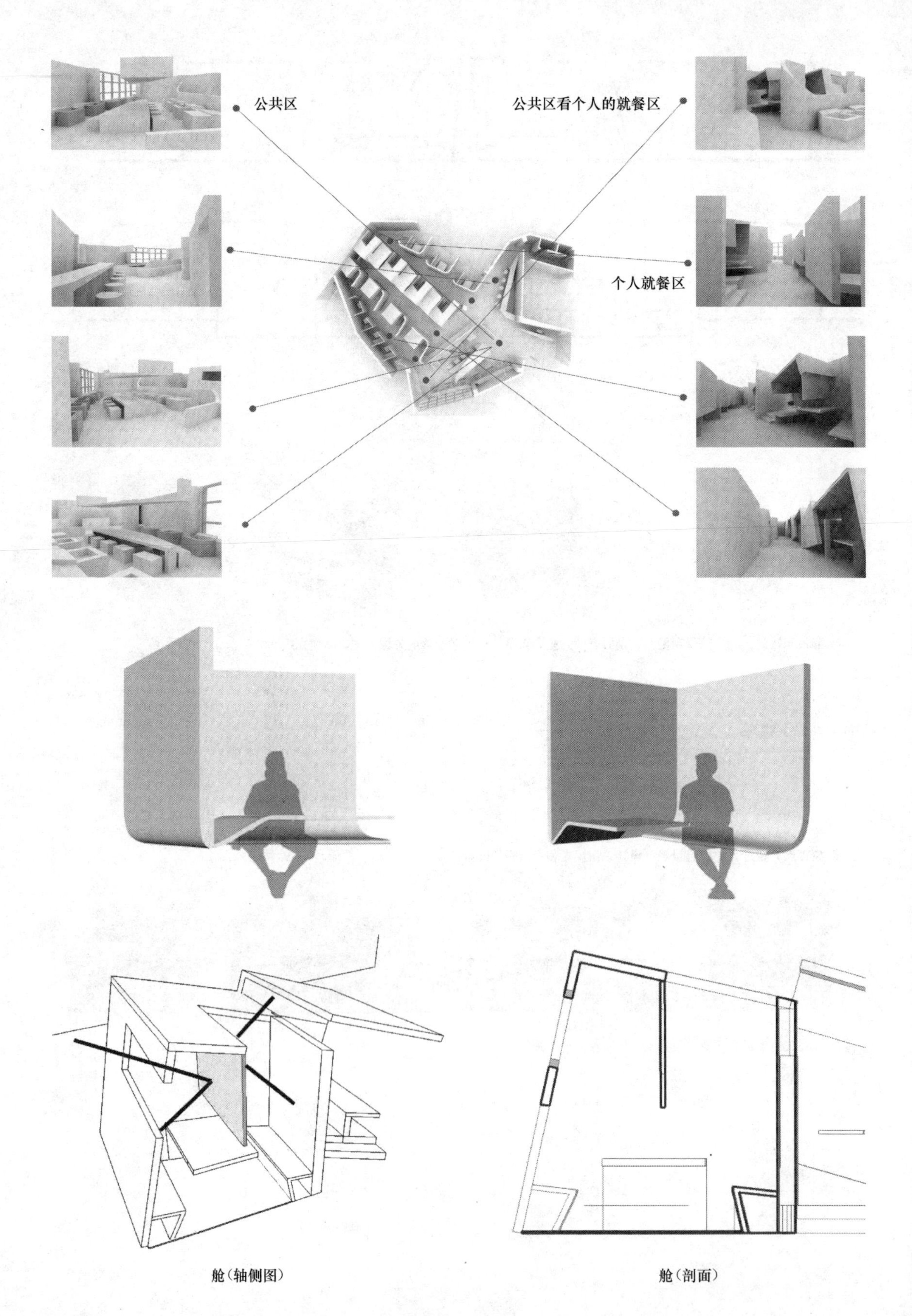

舱（轴侧图）

舱（剖面）

方案评语：

该方案从一个社会现象出发——一个人用餐。分析了一个人用餐时的心理，为一个人用餐者提供了“个人舱”这样一个专属的个人空间。方案空间整体感较强，细部设计也非常到位，设计者对个人舱里面的灯光、材质、人体工程学等方面都做了非常精心的设计。让一个人用餐者不会存在尴尬或者不舒适，反而享受着一个人独处的用餐时间，独享美食。

实例三 “爱丽丝梦游仙境主题餐厅”设计

设计者：张明晓（中央美术学院建筑学院02级学生）

指导教师：邱晓葵

设计说明：

该西餐厅设计以英国小说《爱丽丝梦游仙境》为线索。故事讲述了小女孩爱丽丝在一个无聊的午后，跟着一只戴怀表的兔子坠入兔子洞，进入了一个奇妙梦幻的童话世界。本方案设计提取小说的情节为设计点，将戏剧化的情境融入现实。

入口设计为掉进兔子洞的感觉：通过入口斜坡的引导，人们来到餐厅的前台；服务台的设计采用故事中爱丽丝掉入兔子洞的瞬间效果；楼梯间设置的大尺度家具，作为展示和气氛的渲染；室内陈设的非正常大尺度，让人感到自己如被施了魔法一般，缩小成望远镜里的小矮人。

餐厅入口效果图

一层平面图

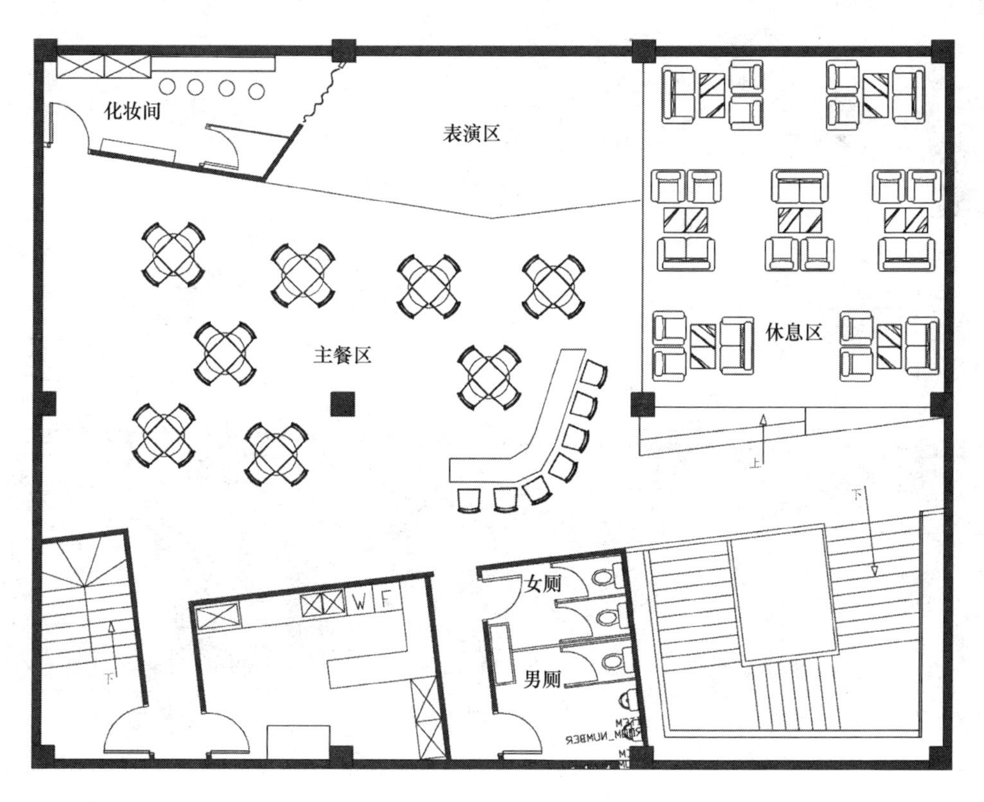

二层平面图

整个主餐区形成一体，帽子匠和时间吵了架，因此他的时间永远停在四点钟。餐区利用指针进行分隔和照明，每个餐桌上方的吊灯均为金属材质，罗马文字“四”的图案镂空，星星点点的灯光跳动地洒在四周的墙壁上，斑驳无规则，气氛独特而神秘。

下午茶立面图

下午茶效果图

二层休息区效果图

二层主餐区效果图

方案评语：

该方案的概念从虚幻的故事《爱丽丝漫游仙境》的情节出发，为方案设计提供线索与帮助。设计者非常细心地将奇妙梦幻的童话故事转换成了空间设计的元素。其中有很多设计让人们觉得耳目一新，例如：1. “帽子匠和时间吵了架”的情节，设计成时间永远停在四点钟的餐厅；2. 采用了实物镜像的手法，把餐桌、餐椅、餐盘、烛台等反相置于顶棚；3. 表现掉进兔子洞瞬间的过程用倾斜的桌椅、倒置的窗帘来体现。整个空间布置合理，色彩的运用大胆奇幻，是一个非常不错的餐饮空间设计作品。

第四节　酒店空间室内设计教学实例

一、酒店空间设计课题教学简述

1. 酒店空间设计课程教学目的

酒店空间设计课程是针对高年级室内设计专业的毕业生所开设的一个独立完整的设计训练，相对于其他功能的室内设计，酒店空间的设计更加复杂，它属于一种相对功能多样，既存在住的功能也含有饮食、娱乐、休闲等多种需求的功能空间，是一个综合性比较强的课题。因而课程着重强调以下几个内容：

首先，需确认酒店的服务对象，对消费人群进行分析，年龄层次、生活习惯、可能对什么样的休闲活动感兴趣，其需求及消费水平是什么样的等等。经过市场调研寻找出酒店设计的全新概念，围绕这个概念主题再进行创作。

其次，不同的酒店业态、不同的地区和投资会有不同的侧重点，同时，每个品牌酒店有自己独特的企业文化，因此酒店空间也要通过空间中的材质、色彩、陈设等语言折射出一定的文化内涵和独特之处。

再次，酒店的性质决定了其内部空间的规划要符合高效接待、服务的要求，因此酒店空间划分应以客人办理手续、入住、就餐、娱乐等流线为中心，将各个部门有机地贯穿起来，服务流线尽量避让客流，从而提升酒店的品质。

总之，该课程希望通过对酒店空间专题的研究，达到酒店设计外延的扩展，使学生能够介入酒店的主要功能区域的设计（大堂、客房、餐厅、走廊等），实践对多功能区域的合理划分，解决内部空间形式美感的问题，并对小空间、家具等细节方面特殊要求进行设计。

酒店的教学目的是超越酒店本身固有经营模式及空间形式，为不同的消费人群设计专属的旅行、度假、体验型酒店，让更多的酒店中饱含设计的附加价值。与此同时本课题要求对社会当下现实予以关注，尽量为周边酒店存在的现实的问题寻找答案。

教学过程重视培养学生正确的室内设计程序及方法，在老师的指导之下，深入方案，从概念到形式逐一突破，从而设计出具有创新的酒店。使学生在毕业阶段之时就能够自主地控制、设计一个选题，从宏观到微观来统筹整个方案，对未来酒店设计发展方向做出探索尝试。

2. 酒店空间设计课程教学方法

由于是毕业设计环节，要求学生独立完成全部创作过程，包括选题、前期调研、初步概念探讨、落实方案、方案绘图、模型制作、编写设计说明、编辑方案汇报演示文件、毕业答辩、展板排布、打印展板、布置展览、撰写毕业论文等整个较为漫长的一个阶段，历时大约4个月。每周一次检查学生学习成果，主要通过对学生提供的演示文件进行讨论。

（1）调研方法

通过调研充分了解基地及其周边环境形成的渊源，并通过对国内外相关设计案例的调研分析开阔同学的设计思路，使设计构想更为大胆，最后提出毕业设计的初步构想。

A. 第一阶段　需提交毕业设计选题意向；B. 第二阶段　需提交对基地环境、基地历史背景及人文特点调研的ppt文件；C. 第三阶段　需提交对国内外相关案例调研的ppt文件；D. 第四阶段　提出自己的初步设计构想。

（2）整合初步方案

根据前期的调研，整合设计方案所需的功能目录和设计任务书。用文字和图片的形式阐述自己的初步设计构想，并对于各种功能区中将要表达的文化内涵、主题风格，用文字图片及概念模型的形式阐述；针对基地的建筑特点，结合基本的功能分区，在设计中将要进行的多种可能性予以表达；结合前期调研成果，提出自己的设计概念。

（3）深入方案阶段

通过一段时间的辅导，学生能够对基地做出多角度的分析，发现现有环境中存在的问题，创造性地提出设计构想。在课程的不断推进过程中，学生的学习兴趣越来越浓厚，设计工作也越来越深入，并将其很好地运用到自己的设计中去，使设计构想具有一定的突破性和创新性。

3. 酒店空间设计课程作业内容

（1）毕业设计选题阶段

A. 概念图像（5 张 JPG）；B. 基地现状照片（5 张 JPG）；C. 毕业设计前期调研内容；D. 选题演示文件 ppt。

（2）中期检查阶段展示文件

A. 打印成册的中期成果（A4 大小）；B. 中期毕业设计汇报文件 ppt。

（3）毕业图纸归档文件

A. 方案概念示意图；B. 平面功能分析图；C. 酒店平面布置图、主要立面图、吊顶平面图等；D. 酒店室内效果图 6～10 张；E. 设计说明（1500 字）word 文档；F. 排版（根据展览场地一般为 A0 大小，延长线 6m 到 10m，需导师确认后打印）；G. 酒店室内模型一个（选做）；H. 毕业答辩演示文件 ppt；I. 毕业设计论文（3000 字）word 文档，待导师确认后打印成册；J. 所有文件刻光盘 2 张。

二、学生作品实例

实例一　慢·生活　生土体验酒店

设计者：宋杨（中央美术学院建筑学院 05 级学生）

指导教师：邱晓葵

设计说明：

本方案主要通过对下沉式生土建筑的实地考察、测绘和资料收集，发现地坑式生土窑洞现在逐渐减少的现况，在经过研究现有下沉式地坑窑洞的存在形式后，分析问题原因，并力求通过发展体验酒店为出发点，对现有的民居形态进行改造和利用。设计点主要从现有空间规划（包括流线、酒店功能分布）和单体开洞内部的室内设计（包括室内材料、陈设）两个部分展开，将现有的问题弊端转换为优点和特殊体验，将人们在内部长期居住的困扰，转换成为短期居住者的新体验，从而将下沉式地坑窑发展成为具有酒店性质的综合性建筑形态，让更多的人了解这种低碳、节能、回归自然的生活方式，在带动当地经济发展的同时，最终达到保护和宣传地坑窑的目的。

这些非专业的建筑师用挖掘的方式营建出这种生态、低碳的空间形态（显然挖凿出一个房间要比建造一个要容易，并且基本消耗不了什么能源）然而当地的农民却因为很多生活上的不便利，不愿意继续居住在里面。如何才能保护这种低碳节能的建造形式？

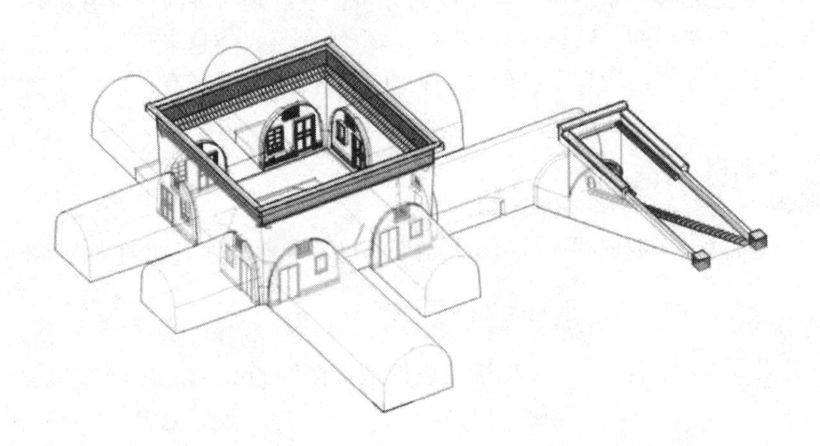

生土窑洞现状示意图

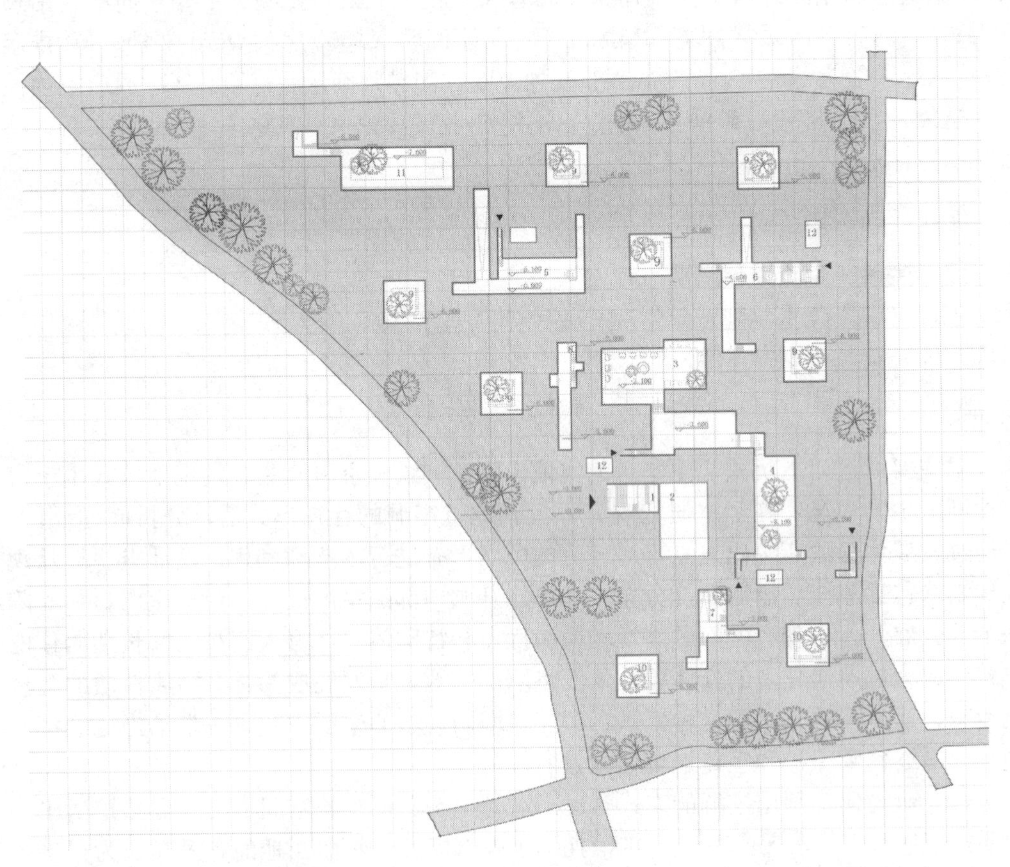

地上平面图

一、酒店客房——地坑窑原有的使用功能就是居住，这与客房的功能相匹配，但是每个房间内部不设有厕所和通风系统，这会给居住者带来麻烦。通过设置新的通风和下水系统，能够满足客房内部卫生间和洗浴问题。

在窑洞里居住本身就有冬暖夏凉的天然空调的优点，这正是人们来到这里所需要体验的，居住于原始的洞穴之中，是一种回归，因此在室内风格上应突出圆拱的特点，在功能上满足客房基本的需求上加入窑洞的一些特点。因为地坑窑是下沉地面 6m 左右，采光不足，在门窗上尽量能够扩大开窗面积，家具及配饰方面应与整个空间氛围相吻合，多用自然的材料，在细节方面可以加入现代的元素，形成对比。

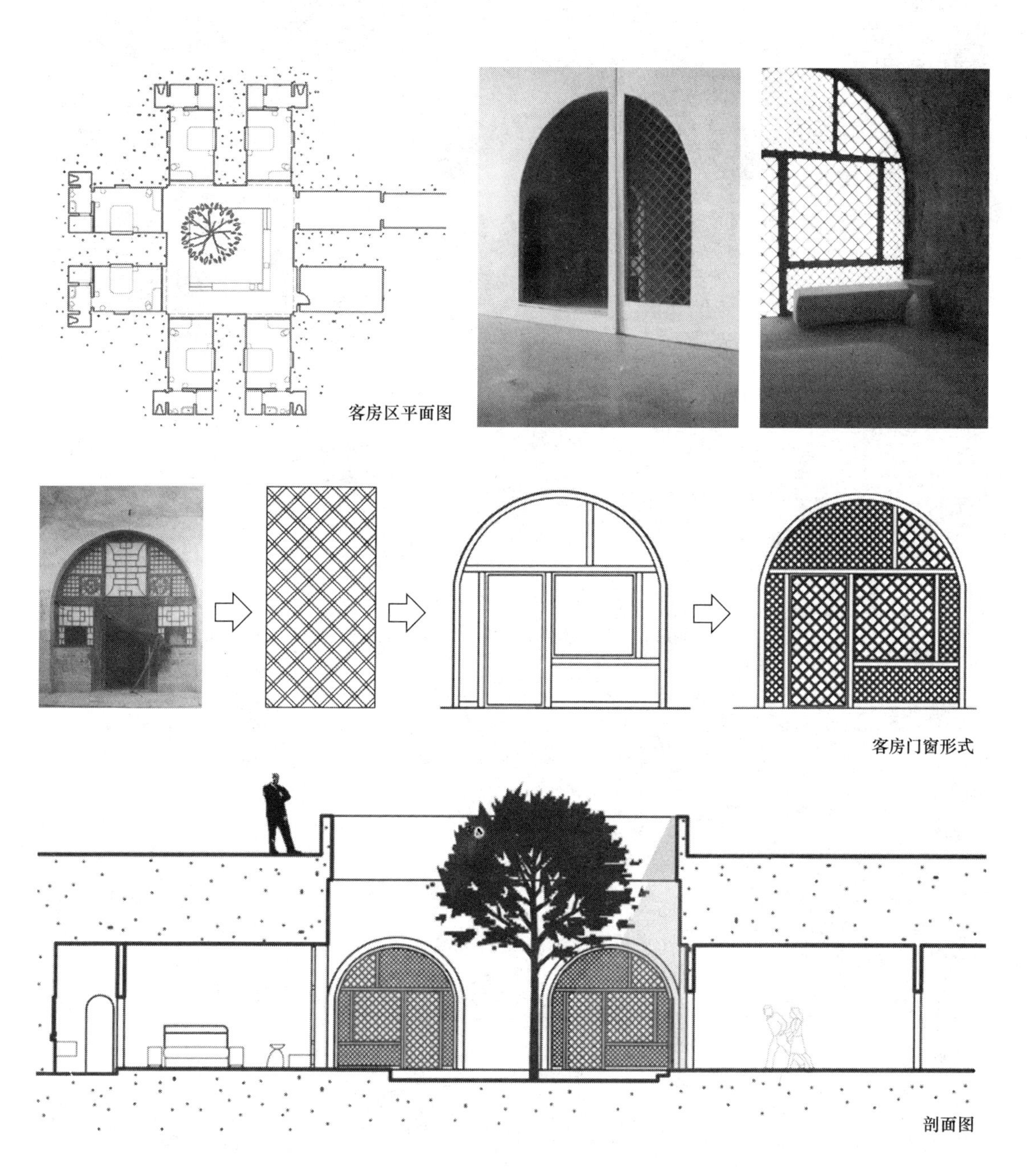

客房区平面图

客房门窗形式

剖面图

二、酒店餐饮空间——一般的餐饮空间都会分为公共的就餐区域和包间区域，然而每个窑洞的开洞尺寸是有限制的，对于餐位的安排有局限性，然而在这种地域就餐的人们渴望不仅仅是吃饱，更重要的是体验。这种洞穴就餐的形式很吸引人，尤其是这种户外和洞穴内、自然与人工的呼应关系为就餐者提供了特殊感受，因此在就餐区域增加人的舒适度，所有的就餐空间都以包间形式出现，窑洞本身的建筑语言就是需要什么空间就可以挖掘什么空间，因此在餐饮空间内，通过改变洞口原有的尺寸，转换成满足人们就餐需求的包间，这种包间不再是密闭空间而是半室内的开放空间，这种与自然相结合的形式是当地特色的延伸，室内的配饰也是由自然的形态转换而来的，枝干的桌椅，朴实的色彩搭配，多采用自然原生材料，使人们在就餐中有原生态的氛围。

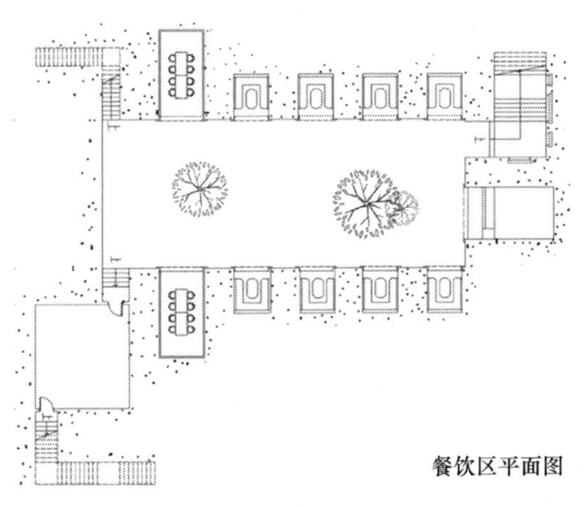
餐饮区平面图

三、酒店SPA空间——黄泥浴，当地非常具有特色的体验项目，它就地取材，通过利用纯天然的材料让人们得到身体和心理上的释放，此时此地，再加上原生态的环境人们得到的更多的是心灵上的舒缓。

SPA空间上是比较私密的，而地坑窑内部的天然采光不足，在SPA空间内主要的设计要考虑如何将光这种设计元素运用到洞内，光在内部成为感动人的重点，将现代的设计手法运用到最原生态的空间之中，令人释怀。SPA的主要空间还是以单独的包间形式出现，在入口处设有休闲区，人们通过长长的坡道进入这个空间需要一个回旋的区域，人们在这里除了体验SPA理疗之外，在室外还设有冥想区。窑洞内的拱形空间模式与普通方体空间不同，它不是天、地、墙而是墙面与天花连接在一起，为了强调这种形态，将间接照明的灯光设计在下面，质朴的肌理被展示得淋漓尽致。

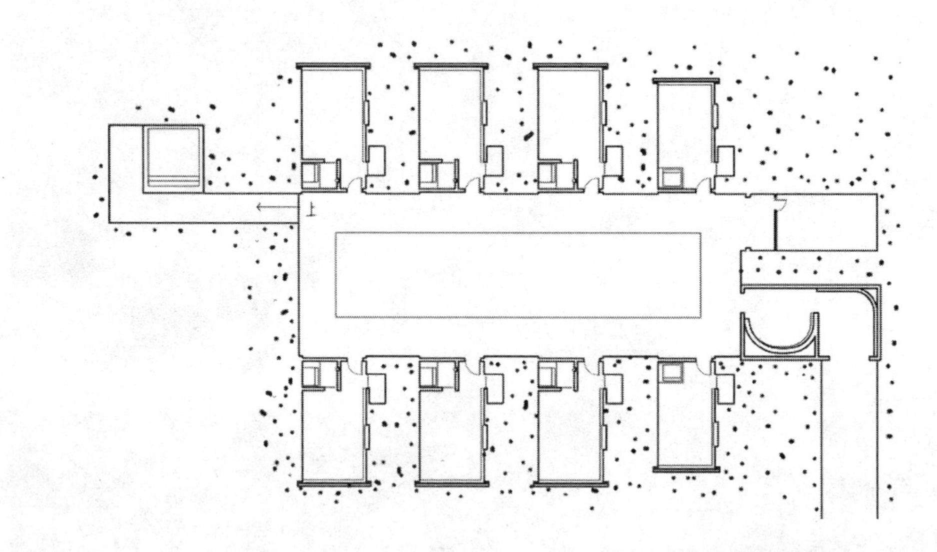

SPA区平面图

SPA区剖面图

将原有民居形式的地坑窑通过空间和艺术的手法转换成体验酒店这种形式，能够放大地坑窑的特殊性与体验感，将现存的问题弊端转换为优点和特殊体验，人们在内部长期居住的困扰，成为短期居住者的新体验，从而改善当地的居住形式，通过这种方式在带动当地经济发展的同时，也可以达到保护和宣传地坑窑的目的。

方案评语：

“窑洞”不仅作为一种特殊的建筑形式被我们熟知，同时更是代表了一种中国传统的地域文化。这个作品所解决的是对一种特殊空间形态的改良，更可贵的是她表达了对一种质朴的乡土文化的尊重。设计中，无论是对材料的选取、光线的运用或是功能的设定，都是在以还原和保护“窑洞”所特有的生活状态作为出发点。这在当下一味追求“新奇”、“炫酷”的学生设计中是难能可贵的，也体现了一个设计师所应具备的职业素养和社会责任感。

实例二　“停格”酒店空间室内设计

设计者：高妍卓（中央美术学院建筑学院06级学生）

指导教师：邱晓葵、杨宇、崔冬晖

设计说明：

现代生活中，像服装、产品等很多领域都在重新翻阅着历史，一些经典老歌和经典的故事，多是人人津津乐道的。不经意间我们已经习惯了理智并有逻辑地分析事情，在都市中不断地包裹自己，将记忆封存，并且活在当下的现实生活中。但是面对北京这样一座城市，要把她拆开来看，她不仅仅是现代化的都市，更有封存很多年的沧桑历史。民国的时代是个中西尘杂，新旧交替的时代，是老北京不可或缺的一部分，记载着市井的文人趣事，故国的风雨拂尘。我们来到北京，来到某一家酒店是否就能重拾那一段美好呢？

基地选择了张自忠路一处老旧的政府建筑。该处院落始建于明末清初，现在几经沧桑，这里除主建筑外部分附楼已经变成了居民楼，很多居民因为自身利益，将其拆改，现已残破，设计选择的建筑为这其中一座，该建筑结合了中西的特色，是一处带有典型民国色彩的建筑。选择在这里，是希望在保留原有建筑的前提下进行改建，寻回即渐荒残的民国记忆。

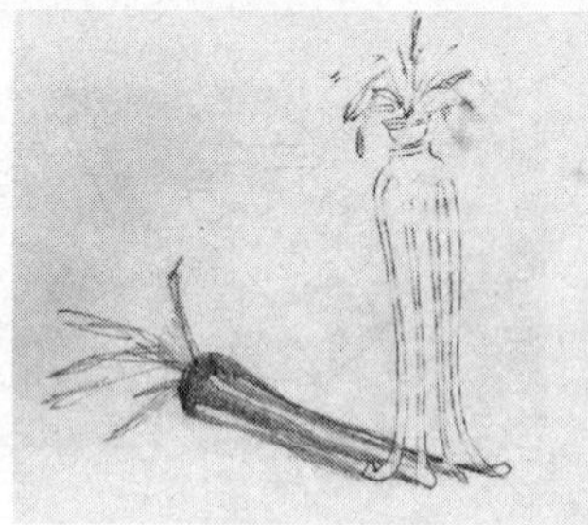
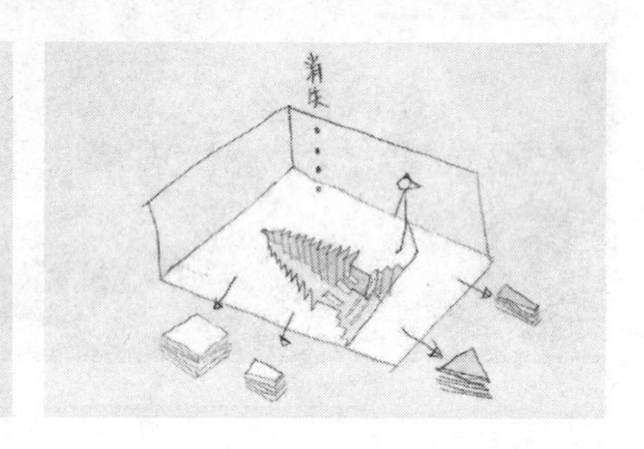

餐厅概念：每张照片如果模糊，就会感觉像是记忆的，记忆就像是什么东西加了个网子，网子越密，看的就越不清楚，而我们对待历史总是有好奇心的，总是希望在窥探中发现什么新的，有趣的东西，就像那句话：“你在桥上看风景，看风景的人在看你”。

餐厅空间：上下贯通，使人们在这期间能感受到那个时期的记忆往世，置身其间可以不去理会外界的喧嚣，感受那份纯白给我们心灵的洗礼。这个空间根据光线的交替，使我们产生不同的光影感受和时光的匆匆流逝。

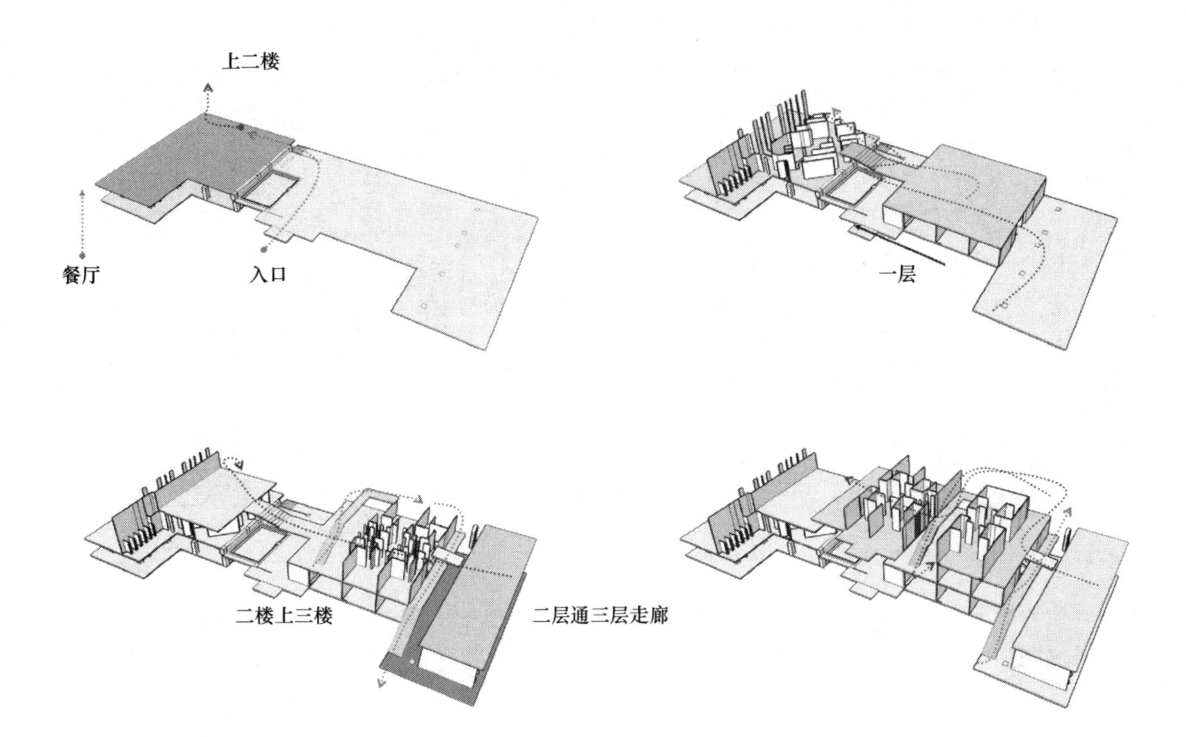

"停格"酒店空间生成图

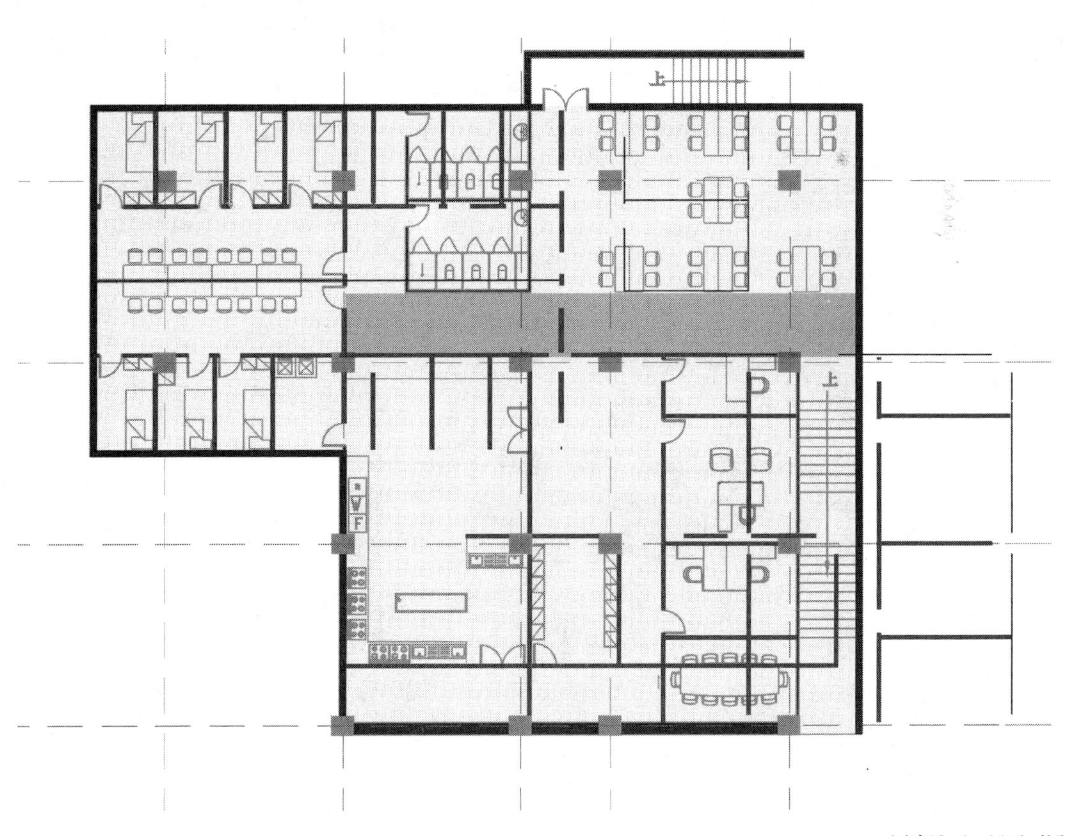

酒店地下一层平面图

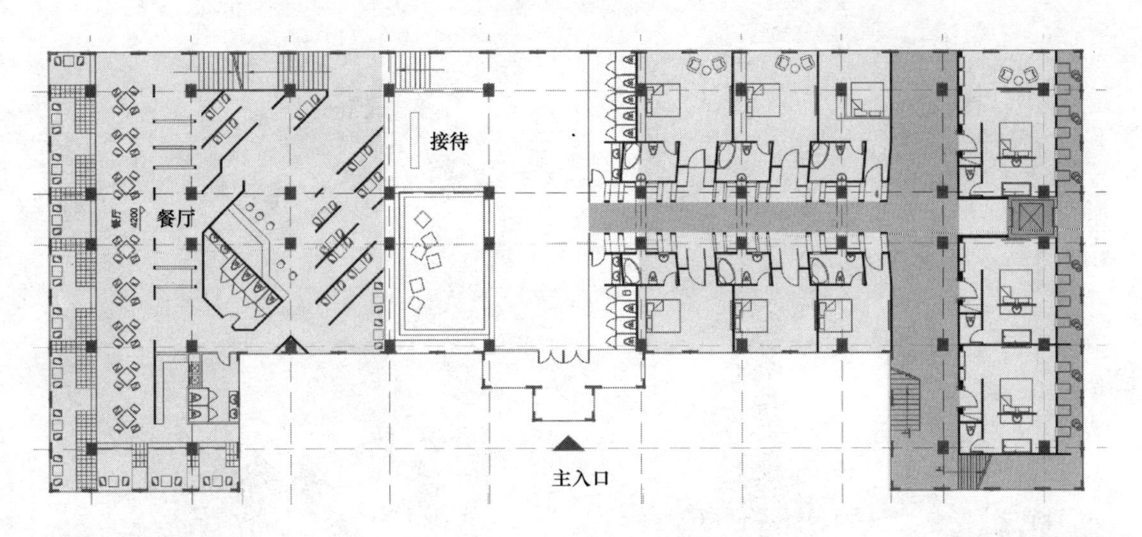

酒店一层平面图

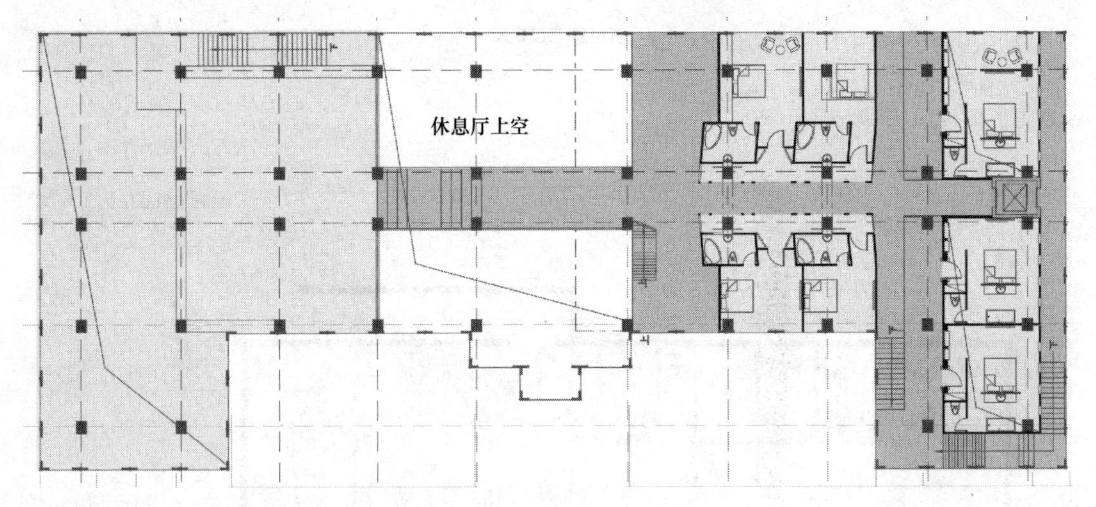

酒店二层平面图

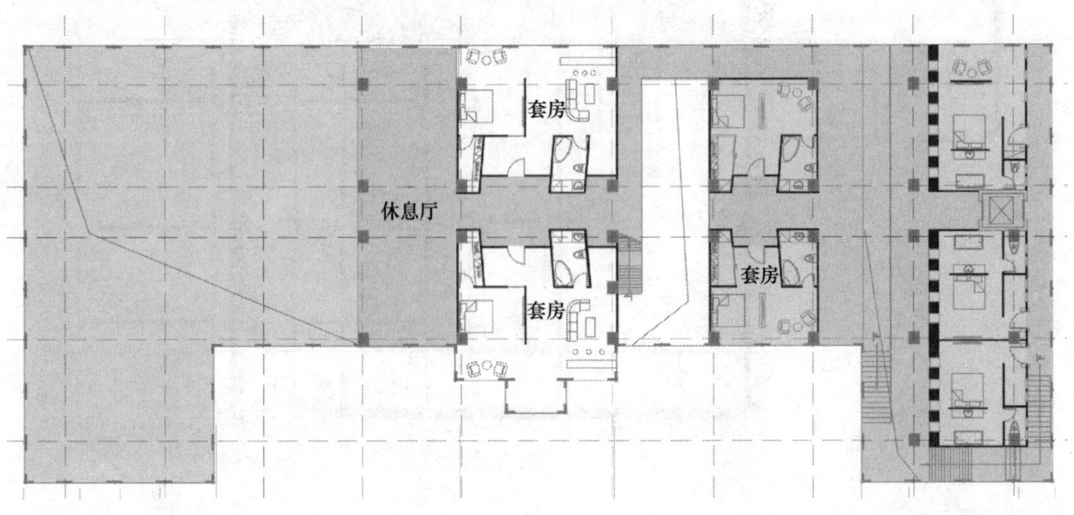

酒店三层平面图

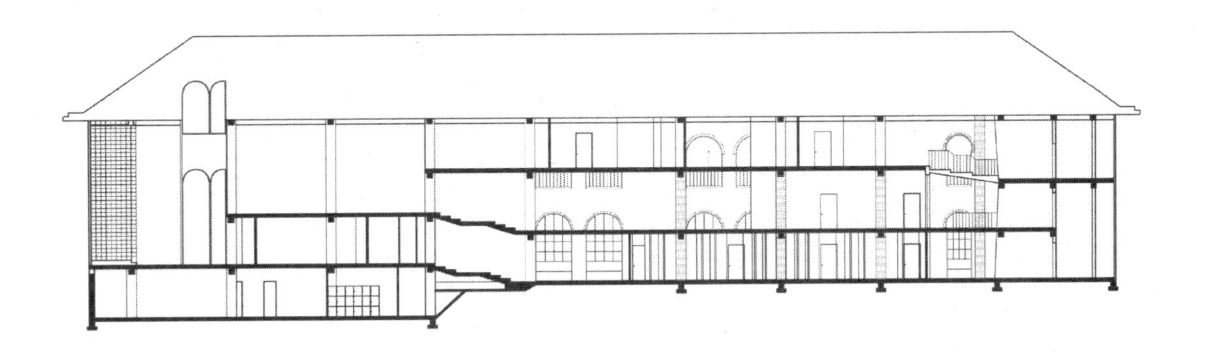

“停格”酒店剖面图

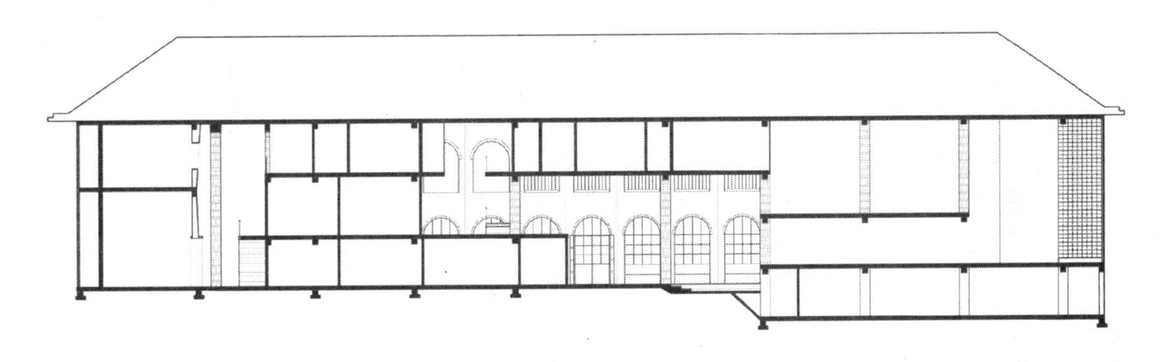

“停格”酒店剖面图

廊道概念：来到这个酒店，就算是行走在廊道中也能使得视线是有趣味的，像是走在民国街井，而不是无趣地为到达每个房间而走，这样身在其中就可以全然地感受老建筑带给我们的时光和空间体验。

廊道空间：廊道不只是廊道，更是窗口，人们行走其间可以通过折射和透叠，发现很多有趣的民国街景空间。整个空间有很多不同形式的廊道贯通，到达不同的客房。整体流线上下左右贯穿，行走其间是没有障碍的，每一个房间也都可以到达想要去的地方，而每一条路线，都有新情境。廊道成为人与人相互交流，人们沁身历史空间的一个渠道，在保留原始廊柱为前提，在空间中，重新创造出了一些拱，多以灯光向上照明的方式，使整个空间产生云雾的效果。

方案评语：

这个作品所提到的旧建筑改造是我们当下每个城市所面对的一个重要的问题。设计的可贵之处在于，她并没有单纯地从“保护”或“拆除”这样的技术问题作为出发点。而是在思考一个有历史性的建筑空间在今天所应当呈现的状态是什么。既保持其原有的精髓，又能以一种现代性的语汇进行重构，从而适应当下的生活状态。这不仅要求设计师对历史性建筑空间的认知，更重要的是对今天的城市环境，乃至人们的思维意识形态有着敏锐的洞察力。她做到了这一点，同时也给我们今后的旧建筑改造提供了一个新的视点。

实例三 “魔法酒店”设计

设计者：谭佩（中央美术学院建筑学院 06 级学生）

指导教师：邱晓葵、杨宇、崔冬晖

设计说明：

魔法对于许多人来说是不着边际的，触摸不到的，我们只能从电影里找到魔法的影子，比如哈利波特系列电影。但现实生活当中我们都希望魔法出现，希望魔法能帮我们解决许多解决不了的问题。我们想骑着扫帚飞在空中不用在拥挤的道路上为堵车而焦急，我们想瞬间转移到达任何我们想到的地方，我们想挥一挥魔杖就能打败这世界上所有的坏人，我们也想念一句咒语就能实现我们的愿望，我们想很多很多，所以我想创造出这样的酒店空间，让来住店的客人能感受到这神奇般的魔力。

概念图

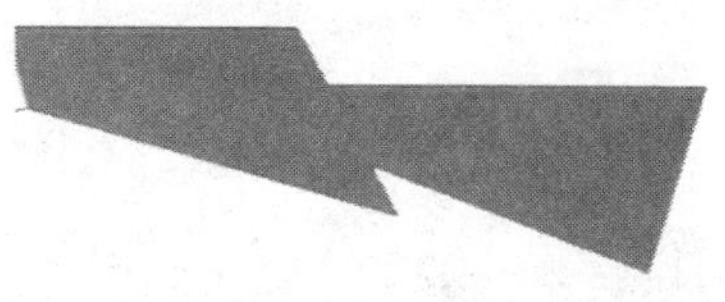

概念生成

我的概念来源是许多魔法电影，有哈利波特中贯穿整个电影的神秘蓝色调，以及霍格沃茨魔法学校那种星星点灯的魔幻感觉，还有那高耸、错综复杂的空间，以及出现在电影中的各种奇怪的生物和场景。这些魔法酒店中，酒店功能包括大厅、客房、办公区、休息区、储藏间和娱乐区，其中客房分为许多种，是按照它的房间形式来分的，比如有迷宫客房，有盒子客房等。娱乐区包括酒吧、餐厅、展示空间、酒店自助娱乐空间等。

酒店二层过道空间通过灯位的高矮错落和空间的纵深以及色调的相配合，给人一种由内而发的身心和魔法世界交融的体验感。这是整个酒店中重要的一个场景，它集合了交通空间还有酒吧、餐厅的功能，整体是蓝色调的，泛着冷冷的光，顶上掉下来的灯闪着黄黄的光，和蓝色调形成对比，给人不至于阴森的感觉。魔法气息在大厅天花板上游走和弥散，似是而非，似静而动。魔法的气息指的是魔杖中散发出来的光芒。大厅运用拱形元素，并把它从小到达排列是为了造成视觉的错落感，加上不规则桌椅，造成一点变化。

一层平面图

二层平面图

三层平面图

魔法世界的咒语全部藏在天花板上的盒子里，每来一个客人就会掉下来一个盒子，那里面就是属于给客人的咒语。这是迷宫中的一个小场景，天花板上不同高度的方盒子集聚在一起，形成一种魔幻的感觉，似乎这些盒子要瀑泄而出。

吸血蝙蝠是黑魔法的象征，通过剪影运用在这个空间当中，形成一种光怪陆离的气氛，而点缀在其中的光亮也仿佛是魔法的圣光，指引客人的路径。

酒店的客房部分设计理念来源于整个房子是一个魔法盒子，无论是内部的开洞还是活跃在天花上的字母剪影，都透出一种浓浓的魔法味道，光影的变化营造出一种空间的层次感，让这空间静止在魔法的空间里。

方案评语：

这是一个非常具有时代感的设计。“魔法”是80后、90后，甚至00后所推崇的潮流文化之一，隐藏在其后的实际上是新一代年轻人所追求的一种自由、浪漫的生活方式。作品中对“魔法”的表现，是在试图创造一种梦幻的生活场景。作者将空间尺度、界面、照明等空间元素与魔法符号相结合，最终展现的是人们处在一系列非常规的空间状态下的不同感受。其作品在各个年龄层观者中都能得到共鸣。

附录

色 彩 范 例

白色：给人以纯洁、清净、虚无、高雅的联想。在公共空间室内设计中大面积白色的运用可以使空间从视觉和心理上产生宽盈、清净的效果。本设计中，白色被大面积的使用，并运用在了地面、墙面和灯光中。通过白色的颜色特性，商品被主观突出了，而同时商店时尚、个性的特点也被白色特征所凸现了（图附 1-1、图附 1-2、图附 1-3、图附 1-4）。

图附 1-1　白色空间给特殊造型以轻盈感

图附 1-2　突出商品高级感的白色空间

图附 1-3　白色强调了空间的柔美与雅致

图附 1-4　白色突出了专卖店的时尚性

红色：给人以热烈、喜庆、跳跃等印象。在公共空间室内设计中，红色在理论上是不宜于大面积使用的，因为这样往往会产生燥热和喧闹感，但是这则设计中，设计师使用了相应灰调的红色，并在大面积使用的过程中，刻意营造了其他材质的介入（如金属、铝材等），使空间在热烈中带有沉稳与前卫之感。最终红色不会过于浮躁，反而在空间中带有一定的稳定性（图附 1-5、图附 1-6、图附 1-7、图附 1-8）。

图附 1-5　红色与金属材质的结合营造了沉稳前卫的感觉

图附 1-6　红色的过渡空间强调出了空间的层次

图附 1-7　跳跃而不失层次的红色空间

图附 1-8　运用光色烘托气氛的红色空间

蓝色：给人以深远、沉静、崇高、理想等印象。正因为蓝的稳定性与较好的兼容性，在公共空间室内设计中被比较多的使用。这则设计中，蓝色与几种偏灰色的绿与黄色以及金属材质搭配，显得沉稳、干净（图附1-9、图附1-10、图附1-11、图附1-12）。

图附1-9　灯光与大面积的蓝色使空间层次分明

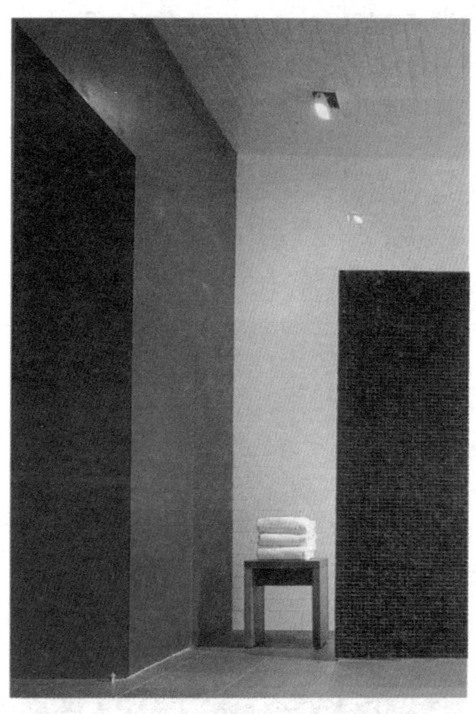

图附1-10　蓝色的深远与沉静感充分地表达了出来

图附1-11　蓝色的介入凸显餐厅高贵的气质

图附1-12　蓝色与条纹的使用使空间显得历练干净

黄色：给人以明亮，醒目的感觉，在空间中使用黄色往往会配以相对比较稳重的深色材质，以起到空间上平衡和相互融合的作用。在这个作品中，设计者除了在主要通道中和带有导向性的区域使用了大面积的黄色以外，在突出展品和中心区域则都以深木色和褐色作为强调区域，并且采用平衡颜色作用的颜色调配方法，使整个设计作品醒目、明亮，而又不失稳重和文化感。(图附 1-13、图附 1-14、图附 1-15、图附 1-16)。

图附 1-13　黄色醒目的效果在此展示空间中的运用

图附 1-14　黄色在儿童空间的运用自然鲜明

图附 1-15　黄色与沉稳的深木色材料结合强调了展品

图附 1-16　黄色与光影的良好结合使空间明快整洁

绿色：给人以青春、和平、希望等感觉。在这个设计中，设计者在选定主色——米色的同时，也使用了一定面积的绿色作为空间中的主要颜色之一。绿色在这里给人以放松、舒适的感觉，并且与米色互不冲突，相互协调，使这个室内空间的氛围格外的舒适与温馨，空间更加宽敞而平静（图附 1-17、图附 1-18、图附 1-19、图附 1-20）。

图附 1-17　办公空间中的绿色给人以动力与动感

图附 1-18　绿色使处在这一空间中的使用者更加放松

图附 1-19　浅绿色与乳白色在空间中相互协调

图附 1-20　绿色餐厅多层次的柔和对比

参考文献

1. [丹麦] 杨·盖尔著. 何人可译. 交往与空间. 第四版. 北京：中国建筑工业出版社，2002.
2. 郝大鹏编著. 室内设计方法. 成都：西南师范大学出版社.
3. 潘吾华编著. 室内陈设艺术设计. 北京：中国建筑工业出版社.
4. 约瑟夫·思考利博士. Dott. Arch. Giuseppe Scarri. 设计师的使命.
5. 李朝阳编著. 室内空间设计. 北京：中国建筑工业出版社.
6. 南希 F 凯恩著. 品牌的故事. 北京：机械工业出版社.
7. 李飞. 百货商店定位演化分析.
8. 王学东著. 商业房地产投融资与运营管理. 北京：清华大学出版社.
9. 洪镇湘. 国内外商业地产业态总结与辨析.
10. 竹谷捻宏著，孙逸增，俞浪琼译. 餐饮业店铺设计与装修. 沈阳：辽宁科学技术出版社.
11. 成翌编著. 通向酒吧路. 北京：新世界出版社.
12. 二毛，朱小兰著. 最新开店务实 C 酒吧咖啡馆. 广州：南方出版社.
13. 杨捷. 室内设计趋势与装饰误区.
14. 董黎，吴梅著. 医疗建筑. 武汉：武汉工业大学出版社，1999.
15. 史自强等主编. 医院管理学. 上海：上海远东出版社，1995.
16. 英国标准学会著. 英国标准 8300-建筑的残疾人需求设计. 伦敦：英国标准学会，2001.
17. 中国建筑标准设计研究所主编. 方便残疾人使用的城市道路和建筑物设计规范-JGJ50. 北京：中国建筑标准设计研究所，2001.
18. 魏澄中主编. 室内物理环境概论. 北京：中国建筑工业出版社，2002.
19. 李永井主编. 建筑物理. 北京：机械工业出版社，2005.
20. 王晓东主编. 电器照明技术. 北京：机械工业出版社，2004.
21. 高祥生，韩巍，过伟敏主编. 室内设计师手册. 北京：中国建筑工业出版社，2001.
22. 俞丽华，朱桐城编. 电气照明. 上海：同济大学出版社，1999.
23. 詹庆旋编. 建筑光环境. 北京：清华大学出版社，1996.
24. 赵振民编. 照明工程设计手册. 天津：天津科学技术出版社，1990.
25. [英] 波里·康维等著. 远程教材之六-家居与配置. 布莱顿：罗德克国际机构，2004.
26. [日] 面出熏著，关忠慧译. 光与影的设计. 沈阳：辽宁科学技术出版社，北京：中国建筑工业出版社，2002.
27. [英] 约瑟夫·瑞克维特著. 亚当的天堂之屋. 纽约：现代艺术博物馆，1972.
28. 杜异编著. 照明系统设计. 北京：中国建筑工业出版社，1999.
29. [日] 中岛龙兴著，马卫星编译. 照明灯光设计. 北京：北京理工大学出版社，2003.
30. [英] 德里克·菲利普斯著，李德富等译. 现代建筑照明. 北京：中国建筑工业出版社，2003.
31. [英] 吉尔·恩特威尔斯著，马剑译. 艺术照明与空间环境·酒吧与餐厅. 北京：中国建筑工业出版社，2001.
32. [英] 斯坦利·威尔示著. 照明时段. 伦敦：潘汉出版社，1975.
33. 甘子光主编. 高效照明灯具-绿色照明科普宣传资料系列. 第三期，北京：中国绿色照明工程促进项目办公室，2002.
34. 建筑照明设计标准（GB 50034—2004）. 北京：中国建筑工业出版社，2004.
35. 建筑采光设计标准（GB/T 50033—2001）. 北京：中国建筑工业出版社，2001
36. 民用建筑照明设计标准（GBJ 133—90）. 北京：中国建筑工业出版社，1990.
37. 建筑采光设计标准（GB/T 5033—2001）. 北京：中国建筑工业出版社，2001.
38. 美图文化国际有限公司编著. 2003 亚太室内设计大奖作品选. 福州：福建科学技术出版社，2004.
39. 郑凌著. 高层写字楼建筑策划. 北京：机械工业出版社，2003.
40. 梁展翔著. 室内设计. 上海：上海人民美术出版社，2004.
41. 邵龙，李桂文，朱逊著. 室内空间环境设计原理. 北京：中国建筑工业出版社，2004.
42. 鲍家声主编. 图书馆建筑设计手册. 北京：中国建筑工业出版社，2004.
43. 张份份，李存东著. 建筑创作思维的过程与表达. 北京：中国建筑工业出版社，2001.
44. [美] J·米尔逊，P·罗斯著. 创造性办公室. 马德拉（加州）：银杏出版社，1999.
45. 高祥生，韩巍，过伟敏主编. 室内设计师手册. 北京：中国建筑工业出版社，2001.
46. [英] 安迪·雷克著. 弹性工作完全指南. 剑桥：英国外务办公室合作事务所，2004.
47. 朱淳，周昕涛著. 现代室内设计教程. 杭州：中国美术学院出版社，2003.
48. 李永井主编. 建筑物理. 北京：机械工业出版社，2005.
49. [美] 程大锦编著. 室内设计图解. 大连：理工大学出版社，2003 年.
50. 张为诚，沐小虎编著. 建筑色彩设计. 上海：同济大学出版社，2000.
51. 朱伟编著. 环境色彩设计. 北京：中国美术学院出版社，1995.
52. James mccown 撰写. colors. PAGEONE，2004.
53. 日本东京商工会议所编著. 色彩调和. 日本东京商工会议所，2000.
54. 朱天明总主编. 设计色彩标准手册. 中国东方出版中心，2003.
55. 鹿岛出版会编著. 站再生. 日本鹿岛出版会，2002.
56. 都市交通研究会编著. 新的都市交通系统. 日本山海堂，1997.
57. 刘连新，蒋宁山编著. 无障碍设计概论. 北京：中国建材工业出版社，2004.
58. [美] 阿达文·R·蒂利 亨利·德赖弗斯事务所. 人体工程学图解-设计中的人体因素. 北京：中国建筑工业出版社，1993.
59. 张绮曼，郑曙旸主编. 室内设计资料集中. 北京：中国建筑工业出版社，1991.
60. 城市道路和建筑物无障碍设计规范——JCJ 50—2001、J 114—2001.
61. 项瑞祈著. 传统与现代——现代歌剧院建筑. 北京：科学出版社，2002.
62. 曲正，曲瑞译，哈迪-霍尔兹曼-法依弗联合设计事务所剧场. 沈阳：辽宁科学技术出版社，北京：中国建筑工业出版社，2002.
63. 百通集团编著. 现代建筑集成——观演建筑. 沈阳：辽宁科学技术出版社，2000.
64. 邓雪娴，周燕珉，夏晓国著. 餐饮建筑设计. 北京：中国建筑工业出版社，2005.
65. 邱晓葵编著. 建筑装饰材料 从物质到精神的蜕变. 北京：中国建筑工业出版社，2009.
66. 邱晓葵编著. 从案例入手系列. 居住空间设计营造. 北京：中国电力出版社出版，2010.
67. 邱晓葵编著. 从案例入手系列. 餐饮空间设计营造. 北京：中国电力出版社出版，2013.
68. 邱晓葵编著. 从案例入手系列. 专卖店空间设计营造. 北京：中国电力出版社出版，2013.